深圳国际会展中心及片区配套工程
建设管理创新与实践

《深圳国际会展中心及片区配套工程建设管理创新与实践》编委会　编著

中国建筑工业出版社

图书在版编目（CIP）数据

深圳国际会展中心及片区配套工程建设管理创新与实践/《深圳国际会展中心及片区配套工程建设管理创新与实践》编委会编著.—北京：中国建筑工业出版社，2021.2

ISBN 978-7-112-25862-8

Ⅰ.①深… Ⅱ.①深… Ⅲ.①会堂—配套设施—施工管理—深圳 Ⅳ.① TU242.1

中国版本图书馆CIP数据核字（2021）第024854号

深圳国际会展中心及片区配套项目揽获多个"世界之最"，代表着行业先进水平，本书对其规划、设计、施工、管理方面的技术和经验进行了全面总结。全书共分为5章，包括：概述、深圳国际会展城综合规划、政府统筹管理机制与创新、深圳国际会展中心项目及片区配套工程管理、深圳国际会展中心项目及片区配套工程建设。本书内容翔实，为后续类似项目提供了参考经验，可供工程建设相关的政府管理人员和技术人员参考使用。

责任编辑：王砾瑶 范业庶
版式设计：京点制版
责任校对：李美娜

深圳国际会展中心及片区配套工程建设管理创新与实践
《深圳国际会展中心及片区配套工程建设管理创新与实践》编委会 编著

*

中国建筑工业出版社出版、发行（北京海淀三里河路9号）
各地新华书店、建筑书店经销
北京点击世代文化传媒有限公司制版
北京市密东印刷有限公司印刷

*

开本：787毫米×1092毫米 1/16 印张：19 字数：402千字
2021年4月第一版 2021年4月第一次印刷
定价：95.00元
ISBN 978-7-112-25862-8
（36714）

本书编审委员会

主　　任: 杨　洪

副 主 任: 刘志达　郭子平

委　　员: (按姓氏笔画排序)

　　　　马　军　吕　涛　朱恩平　辛　杰　张　宇　张　剑　张彩云

　　　　陈志华　武小平　周红波　赵彬斌

本书编著委员会

主　　编: 武小平　朱恩平

副 主 编: 陈志华　罗　晶　李长伟

编写成员: (按姓氏笔画排序)

万　勇	马　盼	马红花	王　军	王　勇	王志刚	王茹军	王庆滨
龙宏德	卢东晴	叶少帅	叶文良	史　跃	白智勇	吕　靖	朱　明
朱佳婷	朱贵敏	朱新浩	刘　相	刘　鑫	刘广钧	刘云飞	刘长贤
刘志强	刘树鹏	闫　东	闫姗姗	苏建忠	苏逢春	杜　宁	李　威
李　遥	李王红	李年长	李时端	杨冬阳	杨晓毅	吴　豹	何　博
何文捷	何欣颖	汪　贺	汪正斌	沈正刚	宋军博	张　辉	张千一
张友为	陈华光	陈克兵	范文宏	林子深	林建军	周引浪	周华东
周兴勇	周奕呈	周济华	郑前进	孟献奎	项　宝	赵　磊	赵广军
赵晓秋	侯海龙	施咏权	姜文平	姚万志	姚卫城	顾婷坤	柴德华
徐　晓	高　强	高云风	高笑彬	郭　杰	郭振锋	黄为炜	黄伟锋
黄丽娇	黄旺祥	龚志渊	康　帅	彭　坚	彭静萍	葛志昂	辜晓松
程　兵	曾　山	曾君莲	雷江松	衡　会			

编写单位: (按各章节编写顺序排序)

　　　　深圳国际会展中心建设指挥部办公室

深圳市宝安区大空港新城发展事务中心

上海建科工程咨询有限公司

中国城市规划设计研究院

深圳市招华国际会展发展有限公司

深圳市欧博工程设计顾问有限公司

中国建筑股份有限公司

深圳市方大建科集团有限公司

深圳瑞捷工程咨询股份有限公司

浙江中南幕墙股份有限公司

深圳市地铁集团有限公司

中国铁建南方建设投资有限公司

广州地铁设计研究院股份有限公司

铁科院（北京）工程咨询有限公司

中铁城建集团第二工程有限公司

中铁十一局集团城市轨道工程有限公司

中铁二十五局集团第五工程有限公司

中铁建大桥工程局集团第二工程有限公司

中铁十二局集团第二工程有限公司

中铁十二局集团电气化工程有限公司

深圳市水务工程建设管理中心

深圳市水务规划设计院股份有限公司

中国水利水电第八工程局有限公司

深圳市宝安区建筑工务署

中冶赛迪工程技术股份有限公司

中国二十冶集团有限公司

深圳市东鹏工程建设监理有限公司

深圳市深水宝安水务集团有限公司

深圳市福永自来水有限公司

深圳市联建综合港区发展有限公司

联建建设集团有限公司

中交水运规划设计院有限公司

中交四航局第二工程有限公司

深圳市招华会展实业有限公司

深圳市长治物业管理有限公司

前言

深圳经济特区是我国改革开放的排头兵和重要窗口。建设深圳国际会展中心是深圳市委、市政府的一项重大决策，这是对习近平总书记发出的全面建设社会主义现代化国家新征程动员令的有力响应；是牢牢把握新发展阶段、新发展理念、新发展格局的具体实践；是抢抓粤港澳大湾区、深圳先行示范区和深圳综合改革试点重大历史机遇的重要举措。作为粤港澳大湾区的先锋之作、深圳先行示范区的标识性工程，深圳国际会展中心不仅是深圳建市以来最大的单体建筑，也是全球第一个集大型建筑、轨道交通、水利工程、市政工程同步开发的建筑工程。项目及周边配套工程涉及建设主体多、工程复杂、界面交叉，深圳国际会展中心建设指挥部和宝安区重点区域开发建设分指挥部上下联动，同向发力，加强统筹、协调加快行政审批、督促抓好安全质量、稳步推进工程进度，克服了一系列重点难点难题，保证了项目高标准高质量高水平建设，圆满完成了阶段性建设任务。

回顾过去四年（2016～2020年）的工程建设历程，留下了许多宝贵的经验财富，深圳国际会展中心及片区配套工程项目揽获多个"世界之最"，代表着行业领先水平，用文字、图片全面、客观、真实、翔实记载这项"超级工程"的孕育和诞生过程，对规划、设计、施工、管理方面的技术和经验进行总结，并形成系统性的专业著作，供工程建设相关的政府管理人员和在工程建设领域深耕、工作的专业人员了解、学习，也为后续类似项目提供经验参考，具有重要意义。本书系统地总结了深圳国际会展中心及片区配套工程项目建设管理创新与实践。全书共分为5章，开篇是概述部分，主要从发展背景、发展环境、功能定位、建设意义等方面介绍了大空港地区、空港新城、国际会展城、深圳国际会展中心项目及片区配套工程的发展概况，并指出了片区项目群主要创新点；第2章阐述了国际会展城片区的总体规划的基本思路和内容，总结了片区规划设计管理的历程、工作重点；第3章探讨了该项目背景下的政府统筹管理机制与创新，详细描述了市、区建设指挥部如何实现项目群统筹协调任务，以及所做的重大决策事件，明确了市、区有关政府部门在工程建设中所发挥的核心作用；第4章梳理了市、区建设指挥部的统筹管理工作，从进度管理、施工管理方面进行了介绍；第5章详细说明了会展片区各项目建设过程中的设计技术、施工技术和技术创新、施工管理创新等内容，总结了存在的问题与改进方法。

自 2019 年 2 月提出专著编写意向以来,我们组织片区项目各方参建单位参与编写工作,对框架、目录进行了多次讨论与修改,组织多次评审会进行深入探讨,收集修改意见,反复打磨才至终稿成型。感谢各位编委会成员的悉心指导与真知灼见;感谢所有参编单位付出的艰苦努力;感谢中国建筑工业出版社为本书的出版工作所给予的大力支持。深圳国际会展中心及片区配套工程项目体量大,参与编写单位较多,涉及专业内容多,涵盖面广,无法一一详尽描述,书中疏漏在所难免,敬请广大读者批评指正。

2020 年 6 月 15 日

目录

| 第 1 章 |
概　述

深圳是改革开放后党和人民一手缔造的崭新城市，是中国特色社会主义在一张白纸上的精彩演绎。党和国家做出兴办经济特区的重大战略部署以来，深圳经济特区解放思想、改革创新，勇担使命、砥砺奋进，风雨兼程 40 年，在建设中国特色社会主义伟大进程中谱写了勇立潮头、开拓进取的壮丽篇章，从一个边陲小镇发展成为一座充满魅力、动力、活力、创新力的国际化创新性城市。作为中国改革开放的先行者，深圳扮演了探路者、示范者和引领者的重要角色，最先尝到了推行经济体制改革、建立市场经济体制的甜头，成为我国走向世界、世界了解我国的窗口，是我国与世界经济循环、知识传播、文化交流、政策沟通的重要枢纽，向全世界生动展现了中国特色社会主义制度的巨大优越性和磅礴伟力。

新时代，改革开放再出发。中共中央、国务院赋予深圳粤港澳大湾区核心引擎和中国特色社会主义先行示范区的崇高使命，并在深圳经济特区建立 40 周年之际，又赋予深圳建设中国特色社会主义先行示范区综合改革试点的重要职责，开启了深圳在更高起点、更高层次、更高目标上推进改革开放的新征程。

1. 粤港澳大湾区

2019 年 2 月，中共中央、国务院发布《粤港澳大湾区发展规划纲要》，明确提出建设富有活力和国际竞争力的一流湾区和世界级城市群，打造高质量发展的典范，同时赋予深圳作为粤港澳大湾区核心引擎的重大使命，要求深圳发挥作为经济特区、全国性经济中心城市和国家创新型城市的引领作用，加快建成现代化、国际化城市，努力成为具有世界影响力的创新创意之都。深圳在粤港澳大湾区"9+2"城市群中，具有得天独厚的发展基础、发展条件和资源禀赋，水陆空铁口岸俱全，是国家物流枢纽、国际性综合交通枢纽、国际科技产业创新中心、中国三大全国性金融中心之一。特别是"广深科技创新走廊"和"深中产业拓展走廊""双走廊"在深圳交汇，深圳在粤港澳大湾区乃至全球产业链、价值链、创新链的地位和作用更加凸显。为把握粤港澳大湾区建设这一宝贵历史机遇，深圳也正在加快建设体现高质量发展要求的现代化经济体系，打造具有全球影响力的科技和产业创新高地，培育壮大战略性新兴产业和未来产业，提升现代服务业发展能级和竞争力，加快建设"国际人才港"，牢牢握住在全球科技革命和产业变革中的主动权。

2. 中国特色社会主义先行示范区

2019 年 8 月，《中共中央 国务院关于支持深圳建设中国特色社会主义先行示范区的意见》正式发布，明确了深圳未来作为"高质量发展高地""法治城市示范""城市文明典范""民生幸福标杆""可持续发展先锋"的战略定位，要求深圳朝着建设中国特色社会主义先行示范区的方向前行，努力创建社会主义现代化强国的城市范例。建设中国特色社会主义先行示范区，从国家发展全局而言，有利于为其他城市发展树立典范和标杆，形成各大城市之间对标追赶、竞相发力的新格局，有利于推进更高水平的改革开放，有利于更好推进粤港澳大湾区建设，有利于率先探索全面建设社会主义现代化强国新路径和新方略；对深圳而言，是全新的伟大使命，是对深圳新时代全面深化改革、全面扩大开放提出的更高使命要求和愿景期待，为全面建设社会主义现代化强国提供城市范例、为中国走近世界舞台中央作更大贡献、为世界发展继续贡献深圳力量与中国智慧。

3. 深圳"西协"战略

深圳市委、市政府着眼提高发展的平衡性、协调性，在全市域范围实施"东进、西协、南联、北拓、中优"战略，全力推动全市域高质量一体化发展；其中，"西协"战略聚焦珠江口东西两岸融合、联动发展，充分依托深圳西部国际空港海港、深中通道、深珠通道、穗莞深城际线、机场东空铁综合枢纽等重点基础设施建设，充分依托宝安中心区、互联网＋未来科技城、空港综合保税区、国际会展城、海上田园城、海洋新城、宝安综合港区重点片区规划建设，充分发挥宝安作为深圳经济大区、产业大区、制造强区的基础条件，以宝安为核心在珠江东岸打造具有全球影响力和竞争力的电子信息等世界级先进制造业产业集群，全力将宝安打造成粤港澳大湾区的空间之核、产业之核、创新之核，并以宝安为支点融入全省"一核一带一区"建设和国家"一带一路"建设大局，以"闯"的精神、"创"的劲头、"干"的作风，努力续写更多"春天的故事"。

4. 大空港地区

大空港地区是深圳"西协"战略中的一个核心区域，是西部发展轴极其重要的核心节点。立足于粤港澳大湾区新城、国际一流空港都市区的定位，位处粤港澳大湾区湾顶和广深港经济带的核心位置，大空港地区将成为粤港澳大湾区发展的核心引擎，是深圳未来经济和城市发展重点区域，将成为带动深圳西部并辐射"珠三角"、驱动区域经济快速发展的新增长极，对深圳实现有质量、内涵式发展，提升城市功能、经济功能和长远竞争力具有重要意义。大空港地区未来也将致力于建设具有国际竞争力的湾区经济核心区。以世界级湾区作为参照系，依托粤港澳大湾区在科技创新、国际贸易、金融服务等方面的基础条件，发挥"一带一路"倡议国家建设的发展机遇，将大空港地区建设成为立足亚太，辐射全球的湾区贸易、创新中心。

5. 空港新城

位于大空港地区的空港新城，作为广深科技创新走廊十大核心创新平台，定位为深圳西部城市中心核心，将打造科技创新、国际交往、专业服务、国际物流等国际化功能区，引领周边区域从生产制造基地向科技创新基地转变，建成后将成为粤港澳大湾区的战略支点以及深圳市加快发展湾区经济、建设一流湾区名城的重要力量。本书要介绍的核心——"世界最大会客厅"深圳国际会展中心及其配套工程项目，便落座于空港新城国际会展城片区。深圳国际会展中心整体建成后，将成为深圳超级新地标和新产业发展的龙头，推动深圳建设现代化、国际化、创新型一流城市和粤港澳大湾区发展。

1.1 片区概述

1.1.1 大空港地区、空港新城、国际会展城片区三者关系

大空港地区包含空港核心区、空港新城区、配套服务区总规划面积 95km²；其中：空港新城位于大空港地区北部，东至松福大道、南至福永河、西至珠江治导线、北至茅洲河，规划面积 45km²（包含水域）。

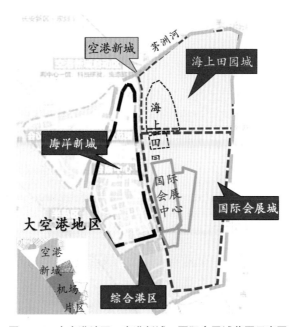

图 1.1-1 大空港地区、空港新城、国际会展城范围示意图

大空港以建设国际知名的空港都市区为总体目标，承载就业人口约 70 万，规划居住人口约 40 万，至 2025 年，基本建成开放合作、高端引领、创新驱动、环境优美的国际一流空港都市区，地区生产总值将达到 1600 亿元以上。2014 年，空港新城被纳入深圳市 17 个重

点区域开发片区之首（2020年新增为18个重点片区），定位为粤港澳大湾区经济核心区、国际航空枢纽、海洋经济发展示范基地，《广深科技创新走廊规划》确定空港新城为广深科技创新走廊十大核心创新平台，成为粤港澳大湾区的战略支点和深圳市加快发展湾区经济、建设一流湾区名城的重要力量。

空港新城规划面积约45km²，以生态、集约、活力、联动、便捷为原则，搭建中国空港时代的产业秩序，部署深圳国际会展城、海上田园城、海洋新城、宝安综合港区，形成"三城一港"空间格局。

1.1.2 大空港地区发展概述

1.1.2.1 发展背景

（1）得天独厚的区位优势。大空港地区（图1.1-2）处于广佛肇、深莞惠、珠中江三大城市圈交汇处，又处于珠三角广深港核心发展走廊、东西向发展走廊、狮子洋与内伶仃洋的交汇处，扼守珠江江口东岸，是粤港澳大湾区的湾顶核心位置，自古便是珠三角东西两岸贸易运输往来最具效率之处。随着环珠江口新区开发和湾区整体崛起，珠三角发展重心南移，大空港地区的区位优势将进一步凸显，成为连接珠江口东西两岸、沟通香港与内地的中枢节点，有望成为珠三角新的经济地理中心。

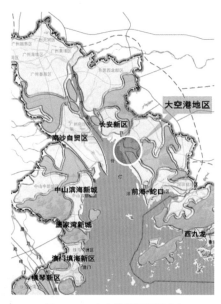

图 1.1-2 大空港地区区位图

（2）陆海空交通设施优势。大空港地区是珠三角乃至全国重大交通基础设施密度最高、功能最全的区域之一。长期以来，广深高速、宝安机场、大铲湾等海陆空交通基础设施为区域发展提供了强大支持。随着机场第二跑道、广深沿江高速、T3航站楼建成以及城际轨道、深茂铁路、深中通道等战略性重大基础设施加快建设，大空港地区基础设施将实现整体升级。大空港地区可以依托深港两地空港枢纽连接国际市场，依托深茂铁路、厦深铁路、赣深铁路等铁路网的建设，也将极大拓展国内的经济腹地。

（3）高度紧密的"前海关联"优势。前海是国家级新区，又是自由贸易区，是深圳的战略制高点，但前海地域较小，必须从周边区域获得支持与配合，"前海效应"也必须通过临近区域衍生和放大其辐射力和影响力。大空港地区紧邻前海，是前海未来发展天然的延伸区，是前海空间拓展的关键战略节点。大空港地区与前海在产业、空间和体制等方面全方位紧密对接，既有天然优势，也是必然趋势。

（4）电子信息产业集群优势。深圳西部地区电子信息产业支柱地位、集聚效应突出。

随着电子信息产业与新经济、新产业的深化融合，发展航空航天电子、海洋电子、军工、生物电子技术、智能装备电子控制系统等领域集群优势明显。

（5）较为充裕的土地空间资源优势。土地是当前制约深圳发展的稀缺资源。大空港地区通过围填海新增用地、港口功能转型、物流功能空间升级置换、城市更新等空间资源增改手段，开发潜力地区总计接近30km²，将拥有全市最大的空间发展资源。

（6）滨水岸线自然生态资源优势。世界湾区之所以能集聚高端发展要素资源，与湾区具备优越的自然生态环境、突出的生态环境容量、优美的滨水景观资源密不可分。大空港地区至深圳宝安中心区，拥有约45km蜿蜒的海岸线资源。随着海岸带经济的不断转型升级、水环境综合治理的不断深入，沿岸地区码头、制造业功能将逐步退让给城市生活、生态景观、休闲旅游等功能，有利于营造滨海城市功能区和新产业集聚带。

1.1.2.2　战略意义

（1）强化粤港澳大湾区在"一带一路"倡议国家建设的枢纽地位。深圳大空港地区位于粤港澳大湾区的地理中心，强化大空港地区对粤港澳大湾区的综合服务能力，将有力保障珠三角粤港澳大湾区在"一带一路"倡议国家建设的枢纽地位，助力粤港澳大湾区对"一带一路"沿线国家的辐射力。

（2）有利于拓展"9+2"泛珠三角经济腹地。加快深圳机场、高铁枢纽建设，推进海铁联运、空铁联运，将有利于加大对国内市场的辐射能力；促进泛珠三角地区的产业结构调整与替代升级。

（3）有利于发展湾区经济和增加深圳市经济辐射力。深圳大空港地区兼具临空、临海经济、湾区经济的区位特点。围绕发展湾区经济，充分发挥特殊的区位、产业等方面的优势，与周边地区协同发展，打造高质量的临海、临空产业集群。

抓住深圳机场扩建和港口转型升级的机遇，破解重大交通设施发展瓶颈，有序组织大型战略性工程、合理启动围填海工程、重点推进带动型项目建设以及长远储备重大产业项目，有力地增加了深圳市经济辐射力和发展后劲。

（4）完善深圳市区域发展格局，打造新的经济增长点。随着深圳市基础设施的不断完善，特区一体化成为必然趋势，深圳提出了包括大空港区在内的13个重点开发建设区域，是顺应城市多中心发展规律、优化完善深圳西部滨海城市发展轴线。

1.1.2.3　功能定位

（1）大空港地区战略定位为：粤港澳大湾区新城、国际一流空港都市区。

（2）粤港澳大湾区的发展目标及功能定位。

1）粤港澳大湾区经济核心区。加强空港基础设施和航线建设，做实与海上丝绸之路沿线国家空中互联互通关键节点，与香港机场合力打造国际重要的航空枢纽；延伸放大前海现代深港现代服务合作区、蛇口自由贸易区的功能、政策和国际影响力，推进粤港澳大湾区发展要素高效便捷流动，打造海上丝绸之路重要的高端要素资源配置中心。

2）国际一流空港都市区。依托地处珠三角脊梁的独特区位优势，围绕建设国际化、现代化湾区新城目标，提升城市品质，加快推进一体化以及交通基础设施、公共服务设施、生态环境等建设，拓展城市发展空间、优化城市布局。推动产城融合，促进生产生态生活协调、宜居宜业宜游一体化，打造深圳新的城市中心，把大空港地区建设成为国际一流、功能复合的空港都市区。

3）国际航空枢纽。依托地处珠三角脊梁的独特区位优势，围绕建设国际化、现代化湾区新城目标，提升城市品质，加快推进一体化以及交通基础设施、公共服务设施、生态环境等建设，拓展城市发展空间、优化城市布局。推动产城融合，促进生产生态生活协调、宜居宜业宜游一体化，打造深圳新的城市中心，把大空港地区建设成为国际一流、功能复合的空港都市区。

4）海洋经济发展示范基地。发挥深圳市国家海洋经济示范市的政策优势，依托深圳市良好的电子加工、精密制造基础，以及资金密集、产业密集和技术密集的城市特色，大空港地区重点发展海洋电子信息产业、海洋高端装备设计研发功能。

1.1.2.4 发展目标

按照整体规划、分步实施、注重实效原则，力争用15年时间，建成生产、生活、生态高度融合的国际一流空港都市区。具体目标任务分解如下：

（1）到2018年，建成一批基础性、功能性项目，拉开空港都市区发展框架。建成机场北停机坪等机场基础设施，建成深圳国际会展中心以及周边道路交通、给水排水等市政基础设施，建成穗莞深城际线、城市地铁11号线、外环高速等交通基础设施，主体功能区和新兴产业园区开发建设初具规模。

（2）到2020年，基本完成新城核心区开发建设，初步形成具有一定国际影响力的空港都市区。力争完成深茂铁路、深中通道、沿江高速二期、机场北重大交通枢纽项目建设，建成一批航空总部企业基地、未来产业园区和供应链管理中心，集聚一批具有国际影响力的基地航空公司、临空服务企业和科技创新企业，培育一批符合未来经济与科技发展趋势的高技术产业化项目，航空客运吞吐量达到4500万人次、货邮吞吐量达到150万t。

（3）到2030年，基本建成开放合作、高端引领、创新驱动、环境优美的国际一流空港都市区。力争完成机场三跑道、T4航站楼及配套设施项目建设，建成高时效敏感和高知识密集的高端服务业集聚地和未来产业聚集区，形成具有国际竞争力的知名品牌和优势企业集群效应，成为粤港澳湾区引领发展、服务全国、连通世界的重要经济发展制高点，航空客运吞吐量达到6300万人次、货邮吞吐量达到200万t。

1.1.3 空港新城概述

空港新城位于"广深科技创新走廊"轴心，通过集聚技术流与信息流，促进衍生产业在研发等环节的发展，促进科技走廊建设，加速湾区整体科技创新进程。空港新城由国际会展城、海上田园城、海洋新城、宝安综合港区组成。

国际会展城占地 10km²，以荣冠全球最大的深圳国际会展中心为基础，集聚综合体育馆、融创冰雪世界等城市公共设施和文旅设施，带动周边商业地块的开发，燃动产业转型升级的引擎。海上田园城占地 8.78km²，通过"会展城"和"田园城"双核驱动，放大田园生态，承接会展产业外溢，带动城市服务升级。宝安综合港区是粤港澳大湾区重要组成部分，5km 范围连接深圳机场、深圳国际会展中心、广深高速、沿江高速、广深城际轨道、深中通道等海陆空铁综合交通网络。海洋新城用海面积约 7.44km²，可形成陆域面积 5.27km²，作为深度参与全球蓝色经济竞合的世界节点、深圳向湾区聚集发展的战略前沿，致力于成为全球海洋中心城市先锋范例。

空港新城依托于大空港地区的总体发展，发展背景、发展环境、发展目标等保持一致，具体参考 1.1.2 大空港地区内容。

1.1.4 国际会展城概述

1.1.4.1 国际会展城的目标定位

（1）国际会展城的发展目标：立足粤港澳大湾区、面向全球、面向未来，宜居、宜游、宜业的国际化绿色生态新城。

（2）国际会展城的规划定位：开放引领的国际会展门户区、创新共享的湾区科技新引擎、高效复合的西部城市中心极核、产城融合的绿色生态城区。

（3）国际会展城的主导功能：按照国际标准全面完善会展产业与配套服务等主导功能，大力发展会展经济、海洋经济和都市文旅产业完善新城市中心生活及公共配套职能，提升宜居环境品质，加快高端人才集聚，彰显滨海新城魅力。

1.1.4.2 国际会展城的产业导向

构建"1+2+3"的产业体系。大力发展会展经济，将国际会展城建设成为世界级会展经济中心。利用会展驱动优势加速构建科技创新体系，重点推动智能装备制造产业、电子信息产业技术升级，重点培育海洋装备及电子信息产业、航空装备及电子信息产业、生命健康产业，针对性发展其中的研发、中试、关键零部件制造等高附加值环节。

（1）一个核心主导产业——"现代会展+"产业

依托国际会展中心集聚会展上下游产业，构建完善的会展产业链。吸引一批国际化会展主办组织企业、国际化场馆运营公司入驻以提高会展服务水平，吸引一流设计公司和专业会展物流公司入驻以完善会展服务，通过推广信息技术应用提升会展质量和运作效率。

支持海上田园等沿海景区升级改造，推动粤港澳大湾区旅游合作，联手推广湾区旅游线路。重点发展餐饮、住宿、医疗、教育等生活配套和文化娱乐、运动休闲、健康养生、主题乐园等体验经济。

（2）两大技术升级产业

1）智能装备制造产业

智能制造产业主要聚焦智能物流设备领域和工业机器人领域。其中重点智能物流设备领域关注零部件和硬件设备制造环节，促进物联网在先进制造、现代物流、食品安全、环保监测等重点领域的示范应用。工业机器人领域加强机器人关键零部件、机器人本体、系统集成、终端应用等环节关键核心技术的研发，中短期着力于推动研发及技术转化和生产配套环节发展。

2）电子信息技术产业

电子信息技术产业主要聚焦新型显示器领域和集成电路领域。其中新型显示器领域中短期应重点依托本地较强的 FPC 等产业基础，探索产业转型升级路径。集成电路领域，应关注产业配套的打造和完善，主动探寻发展芯片制造和封装测试环节的机遇。

（3）三大重点培育产业

1）海洋装备及电子信息产业

促进海洋装备及电子信息产业快速发展，重点发展船舶电子、船舶导航设备、海洋观测和探测、船载传感器、深海仪器与运载设备、海洋通信等海洋资源开发装备，积极打造综合实验检测平台和核心配套设备。

2）航空装备及电子信息产业

瞄准国际航空航天产业发展前沿和趋势，强化产业链上下游配套能力，重点打造航天电子、无人机、卫星导航、航空航天材料、精密制造技术及装备等核心产业集群，积极培育微小卫星、航天生态控制与健康监测、通用航空等服务业领域。

3）生命健康产业

重点发展医疗器械领域，将医疗企业价值链分为产品设计与研发、组件生产与设备集成、销售与售后服务三大模块，未来可依托国际会展中心组织国际医疗器械展览会，实现商流、信息流、技术流汇聚，利用当地装备制造产业基础建设宝安医疗器械产业集群。

1.1.5　会展片区概述

会展片区主要由深圳国际会展中心项目及片区配套工程（以下简称"会展片区项目群"）项目群组成，选址深圳大空港新城，片区项目多、体量大、工程复杂，各工程建设时间紧迫，多项工程齐头并进、工作界面相互交叉，协调难度大，现场统筹协调管理要求高，片区各项目基本情况如下：

1. 深圳国际会展中心

（1）地理位置

深圳国际会展中心项目选址位于宝安区大空港地区空港新城下的国际会展城，地处珠三角中心，位于粤港澳大湾区顶部，是建设粤港澳大湾区的重点区域，也是深圳未来城市和经济发展的重要增长极，区位优势突出。

项目选址地交通优势明显，距深圳机场 T4 航站楼约 3km，20 号线、12 号线等多条轨道线路接驳，沿江高速、广深高速、外环高速、机荷高速、深中通道等多条高速公路联通，交通非常便捷，具体如图 1.1-3 所示。

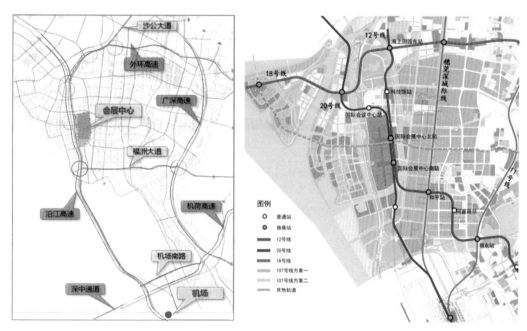

图 1.1-3 大空港发达的交通网络

（2）建设规模

深圳国际会展中心于 2016 年 9 月 28 日开工建设，项目一期于 2019 年 11 月建成投用（图 1.1-4），规划以会展为核心驱动和战略性节点，发展会展商贸、创新研发、国际物流与空港经济紧密相关的功能业态和产业集群，引领空港新城发展。深圳国际会展中心项目总建设用地面积 148.05 万 m²，规划建设室内展厅面积 50 万 m²，整体建成后将超过德国汉诺威国际会展中心成为全球最大的会展中心。项目

图 1.1-4 深圳国际会展中心建成效果图

一期总建筑面积 150.7 万 m²，其中展厅面积 40 万 m²，会议、办公、餐饮、仓储等辅助面积 54.7 万 m²，地下车库 56 万 m²。项目配套商业用地总面积 52.8 万 m²，总建筑面积 154.3 万 m²。其中酒店 25 万 m²、办公 26.2 万 m²、商业 32 万 m²、公寓 69.7 万 m²（含 10 万 m² 人才公寓）、公共服务配套 1.4 万 m²。项目一期用地面积 121.42 万 m²，二期 26.63 万 m²，

预计总投资：244亿元（其中一期总投资约198亿元）。

（3）运作模式

为确保建设质量和运营管理效果，项目采取"建设、运营＋综合开发"一体化运作模式，由政府与社会投资人合作。通过邀请招标引入资金实力雄厚、综合开发经验丰富的投资人及国际一流展馆运营机构负责国际会展中心建设和二十年运营维护，以及周边配套商业用地的综合开发。最终由招商蛇口与华侨城联合体及其合作运营机构美国SMG公司负责国际会展中心的建设和二十年运营维护，以及周边配套商业的综合开发。

一体化运作的实质是将项目建设、运营与配套商业开发通过捆绑由一个主体实现三者利益的统一。投资人提高建设标准可提升项目运营收益，项目高水平建设、运营又可提升配套商业的价值，而配套商业的完善反过来可进一步促进项目运营收益，三者互为支撑、相互促进。

通过一体化运作，一方面可将对项目建设、运营的外部要求转化为投资人的内在激励机制，由投资人自觉实现项目的高标准建设运营。另一方面，政府通过要求投资人提交建设、运营期间的履约保函，政府通过对配套商业设置预售许可限制，建立起国际会展中心建设运营与配套商业之间的联动机制，确保投资人将项目打造成为国际一流会展中心。

（4）战略目标要求

深圳国际会展中心项目建设标准遵循"三个一流"标准，即"一流的设计、一流的建设、一流的运营"。

1）一流的设计。

①片区规划：展馆与城市和谐共生

深圳国际会展中心周边规划了"一河两带三片区"的结构，将低投入、高产出、无污染、高效益的会展经济土地效益发挥至最大，为片区第三产业发展留下空间。深圳国际会展中心将崛起为城市生长的力量，与片区形成良性互动，和谐共生。

②设计理念：海洋与巨龙活力澎湃

深圳国际会展中心外观以海浪为原型，采用蓝色屋顶，体现海洋文化和时代脉搏；屋面颜色提取了簕杜鹃的紫色到海天蓝色的渐变色，呈现彩色丝带花纹，寓意"海上丝绸之路"；中央廊道柱子设计提取的红树生长的形态，支撑并勾勒连绵起伏的中廊屋顶；展厅及登录厅的建筑屋檐规则的曲线构建出充满生机和未来感的建筑空间。

③19大展厅：灵活高效满足多样需求

深圳国际会展中心的展馆设计采用了长条鱼骨式布局，19大展厅沿1.75km的两层中央廊道东西对称排列；南区16个标准展厅，北区3个特殊展厅；5个入口南北均匀分布，其中两个接驳地铁站；布局结构清晰，分布均匀，高效便捷，可灵活适应各种类型展会活动。

④专业配套：功能齐全造就非凡体验

深圳国际会展中心是集展览、会议、餐饮、娱乐、办公于一体的超大型会展综合体，集合了办公、物流、安保、海关、国检、仓储、垃圾清运等专业功能，可为主办方、参展商和观众等提供一站式服务。

2）一流的建设。

①运用先进的技术打造一流的展馆，使深圳国际会展中心成为全球能耗指标最低、装配率最高的大型公共建筑展馆，具有全球最大单体建筑雨水收集系统，通过了国际最先进建筑全生命周期评估，使其成为最节能、最节水、最节材、最低碳的国际会展中心。

②全过程科学把控实现节能高效，例如利用太阳能 +LED 照明，安全节能；收集办公区雨水、基坑降水回用等。

③三年完工见证深圳"最"速度。深圳国际会展中心的落地刷新了钢结构施工里程碑式的纪录，其钢结构用钢量、基坑土方挖运量也成为全球房屋建筑领域之最，是全球房屋建筑领域一次性投入机械设备最多的施工项目。

3）一流的运营。

①国际化运营，与世界领先的场馆管理公司 ASM GLOBAL（SMG）及业界知名咨询公司 JWC 合作。

②智慧化运营。深圳国际会展中心联手华为、中国电信和腾讯共同打造高效智能的数字化服务平台，通过智慧业务体系和智慧平台建设，将深圳国际会展中心打造成国际一流的新一代智慧化展馆。

③打造绿色展馆，绿色运营体现在各个方面，例如中央廊道自然光可满足照明需求，减少白天用电量；设计的强大的雨水收集回用系统，每年可降低市政用水 42.21 万 t；利用高效 LED，提高光照效率和节能效益等。

2 深圳国际会展中心市政配套工程

地铁 20 号线全长 8.36km，设 5 座车站 4 区间 1 车辆段，其中 3 座换乘站。线路起于宝安国际机场规划 T4 航站楼，设机场北站→重庆路站→会展南站→会展北站→国际会议中心站（图 1.1-5），机场北站预留向东延伸至机场东站条件，会议中心站向北延伸至长安新区，该项目总投资为 96.2 亿元。地铁 12 号线 2017 年 9 月开工建设，预计 2022 年试运营，根据现有方案，12 号线将全程采用地下方式敷设，其中宝安段长约 26.9km，全线起自左炮台站，终至海上田园东站，线路经过南山和宝安两个行政区，线路全长 40km，全线采

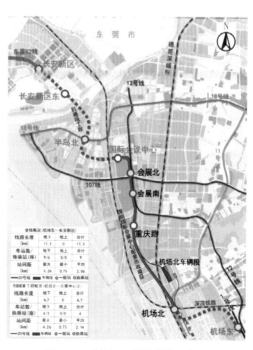

图 1.1-5　地铁 20 号线全线示意图

图 1.1-6　地铁 12 号线全线示意图

用地下敷设方式，设站 33 座，其中 18 座为换乘站，平均站距 1.39km。深圳地铁 18 号线为东西向市域快线，线路起于空港新城，终止于盐田坳，线路长 61.6km。其中，一期工程为空港新城至龙岗平湖段，二期工程为平湖至盐田段，一期工程在空港新城设置空港新城、国际会议中心、海上田园、沙井等站点。

12 号线是深圳市轨道交通线网近期建设规划中唯一自南向北串联深圳市南山中心区、宝安中心区、福永片区、大空港及会展片区的轨道交通骨干线；是支撑深圳市西部发展轴带建设，支撑前海（蛇口）自贸区、空港新城地区城市发展，缓解南山中心区、宝安中心区交通拥堵的普速线路。

12 号线线路起自左炮台站，终至海上田园东站，线路全长约 40.544km（右线），全线采用地下敷设方式；共设站 33 座，其中换乘站 18 座，最大站间距 1.933km（科技馆至海上田 园东），最小站间距 0.747km（工业六路至四海），平均站间距约 1.241km，如图 1.1-6 所示。全线远期高峰小时断面客流为 4.48 万人次 /h，采用 A 型车 6 辆编组，DC1500V 接触网授电。全线设一段一场，机场东车辆段位于机场道 107 国道交叉口东南角，赤湾停车场位于赤湾山西南角。全线新建主所 2 座，L12 主所 2 座，位于南山街道；L12 主所 3 座，位于西乡街道，共享既有主所 1 座（机场北主所）。深圳国际会展中心配套市政项目与 12 号线换乘车站（会展南站、会展北站、会展南—会展北区间）及 12 号线海上世界至南油段（海上世界站、海上世界—工业六路区间、工业六路站、工业六路—四海区间、四海站、四海—南油区间、南油站、南油—创业路区间）已按照市政府相关要求于 2016 年先期开工建设，12 号线全线建成后，该段线路将回归 12 号线贯通运营。本次实施的 12 号线范围约 36.82km，车站 27 座，其中换乘站 15 座。

3. 截流河综合整治工程

截流河毗邻深圳国际会展中心，处于空港新城的核心地带，贯穿空港新城南北，北接茅洲河，向南途经深圳国际会展中心综合配套区和恢宏的深圳国际会展中心南入口，最终流入珠江（图 1.1-7）。主河道长约 6.4km，南北连通渠分别长约 1.2km，红线内总面积约 131 万 m²，河道边线至红线景观面积约 64.7 万 m²，工程总投资：34.55 亿（可研批复）；另外设计生态修复工程，其中广场、平台铺装面积 4.37 万 m²，绿化面积 48.55 万 m²，园区道路铺装面积 8.82 万 m²；项目总投资为 37.5 亿元，已完成先行启动段和塘尾涌导流工程施工。工程建成将解决流域面积约 29.8km 的片区内涝问题，解决截流河、南北连通渠的城市水环境问题。

截流河综合治理工程主要建设内容包括：防洪（潮）治涝工程、水质改善工程、生态修复工程。

图 1.1-7　截流河综合整治工程

防洪（潮）治涝工程：主要包括对截流河及南、北连通渠进行综合治理，总治理长度约 8.8km，其中：新开挖截流河长 6.4km，在原有河涌上拓宽加深南、北连通渠，河长分别为 1.2km，防洪标准均为 100 年一遇。在截流河北端河口上游处新建集中排涝泵站 1 座，在截流河北段、中部、南端及南、北连通渠新建 5 座截止阀。

水质改善工程：新建沿河截流箱涵，新建初雨抽排泵站，新建污水提升泵站，新建截污阀，总口截流井。

生态修复工程：绿化面积 41.6 万 m^2，广场、平台铺装面积 13.3 万 m^2。

4. 综合管廊及道路一体化工程

综合管廊及市政道路一体化工程包含 19 条市政道路，总长 29.3km（图 1.1-8），其中 8 条道路设置综合管廊，总长 16.92km，总投资 95.07 亿元。主要建设内容包括道路工程、交通工程、桥涵工程、岩土工程、给水排水工程、照明工程、通信工程、综合管廊工程等，其中道路管廊结合市政厂站、管网布局规划，市政综合管廊内纳入给水、电力、通信、中压燃气、压力污水等市政管线，并为再生水、直饮水等管线的设置预留空间。空港新城启动区综合管廊及道路一体化工程采用 EPC 总承包模式进行

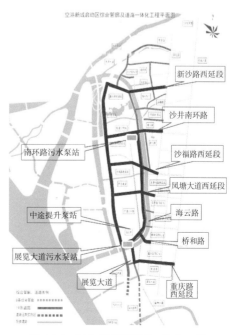

图 1.1-8　综合管廊及道路一体化工程

整体发包，将分两期建设，一期工程于2019年9月进场施工，2019年10月31日完工。一期工程建成后将环绕规划建设中的国际会展中心。二期工程按合同约定于2020年6月底竣工交付使用。

结合市政厂站、管网布局规划，总体布局上形成"四横四纵"的市政综合管廊体系。市政综合管廊内应纳入给水、电力、通信、中压燃气、压力污水等市政管线，为再生水、直饮水等管线的设置预留空间。

5. 片区市政工程

（1）给水工程

会展中心近期规划用水量约为 1.5 万 m³/d，远期最高日用水量为 3.1 万 m³/d。规划近期由立新水厂和长流陂水厂联合供水，远期新建罗田水厂共同供给（图 1.1-9、图 1.1-10）。根据会展中心给水排水施工图等资料，区域用水从东西两侧的海滨大道和展城路各引 6 条 DN200 ～ DN300 给水管。

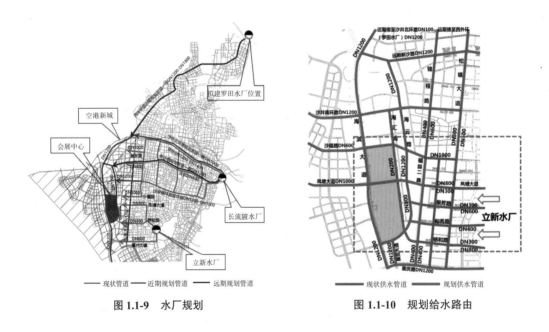

图 1.1-9　水厂规划　　　　　图 1.1-10　规划给水路由

目前，立新水厂、长流陂水厂富余产量（约 10 万 t/d）虽能满足会展中心建成后的用水需求，但根据《大空港地区市政工程详规》，整个空港新城近期（2020年）规划用水量达到 12 万 m³/d。

（2）污水工程

规划大空港地区污水由沙井污水处理厂、福永污水处理厂和新建的离岛污水处理厂共同处理（图 1.1-11）。规划扩建沙井污水处理厂，近期规模为 50 万 m³/d，远期规模为 70 万 m³/d。规划扩建福永污水处理厂，近期规模为 25 万 m³/d，远期规模为 35 万 m³/d。新建离岛污水处理厂，规模为 4 万 m³/d。会展中心建成后，会展及周边配套的污水将排往福永污水厂。

国际会展中心污水排放，是通过展览大道—福洲大道—福永污水处理厂，约 1km 市政污水干管工程。

（3）雨水工程

规划雨水管渠设计暴雨重现期为 3～5 年，重要地区为 5～10 年。规划采用"渗、滞、蓄、净、用、排"等综合手段实施雨水综合管理。规划雨水径流总量控制率不小于 70%。

会展项目雨水排量 52718L/s，东西两侧排入海滨大道和展城路（主干为展景路），其中西侧海滨

图 1.1-11　排水规划

大道的雨水经过汇集最终排入滨海湿地，东侧展景路的雨水经过汇集最终排入截流河。

2018 年 7 月底前需要海滨大道、展景路（展城路、展丰路）市政管线、截流河全部完成并通水，还有海滨大道西侧的滨海湿地带可以接纳海滨大道的汇入雨水。

（4）电力工程

近期由区内现状 220kV 变电站供给，远期规划预留 1 座 500kV 变电站。规划新建 1 座 220kV 变电站、7 座 110kV 变电站。区内新建高压、中压电力传输线路均采用电缆方式埋地敷设。

为保障会展中心供电需求，优先启动田园变电站、西海堤变电站建设，结合现状创业变电站、琵琶变电站一起为会展中心供电。

因道路征地拆迁、现状河涌等的影响，沙福路北侧的道路难以在 2018 年年底建成，经多轮临时线路方案比选，拟在海滨大道原线位（西海堤路）上，修建临时电缆沟（图 1.1-12），最终由田园站 110kV 供电，以保障国际会展中心用电。

（5）燃气工程

规划利用深圳市天然气管网输配系统，采用高压—次高压—中压三级调压的压力级制供气方式。空港新城主要由区外现状沙井区域调压站及区内新规划的空港区域调压站联合供气。中压管网互为连通保障，共同为规划区供应管道天然气，逐步完善管网覆盖率。

燃气管网已接至福园二路，通过会展中心周边市政道路将燃气管线接到会展中心。具体现状管线与规划管线情况如图 1.1-13 所示。

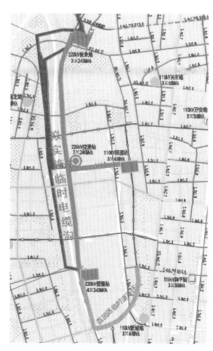

图 1.1-12　临时电缆沟规划线路

现状燃气管 ━━━━ 规划燃气管

图 1.1-13　燃气管线规划

图 1.1-14　宝安综合港区区位图

（6）其他工程

1）环卫工程

生活垃圾统一运至老虎坑环境园进行综合处理；垃圾收运以转运站收集方式为主、车辆流动收集方式为辅，在对环境要求相当高的高档小区规划采用动力管道收集方式，规划空港新城共设置 10 座小型垃圾转运站、1 座中央垃圾收集站。

2）通信工程

规划新建 1 座综合通信机楼，内设固话机楼、移动机楼和有线电视分中心。构建现代智能通信网络，建成全光纤、开放式、可传输图像、语音和数据的宽带综合业务通信平台。规划新增 4 座邮政支局，形成运输快速化、作业机械化、营业电子化、管理信息化和服务多元化的邮政网络。

6. 宝安综合港区（一期）

2012 年鑫科贤公司取得宝安综合港区一期项目《海域使用权证书》，批准项目填海面积为 86.4hm²，一期工程（图 1.1-14）于 2013 年第四季度开工建设，2016 年市政府决定宝安综合港区作为弃土外运临时装船点工程加快推进。

深圳港宝安综合港区一期工程位于珠江口东岸，福海街道辖区内，西海堤外侧。围海造地面积 86.4 万 m²，岸线长 548.7m，陆域纵深约 1500m，建 5000t 级通用散杂货泊位 3 个、1000t 级多用途泊位 3 个；南北围堤变更为直立式，以供深圳市弃土外运临时装船点使用。

7. 会展商业配套工程

会展配套服务区用地总面积 52.8 万 m²，总建筑面积 154.3 万 m²，2016 年 8 月完成土

图 1.1-15　会展商业配套工程效果图

地招标，土地出让价 310 亿元。总建筑面积 154.3 万 m²，设置商业、酒店、办公、公寓和会展休闲带等。一期建设会展休闲带、酒店 10 万 m²、办公 10 万 m²、商业 2 万 m²，预计 2018 年 9 月建设完成。会展商业配套工程效果图如图 1.1-15 所示。

　　8. 海洋新兴产业基地项目

　　海洋新兴产业基地（图 1.1-16）项目总投资约 429.5 亿元，土地一级开发约 128 亿元，项目用海面积约 744hm²，其中：陆域形成可用地面积 487hm²；可供建设的净地面积 310hm²；总建筑面积 512hm²。半岛区（深圳市海洋新兴产业基地）海域使用权申报材料 2017 年 4 月底已通过国务院的审批，同年 9 月 4 日取得国家海洋局批复并办理深圳市海洋新兴产业基地项目海域不动产权证。

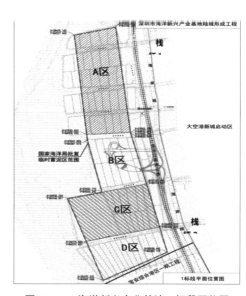

图 1.1-16　海洋新兴产业基地 1 标段区位图

1.2　项目建设背景及意义

1.2.1　项目功能目标

　　深圳国际会展中心项目群是由深圳国际会展中心、配套市政项目（20 号线）、截流河工程、综合管廊及市政道路一体化工程、国际会展中心配套商业项目、宝安综合港区（一期）项目等组成（图 1.2-1）。

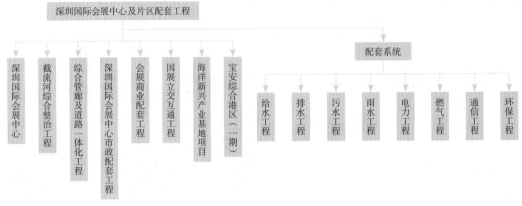

图 1.2-1　深圳国际会展中心项目群

（1）深圳国际会展中心

片区项目群核心项目——深圳国际会展中心是深圳市政府投资建设的重大项目，是集展览、会议、活动（赛事、演艺等）、餐饮、娱乐等于一体的超大型会展综合体，集合了办公、物流、安保、国检、仓储、垃圾清运等专业功能，可为主办方、参展商和观众等提供一站式服务。

展馆一期项目于 2016 年 9 月 28 日正式开工建设，按照深圳市委市政府所提出的"一流的设计、一流的建设、一流的运营"要求，历经三年深圳速度与质量的"雕刻"后，于 2019 年 9 月 28 日落成，11 月正式启用，未来将打造成为全新一代绿色展馆和智慧展馆。

展馆功能上采用先进的鱼骨式布局，18 个 2 万 m² 标准展厅和 1 个 5 万 m² 的超大型展厅沿中央廊道东西堆成排列，共 19 个各具特色的展厅，灵活高效可满足多种需求（图 1.2-2）。

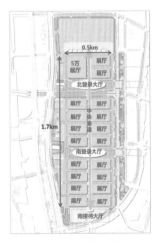

展厅全部采用单层、大跨度空间设计，可灵活组合，满足各类大型展会活动的举办需求。作为交通、服务中区的 3 个登录大厅南北均匀分布，客货流线高效，布局结构清晰。鱼骨式布局为场地周边道路提供了最均质的出入口布置方式，最便捷的参观线路和最高效的货运流线。会议等配套功能分散与集中布局结合，会议功能面积超过 3.3 万 m²。此外，还配备 1 个可举办会议的 2 万 m² 的多功能活动中心，最多可容纳 1.3 万名观众。南、北登录大厅与地铁等公共交通相接，配备会议、餐饮服务，是国际会展中心主要入口空间及服务中枢。

图 1.2-2　展馆布局图

（2）截流河综合整治工程

截流河项目贯穿片区南北，向南途经深圳国际会展中心综合配套区和恢宏的深圳会展中心，而国际会展建成后将成为全球最大的会展中心。一个宏大，一个贯穿，宏大坐落于绿地清流中，形成一种围绕深圳国际会展中心的独特生态魅力、一个独有的会展生态绿地空间。连同深圳国际会展中心一起，作为未来大空港地区核心区域的"会展河"，不仅具有超美颜值，还兼具超强实力，建成效果图如图1.2-3所示。深圳市西海岸绿地系统基本走势以东西为主。截流河和深圳国际会展汇中心延伸朝向一致，成为深圳向北段延伸的重要生态通廊。它承担了整合碎片化生态版块，构建空港新城"两核一环"，重塑新城和深圳国际会展中心周围蓝绿网络的功能。此外，它还承担了汇总上游水涌环境和城市防潮防涝的责任。在未来，全球最大会展中心——深圳国际会展中心必将成为空港新城乃至深圳的新地标，而"会展河"的到来，仿佛给这一新兴地标增添了一抹浓厚的浪漫色彩，赋予了新展馆会展功能以外巨大的观光和生态魅力，为生活在它周围的人们、远道而来的主办方、参展商和展会观众，提供了一片排解忙碌的绝佳休憩地。"会展河"极大地增强了深圳国际会展中心的"软实力"。

图1.2-3 截流河效果示意图

（3）综合管廊及道路一体化工程

为深圳国际会展中心提供市政基础设施配套服务，包含19条市政道路（其中8条道路含综合管廊）、24座桥梁、15座车行地下通道等。

（4）深圳国际会展中心市政配套工程

深圳地铁20号线是深圳国际会展中心配套市政项目，建成开通后，将会为国际会展中心的交通带来极大的便利，有效促进和带动了大空港地区经济与交通的发展，对于提升城市形象，打造粤港澳大湾区核心区具有重要意义。

1.2.2 项目建设意义

1.2.2.1 助力双区驱动，推动政策落实

中央发布《关于支持深圳建设中国特色社会主义先行示范区的意见》，从经济特区到"先行示范区"，深圳在新时期被赋予了新的使命，在相关部门支持深圳建设中国特色社会主义先行示范区的具体意见中明确提出，支持深圳举办国际大型体育赛事和文化交流活动，承办重大主场外交活动。作为发展会展业的重要城市基础设施和关系深圳未来百年发展大计的标志性工程，深圳国际会展中心的建设是深圳市委市政府的一项重大决策，正式运营后将极大提高深圳市展览场馆基础设施水平，引领现代服务业高质量发展，为深圳抢占会展业未来发展制高点，打造比肩汉诺威、上海等城市的国际会展之都，以及为新的经济发展增长极奠定坚实基础。对于深圳构筑开放层次更高、辐射作用更强的全面开放高地，加快深圳成为国际性创新城市的进程，全力推进先行示范区建设，更好发挥粤港澳大湾区和先行示范区建设"双区驱动效应"，都具有十分重要的意义。

1.2.2.2 提升城市吸引力和影响力

会展业是一个城市的名片，是城市对外展示的窗口。一个城市的发展状况，可以通过展会的大小，品牌展会的数量，会展的人流量及交易量等情况体现。大规模、高层次的展览会议，尤其是国际性会展活动，对会展举办城市的形象、经济状况、特色产业、科技发展水平、人文地理、旅游资源都可以做广泛的宣传，可以迅速提高举办地城市的国际声誉与地位，促进城市的繁荣。像广州的广交会，上海的世博会、APEC 会议，厦门的投洽会等品牌展会都大大地提升了举办地城市的影响力，为城市的发展提供了无形助力。

建设国际会展中心，能扩展深圳的办展能力，提升深圳的知名度，形成大量的无形资产，助推深圳创建知名会展城市的目标实现。国际会展中心的建设将进一步促进会展业的发展，这对提升深圳的吸引力和国际影响力，对建设国际化城市具有重要战略意义。

1.2.2.3 促进文化交流、提升文明素质

会展业作为现代市场体系的平台，也是对外开放的平台。随着多种多样展会的举办，不同国籍、不同肤色、不同文化的人都将在展会上碰撞和交流。不同主题的展览会，例如艺术展、节能减排展览会、国际环保展览会等，也会开阔市民的视野，提高市民的素养。例如，2010 年上海世博会开幕，约有 240 个国家地区组织作为参展商参加了世博会，这是一场人类文化的盛宴，是人类不同文明之间的一次精彩对话。

每一次展会的举办都有众多义工团队参与服务，在各种展会办展期间，为国内外观展人员提供语言翻译、场馆引导、信息咨询、交通指引等贴心服务。大量志愿者服务工作既可以提高市民的文明素质和服务精神，也可以通过这种无私奉献的精神，有力地塑造深圳建设"志愿者之城"的形象。每一次展会的成功举办，都对提高深圳市市民的文化水平，提高深圳市市民的整体素质，提高深圳市的凝聚力和向心力，加快城市文明建设有着重要

的意义。

1.2.2.4 促进深圳会展业可持续发展

会展业是现代服务业的重要组成部分，国际市场把会展经济与旅游业、房地产称为世界三大无烟产业，并冠有"城市的面包""城市的名片""城市经济的助推器"之名。随着会展业在国内经济发展中起的作用越来越大，大力发展会展业成为各大城市的共识。而目前，随着会展业一路高歌猛进，深圳展馆建设的滞后所引发的问题也逐渐暴露了出来。一方面，深圳市内越来越多的大型展会需求展览面积超过 10 万 m^2，展会数量与日俱增，福田会展中心常年满负荷运转，排期饱和；另一方面，连年增长的参展观众人数也造成了福田会展中心内部与周边交通的严重拥堵。建设国际会展中心，是丰富会展资源，满足深圳市会展行业的需要，也是进一步发展会展业的一条必然途径。

1.2.2.5 促进深圳产业结构升级

会展业具有非常强的产业带动性。各种会展的兴办，不仅需要城市基础设施和其他相关硬件设施的建设，而且需要运输、广告、公关、劳务、保险、安全保卫、旅游、餐饮、宾馆、银行、邮政和电信等部门为其服务，形成"第三产业消费链"，这些因举办会展活动而增加的相关服务收益的总和，构成了蔚为壮观的会展经济的重要部分。而且，会展业提供信息、知识、观念交流的平台，尤其是新技术交流会给社会带来强大的正面辐射效应。会展业具有多方向扩张的性质，对于区域产业结构演进产生一种推动作用。

会展活动的开展能使会展举办地各产业的供给结构和需求结构发生变化，从而优化当地的产业结构。建设国际会展中心将加快深圳市整体产业结构升级的步伐，有力推动产业结构的优化。

一言蔽之，深圳国际会展中心的建设，有利于缓解深圳市会展基础设施紧缺、举办大型展会能力不足的问题；有利于加快深圳市会展业发展，提升展会国际化、规模化、市场化、专业化水平，打造世界一流展会；有利于汇聚会展顶级展会互动，加速全国同行业信息流、技术流、人才流、资金流的资源汇集；有利于促进深圳市产业结构调整升级，推动经济可持续发展，增强城市综合竞争力；有利于提升城市影响力、促进城市文化交流，深化城市发展内涵；有利于推动粤港澳大湾区和先行示范区建设，落实中央政策，增强深圳核心引擎功能。

1.3 项目主要创新点

为全面落实市委市政府"一流的设计、一流的建设、一流的运营"国际会展中心的战略目标要求，自筹建启动以来，国际会展中心项目一直以更远大的眼光、更开阔的视野、更开放的胸怀统筹推进。

1.3.1　创新投资建设运营模式

国际会展中心项目采用"建设、运营＋综合开发"一体化运作模式（BO+D 模式），即在政府承担深圳国际会展中心建设主要投资的同时，通过招标引入资金实力雄厚、综合开发经验丰富的投资人及国际一流展馆运营机构，负责国际会展中心代建和二十年运营维护，以及周边配套商业用地的综合开发。这种一体化的运作模式符合深圳会展业发展的需求，同时通过会展建设，带动片区的发展；有利于社会资本发挥专业化、市场化的运作优势，建立项目建设、运营与配套商业之间的长期联动机制，激励投资人专注于项目建设、运营，确保将项目打造成为国际一流会展中心。

深圳国际会展中心的建设开发模式是吸取了国内外大型公共建筑开发经验总结而来，致力于从源头上解决开发运营过程中可能存在的问题。深圳国际会展中心的建设、运营＋综合开发的一体化模式，在前期筹划阶段便未雨绸缪，反复论证调研，结合国际领先经验和深圳会展业实际需求，前瞻性地将项目筹备、会展建设和运营、周边配套开发、市政基础设施建设等相关联的诸多内容和实施环节都做到充分预见和考量，引入国际一流设计、咨询、运营团队和国内一流投资建设运营机构，为项目整体的顺利实施奠定了坚实基础，为建造国际最高标准的会展中心起到了示范带领作用。

1.3.2　创新建筑设计模式

深圳国际会展中心建筑设计以及周边配套工程、片区景观主要采用国际招标方式，在全球范围开展设计竞赛，面向全球征集吸纳新思路、新方案，充分聚集全球优质元素，旨在打造更具"国际范"的会展中心与配套景观。支持运营机构提前介入深圳国际会展中心设计建设环节，及时根据使用需求，调整完善关键设计以及设备设施装备调试，为运营后的日常维护和管理打好基础。对标国家国际重量级绿色认证，助力打造第四代绿色会展，确保运营水准国际一流。

1.3.3　创新施工技术和组织模式

深圳国际会展中心是全球钢结构用钢量最多、一次性投入机械设备最多的房屋建筑工程。指挥部办公室科学研判，及时调度，鼓励和支持各施工单位创新施工技术和施工组织。实施以 BIM 技术、"应用云＋"端、大数据、无人机技术等为主导的智慧建造，采用特大型多方协作智慧建造管理平台，紧密围绕人员、机械、物料、工法等，搭建可视化管理平台，监控生产、质量、安全等管理目标，按需现场调度生产要素。协调总承包单位发动旗下布局全国的四大制造厂满负荷加工制造、预制装配，全力保证高达 27 万 t 钢结构供应。48 台巨型塔吊、300 多台大型起重机械同期投入使用，高峰期每个月可完成钢结构吊装 6 万多吨，完成量远超鸟巢的总用钢量。先进的技术手段和科学的调度管理，保证了既定建设目标优质高效的实现。

1.3.4　创新片区"双总设计师"模式

在全市范围内率先实施双总师负责制，聘请"1 名总规划师 +1 名总建筑师"作为总设计师，统筹区域整体规划、景观以及建筑设计工作。总设计师团队全过程跟踪片区规划建设，对设计方案及成果进行技术把关，保障设计效果和质量；在工程建设重要环节进行把控，保证工程进度与品质；实施驻场服务，建立快速反馈机制，提高咨询服务效率，工作中展现了较强的专业素养和技术水平。在建设过程中，总设计师制度突破了行政管理和专业技术机构划分形成的二元工作格局，构建多方参与的协调平台，充分发挥规划设计集成与协调性，强化规划设计与建设实施的衔接，增强城市规划建设管理的系统性，高效推动片区的规划建设。

第 2 章

深圳国际会展城综合规划

2.1 综合规划

2.1.1 规划结构

构建"双岛、三区、多廊"的会展新城总体结构（图 2.1-1）。

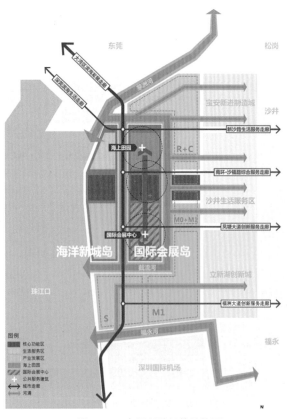

图 2.1-1 会展新城总体结构图

（1）"双岛"

应对建设"全球海洋中心城市"战略，弹性规划滨海岸线资源，利用岛式围填海工程形成建设陆域，通过珠江口、茅洲河、凤凰河、红树林湿地等生态系统围合出"国际会展岛"与"海洋新城岛"，构建"海洋向东城市向西"的海陆统筹生态格局。依托国际会展中心加快培育一流的湾区现代服务业核心，丰富城市中心职能，提升城市核心竞争力。

（2）"三区"

1）核心功能区：以国际会展中心为核心，培育"现代会展 +"生态圈，布局总部商贸办公、酒店商业配套与城市综合服务核心职能，形成西部城市中心极核。

2）生活服务区：以海上田园为核心，通过土地整备和城市更新，在会展新城北部形成生活配套的集中空间。

3）产业发展区：布局会展"强关联"驱动产业，包括智能装备、电子信息、航空、海洋等相关产业并通过港口功能优化和城市更新实现产业升级。

（3）"多廊"

结合现状河涌系统，沿主要城市道路形成多条集生态、景观、文化与生活配套、生产性服务业于一体的综合性走廊，实现新城市中心功能向老城市腹地的辐射延伸，以此带动宝安北部城市、产业双升级。主要包括新沙路生活服务走廊、南环沙福路综合服务走廊、凤塘大道创新服务走廊、福洲大道交通服务走廊等。

2.1.2 开发单元导控

规划区开发单元控制区包含会展岛组团和港口组团，共划定四个开发单元。其中：

（1）会展岛组团，包含三个开发单元，总范围面积 616.5hm²，总建筑规模 325.5 万 m²。会展岛组团是构筑会展城发展的绿色生态本底，缝合城市与自然空间，诠释湾区未来城市典范。通过探索步行街区、立体城市与智慧城市建设，为社区、园区、港区注入新动能，培育创新载体。

会展岛组团结构（图 2.1-2）：

①生态本底：构筑会展城发展的绿色生态本底，缝合城市与自然空间。

②核心框架：会展轴线是会展岛的核心框架与品质载体，诠释湾区未来城市典范。

③重点片区：探索步行街、立体城市与智慧城市建设，塑造西湾都心。

④特色组团：为社区、园区、港区注入新动能，培育创新载体。

1）海陆统筹，蓝绿框架

会展岛组团距离亲水海岸 15min，公园 10min，具有海陆统筹、蓝绿框架的设计格局，塑造生态与文化的叠加效应，形成丰富多元的景观风貌（图 2.1-3）。

①一核：区域级旅游目的地：海上田园 + 茅洲河口。

②一带：生态景观带：西海岸 + 茅洲河生态景观带。

③一环：会展岛截流河景观水环，一河两岸城市景观。

④多廊：岭南特色河涌与围塘肌理。

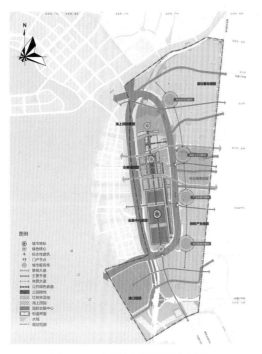

图 2.1-2 会展岛组团平面分析图

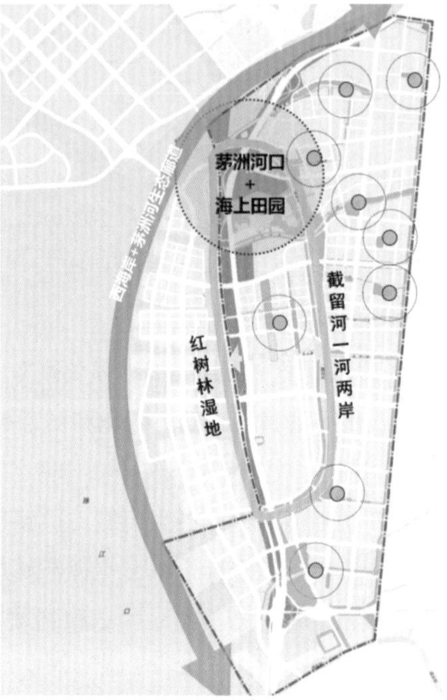

图 2.1-3 海陆统筹，蓝绿框架示意图

2）强化轴线、落实文化设施

沿轴线布置标志性场馆设施、综合性城市配套会展中心及配套文化场馆集群国际会展中心，岭南大众文化园、海上田园生态公园、会展核心商务办公区。设计序列适度，弱化纪念功能，强调城市特色，多元活力，生态人文（图 2.1-4）。

3）会展岛中轴空间塑造

适度弱化纪念功能，强调城市特色、多元活力、生态人文，打造生态休闲、湿地科普、文化科技、展览会议的中轴空间。在中轴骨架上形成湾区发布廊、文化设计廊、生态湿地廊、活力天街。

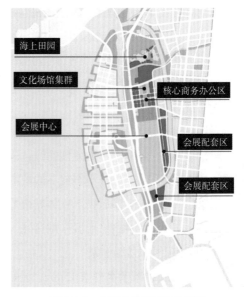

图 2.1-4 会展岛轴线配套分析图

（2）港口组团

包含一个开发单元，总范围面积 360.9hm^2，总建筑规模按港口规划确定，规划实施应

执行国家港口管理与海洋管理相关规定（图 2.1-5）。

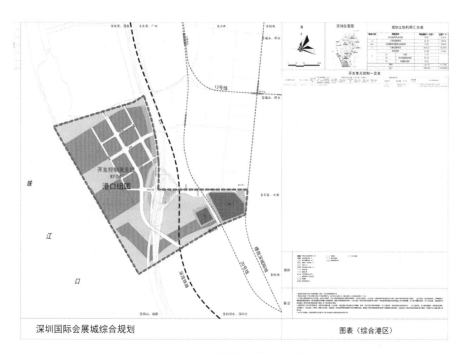

图 2.1-5   会展岛港口组团规划图

开发单元采用功能混合的开发模式，鼓励集中成片开发，促进公共设施落地、引导产业转型升级，营造都市活力。

2.1.3   综合交通

2.1.3.1   道路规划

本片区内规划道路分为五个等级，如图 2.1-6 所示。

（1）高速公路：广深沿江高速、外环高速，为双向 6 车道，预留外环高速跨伶仃洋隧道线位条件。规划高速公路总长度 12.14km，路网密度 0.54km/km²。

（2）快速路：滨江大道，红线宽度 80m，主线双向 8 车道，辅道双向 4 车道；福州大道，红线宽度 70m，主线双向 6 车道，辅道双向 4 车道。规划快速路总长度 12.49km，路网密度 0.55km/km²。

（3）主干路：新沙路，红线宽度 50m；沙海路，红线宽度 70/65m；沙福路，红线宽度 50/40m；凤塘大道，红线宽度 60m；桥和路，红线宽度 40m；重庆路，红线宽度 60m；展览大道，红线宽度 50m；汇海路，红线宽度 42m；福园二路，红线宽度 60m；松福大道，红线宽度 70m。规划主干路总长度 40.78km，路网密度 1.81km/km²。

（4）次干路：帝堂路，红线宽度 40m；蚝乡路，红线宽度 40m；民主大道，红线宽度

40m；锦乐路，红线宽度 36/32m；锦围路，红线宽度 32m；锦福路，红线宽度 30m；万乐路，红线宽度 40/32m；和汇路，红线宽度 30m；云翔路，红线宽度 40m；长富路，红线宽度 40m；景芳路，红线宽度 40m；和秀西路，红线宽度 40/32m；蚝业路，红线宽度 40m；福园一路，红线宽度 50m；宝港前路，红线宽度 30m；汇港一路，红线宽度 32m；汇港二路，红线宽度 32m；福港路，红线宽度 32m；汇林路，红线宽度 30m。规划次干路总长度 36.73km，路网密度 1.63km/km²。

（5）支路：各地块通行与出入的主要道路，红线宽度 12 ~ 32m。本片区内建议性支路的位置以虚线表示，具体实施时，为减少拆迁、尽量利用现状地形及其他合理原因，其线位可根据实际情况适当调整。规划支路总长度 39.23km，路网密度 1.74km/km²。

图 2.1-6　国际会展城规划道路交通分析图

本片区内规划高速公路出入口 3 处，枢纽立交 3 处，一般立交 8 处。

2.1.3.2　公共交通

本片区内规划轨道线路 5 条，包括穗莞深城际线、城市轨道 12 号线、18 号线、20 号线和 30 号线（图 2.1-7、图 2.1-8）。

图 2.1-7　国际会展城规划轨道交通分析

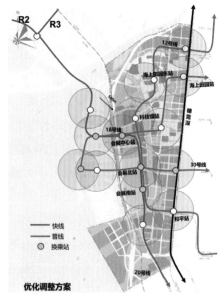

图 2.1-8　国际会展城规划轨道交通分析

本片区内规划中小运量公交示范线路包括胶轮有轨电车、超级巴士等，分别为 L1 线、L2 线、L3 线、L4 及支线，重点强化面向惠莞深城际线及规划区周边城市轨道站点的接驳。中运量如图 2.1-9 所示。

依托宝安综合港区一期工程建设会展配套码头，为会展中心提供水陆客运、游船观光以及展品货物运输服务。在宝安综合港区一期南侧设置内港池，布置通用泊位。

规划货车停车场 2 处，其中 1 处为非独立占地配建停车场。规划客车停车场 7 处，其中 6 处为非独立占地配建停车场。

在服务会展的中小运量 L1/L2 线路基础上，结合交通需求预测，云巴交通系统（图 2.1-10），加强与沙井中心，松岗中心，海洋新城方向的联系，满足规划区和海洋城就业人口通勤需求。

2.1.3.3 慢行交通通道

本片区内规划三类慢行交通通道（图 2.1-11），即主廊道、次级廊道、休闲道。其中自行车主廊道按照步行廊道和自行车主廊道标准安排人行道和自行车道，主要包括新沙路、沙海路、沙福路、凤塘大道、汇海路、云翔路、福园一路、福园二路、

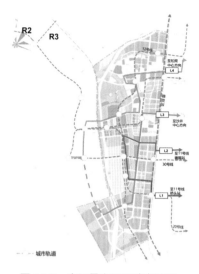

图 2.1-9　中运量交通系统布局图

图 2.1-10　云巴站场效果图

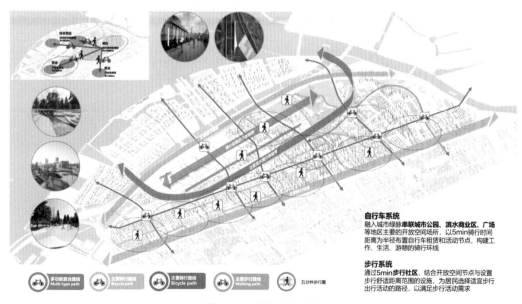

图 2.1-11　慢行交通系统

松福大道、桥和路、重庆路等。次级廊道按照片区步行主通道和自行车交通连通道标准安排人行道和自行车道，主要包括荣安路、民主大道、锦围路、万乐路、锦乐路、和汇路、长富路、景芳路、和秀西路等。休闲道主要作为自行车交通休闲道，同时也是生态休闲步行系统的一部分，主要沿凤凰河设置。除本规划外，有条件的道路应设置独立的自行车道，同时鼓励在大型公园、河道两侧、公共绿地以及环境优美地区设置独立的自行车休闲道。本片区所有步行系统应按相关规定进行无障碍设计。

2.1.3.4 绿道网系统

在尊重历史与现有自然要素的基础上，同时结合上层次区域绿道规划以及道路设计情况，打造"两园、三带、密绿网"的绿道网系统结构，整体形成以海洋为基调、生态为本底、人民为中心、文化为特色、绿道为主线的环形慢行绿道系统（图2.1-12）。

（1）"两园"：会展中心北侧的海上田园和南侧的展城门户公园形成生态绿道核心区。

（2）"三带"：以建设成为深圳世界一流的绿道示范段为目标，建设沿海风景景观带、生态湿地景观带、凤凰河两岸景观带等三条绿道景观带。

（3）"密绿网"：结合现状主要河涌水系和主要景观街道，形成区域内部的绿道网络。

2.1.3.5 会展水环

会展水环由外环绿道与内环绿道组成（图2.1-13）。

（1）外环绿道全程约20km，串联截流河一河两岸各类绿地与公共服务设施，以及海洋新城滨海公园带；

图 2.1-12 国际会展城绿道网系统

图 2.1-13 会展水环系统

（2）内环绿道长约 12.5km，以环绕会展岛为主，东半环主要服务西部都心以及会展配套，西半环为穿越红树林与湿地为主的特色绿道。

截流河上增设专门为绿道服务的慢行桥，保证绿道全程无间断连接，提升绿道体验。

2.1.4　市政工程

按照适度超前的原则预测各类市政工程需求量，高标准配置给水、排水、电力、通信、燃气等各项市政配套设施（图 2.1-14）。按照经济可行的原则积极运用节能减排、资源循环利用的相关方法和工程措施。市政设施的建设必须满足相关法规和规划规定的卫生与安全防护要求，创建安全、智慧、绿色、共享的城市环境。

（1）给水供应：近期立新水厂和长岭陂水厂，远期罗芳水厂，沙井再生水厂补充。

（2）防洪排涝：外挡内疏，自排为主，抽蓄结合的防洪潮排涝体系。200 年防洪潮，50 年防涝标准。

（3）污水处理：以南联通渠为界，北部进入沙井污水处理厂，南部进入福永污水处理厂。

（4）电力保障：由规划 500kV 大空港变电站、3 座 220kV 及 7 座 110kV 变电站供应。

（5）通信保障：规划空港目标机楼提供通信业务服务。

（6）燃气供给：规划大空港区域调压站供给，规模 5.4 万标准 m³/h。

（7）消防设施：由规划特勤消防站和一级普通消防站提供服务。

（8）环卫设施：新增 13 座小型垃圾转运站为片区提供垃圾转运服务，其中 8 座独立占地。

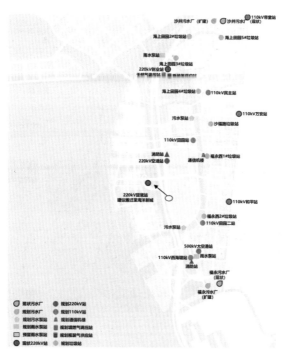

图 2.1-14　国际会展城市政设施图示

2.2 片区规划设计管理

2.2.1 双总师模式

2018 年 3 月 23 日，杨洪常委主持会展中心现场会议，按照市委市政府关于城市重点地区高品质、高标准开展规划、设计、建设和管理以及打造世界一流国际会展中心的要求，为进一步提升国际会展城整体品质，强化规划设计管理与开发建设实施的有效衔接，提出国际会展城开展总设计师制度。

2018 年 5 月，中国城市规划设计研究院深圳分院朱荣远团队与香港华艺设计顾问（深圳）有限公司林毅团队联合中标成为国际会展城总规划师与总建筑师，并正式启动为会展新城规划建设提供总设计师服务。

2018 年 8 月 9 日，市规划国土委印发《深圳市重点地区总设计师制试行办法》。

2018 年 10 月 9 日，深圳国际会展中心建设指挥部办公室发布《关于进一步明确国际会展城总设计师工作有关事项的通知（试行）》，进一步明确了国际会展城开展总设计师制度的相关具体操作要求。

双总师模式示意图如图 2.2-1 所示。

空港新城建设项目众多，如图 2.2-2 所示。

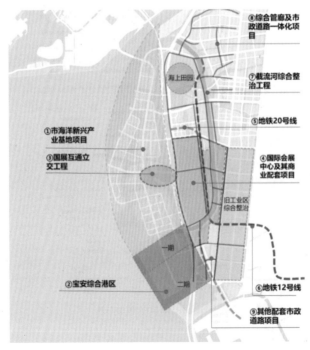

图 2.2-1 双总师模式示意图

图 2.2-2 空港新城建设项目

总设计师需深入理解深圳国际会展城的规划设计建设情况和发展需求，向相关政府部门提供技术协调、专业咨询及技术审查等服务。包括但不限于：

①作为技术牵头方，协助搭建开放的技术平台，组织开展相关研讨协调会；

②协调建筑与城市空间及公共活动关系，对街道设计、公共空间、慢行系统、景观环境、交通组织、地上地下立体复合空间利用等方面建设协调、整体品质提出技术意见；

③落实城市规划，统筹协调重点地区建设项目，对建设用地规划设计条件制定提出优化建议；

④参与建设工程前期策划工作，对设计招标需求文件提供专业建议及技术审查意见；

⑤在建筑设计方案咨询及核发建设工程规划许可过程中，协助主管部门对设计文件进行审核，并按照城市设计要求对建筑形态、风格、材质、色彩等方面提出优化建议；

⑥根据重点地区规划设计建设实际需要，开展相关深化研究等。

总师制度研究方法论——提纲挈领，稳步推进。通过总规划师与总建筑师的双管齐下，对城市的区域思考与系统提升，对城市建设全过程的品质把控，通过站在未来视角与生态文明角度的研究，经过区域统筹，反向指导项目实施。

2.2.2 总规划师管理

1.总规划师团队构成

总规划师团队（图 2.2-3）由 3 个大专业、9 个细分领域的 33 位技术人员构成，是一支稳定的团队，覆盖领域多元化，具有丰富的经验。其中教授级规划师 5 位，高级或注册规划师 7 位，规划师 21 位。

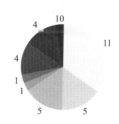

城市规划 ■ 城市设计 ■ 道路交通 ■ 经济地理 ■ 燃气工程 ■ 给水排水 ■ 电力工程 ■ 环卫工程 ■ 人防工程

图 2.2-3 总规划师团队

2.总规划师工作内容

（1）根据区域发展的内外部形势动态提出区域发展目标和功能定位的修订意见；

（2）主持或参与综合发展规划、城市设计及重要专项规划的专家咨询会、研讨会、工作坊等，协助推进综合规划和片区相关规划的实施，提出规划实施时序建议；

（3）主持或参与重点片区城市设计、详细蓝图招标需求文件拟定等前期策划工作，提供专业咨询意见；

（4）协助甲方对重点片区建设用地规划设计条件的制定提供专业咨询意见；

（5）负责对城市公共空间、街道设计、慢行系统、灯光、天际线、景观环境及交通组织等方面，提供专业咨询意见；

（6）代表甲方对片区内报建的设计方案进行技术审查并出具书面审查意见；

（7）其他与片区建设规划发展相关的工作事项。

总规划师规划跟踪图如图 2.2-4 所示。

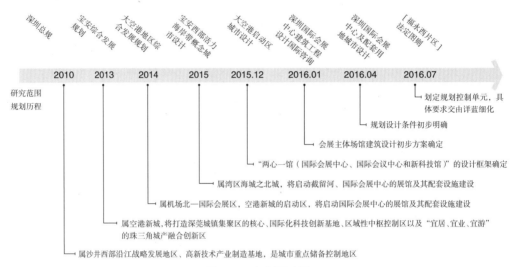

图 2.2-4　规划跟踪图

各项规划层次不同，如表 2.2-1 所示。规划范围与侧重点亦不相同，因此有必要全面梳理已有规划，以目标与问题相结合的双重导向，进一步深化该片区城市设计研究和规划统筹工作。

各类规划汇总　　　　　　　　　　　　　　　　　　　　　表 2.2-1

序号	类别	规划名称	当前进度
1	总体规划	《深圳市大空港地区综合规划》	根据半岛区边界调整中
2	详细规划	《大空港地区市政工程详细规划》	已批复
3		《大空港地区道路交通详细规划》	已批复
4		《宝安区海绵城市试点详细规划（2016～2030）》	已通过专家评审
5	专项规划	《空港新城市政综合管廊专项规划》	已批复
6	城市设计	《大空港启动区城市设计》	已批复
7		《深圳海洋新兴产业基地详细设计研究》	初步成果
8	法定图则	《深圳市宝安 201-06&09 号片区 [福永西片区] 法定图则》	已批复
9		《深圳市宝安 202-03&07&T4 号片区 [海上田园风光及周边地区] 法定图则》	已批复

续表

序号	类别	规划名称	当前进度
10	专项研究	《大空港新城公共空间系统规则》	已通过专家评审
11		《大空港新城地下空间开发利用及空中连廊规划研究》	已通过专家评审
12		《大空港新城低碳生态研究》	已通过专家评审
13		《大空港新城海绵城市策略研究及实施方案》	已通过专家评审
14		《大空港新城海滨城市研究》	已通过专家评审
15		《大空港新城综合防灾研究》	阶段性成果

3. 总规划师规划历程

（1）2018 年 3 月 23 日，杨洪常委主持会展中心现场会议，提出开展《深圳国际会展城综合规划》工作；如图 2.2-5 所示，为 1990 ~ 2015 年研究范围的卫星图。

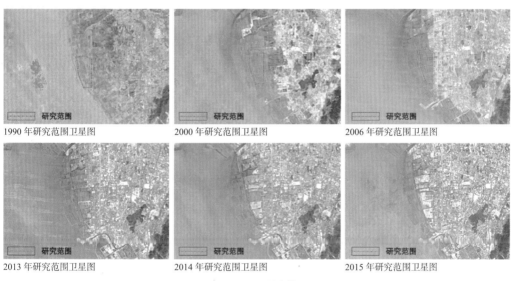

1990 年研究范围卫星图 　　2000 年研究范围卫星图 　　2006 年研究范围卫星图

2013 年研究范围卫星图 　　2014 年研究范围卫星图 　　2015 年研究范围卫星图

图 2.2-5 卫星变化图

（2）2018 年 6 月 13 日，杨洪常委主持审议国际会展中心云巴与会议中心、科技馆选址专题，要求全域统筹、深入研究、加快启动。

（3）2018 年 7 月 4 日，向陈如桂市长汇报规划初步方案，充分肯定国际会展城的规划定位，并对规划功能与用地布局提出了进一步优化要求。

（4）2018 年 7 月 10 日，向市、区人大代表对征求规划意见与建议。

（5）2018 年 7 月 27 日，杨洪常委进一步要求扩大统筹研究范围，进行多方案比较，优化落实重大公共设施选址。

（6）2018 年 10 月 8 日，陈如桂市长现场调研会充分肯定了综合规划，要求完善会展周边配套设施，增加用地功能复合性，提升区域活力，形成以会展中心为核心的泛会展都市休闲旅游目的地。

（7）2019年1月10日，杨洪常委主持召开会议，听取了《深圳国际会展城综合规划》汇报。要求高品质营造城市空间，塑造"城市典范"；加强与长安等周边地区的区域对接，发挥区域价值，重点强化道路与轨道的衔接；进一步深化综合港区、海上田园的规划设计。

（8）2019年3月7日，省委副书记、深圳市委书记王伟中到宝安区调研大空港建设情况。强调要深入学习贯彻习近平总书记对广东重要讲话和对深圳重要批示指示精神，认真落实中央和省推进粤港澳大湾区建设的一系列重大部署，抓住大机遇、建好大湾区，加快推进国际会展中心项目及配套工程建设。王伟中强调，粤港澳大湾区建设进入全面推开、全面深化的新阶段，抓好国际会展中心等标志性项目建设，对深圳增强核心引擎功能、融入全省"一核、一带、一区"区域发展新格局、更好地辐射带动周边区域，具有重大意义。

1）要对标最高、最好、最优，充分借鉴国际先进经验，高规格推动、高起点规划、高水平建设，把国际会展中心建设成为具有世界一流水平的精品工程。要着眼城市长远发展，切实保障产业发展空间，在开发建设中严守工业用地红线，保证实体经济产业用地。

2）要始终坚持"绿水青山就是金山银山"的理念，统筹好项目施工与环境保护，不断优化城市品质和现代化功能，建设宜居、宜业、宜游的生态新城。

3）要时刻绷紧安全生产这根弦，强化安全管理，全力抓好安全隐患排查整治，着力把隐患及时消除在萌芽状态，有效防范安全生产事故。各建设部门要加强统筹协调，扛起责任，倒排工期，全力推进，确保如期高质量完成国际会展中心及大空港建设。

4）要抓住大空港和会展新城建设机遇，在海上田园调研园区改造升级过程中充分保护好红树林湿地等宝贵生态资源，将会展业与文化旅游业紧密结合，更好支持服务大空港和国际会展中心建设。

（9）2019年6月10日在宝安区政府朱恩平副区长主持召开讨论了《深圳国际会展城综合规划》相关问题。

（10）2019年7月2日，在深圳市规划和自然资源局地区规划处谭权处长主持会议，组织其他相关处室听取了深圳国际会展城综合规划修改完善的最新成果汇报。

1）会议要求进一步研究"会展新城"的命名方式，最好能挖掘本片区的传统地名，去功能化表述。建议规划公示期间，可以组织一个面向全社会的征名活动。

2）关于滨江大道、沿江高速出入口、交椅湾大道、宝安综合港二期等重要交通设施局部涉及占用生态湿地及申请用海问题，建议尽快协调落实。规划按远景需要表达，但需在文本中增加"规划实施需要按照国家海洋管理的有关规定"的表述。

3）由于新城市中心的功能定位，核心区规划调整后局部占用产业区块线，建议参考前海综合规划，近远期结合表达。近期就按照工业用地保留，远期待工业区块线调整后，按照城市发展需要，规划调整用地功能。

4）规划区内部整体提质减量，控制发展规模。关于新型产业用地（M0），建议会展新城内 M0 的规划不占用宝安区总体指标，按 5 年 50 万 m² 的弹性供给，具体项目逐项审议落实。

5）开放海上田园为市城市公园，内部建设用地建议参考法定图则中欢乐海岸的功能，按旅游设施用地表达，可以不涉及生态控制线的调整问题。

（11）2019 年 7 月 19 日下午，区委副书记、区长、区重点区域开发建设分指挥部（以下简称"分指挥部"）指挥长郭子平在区政府 8 楼十六会议室主持召开宝安区重点区域开发建设分指挥部第二次会议，听取了《深圳国际会展城综合规划》专项汇报。

1）为进一步完善片区配套服务设施，中规院深圳分院在会展北片区原规划岭南文化园地块，规划一处综合球类的体育馆设施，将岭南文化园项目调整至中央绿轴周边区域。

2）中规院深圳分院将市轨道办对地铁 12 号线科技馆站选址位置调整的研究成果融入规划中，将地铁 12 号线科技馆站往北挪至展城路与南环路交叉口处。

3）宝安建投集团联同有关单位加快推进海上田园升级改造研究，尽快将研究成果提交中规院深圳分院；中规院深圳分院以此进一步研究打开海上田园水系的可行性，以及将海洋新城南环路以北片区调整为旅游设施用地，与海上田园共同打造大型海洋旅游区，并尽快形成研究成果向杨洪常委专题汇报。

4）区水务局与市水务局沟通协调，抓紧研究调整截流河综合整治工程中节制闸的规划设计，满足将截流河建设成为国际赛艇赛道的标准要求。

4. 总规划师团队服务内容

截至 2019 年 5 月 14 日，会展总规划师团队主要负责提供规划、景观、生态、交通及市政等各专业领域的技术协调、专业咨询、技术审查等服务。

（1）日常咨询及技术协调

共计超过 199 次技术协调工作，为各管理部门、实施主体提供技术建议。

（2）技术协调、专业咨询、技术审查会议共计 91 次会议协调。其中，陈如桂市长主持会议 3 次、杨洪常委主持 6 次、刘志达秘书长主持 14 次、区政府及职能部门主持 68 次。

（3）专业咨询意见

共计 64 份书面咨询意见，其中 4 份会议纪要意见征询回复，46 次技术审查回复，14 次专项工作咨询。

总师协助解决的关键问题：

1）综合规划

会展总规划师团队主要通过《国际会展城综合规划》（图 2.2-6）的编制，搭建国际会展城总规划师工作的技术整合平台。整体统筹协调对接国际会展城及其周边地区的规划、更新、整备、景观、生态、交通、建筑及市政等各专业领域。打造粤港澳大湾区的竞合先锋、广深科技创新走廊的重要节点、深圳西部城市中心的目标。

国际会展城片区是深圳三大总师服务试点片区之一，是目前唯一的"双总师"服务片区，继前海蛇口自贸区综合规划之后，第二个依托综合规划探索法定图则创新管理的地区。总规划师工作模式如图 2.2-7 所示。

图 2.2-6　国际会展城综合规划平面图

图 2.2-7　总规划师工作模式图

解决问题举例如下：

国际会议中心调整（异地选址）：

为解决宝贵土地利用低效、会展产业延伸局限、多重交通压力叠加、昼夜活力难以为继、地标形象塑造局促、远期需求区域统筹等问题，建议将国际会议中心在会展新城范围内统筹布局，规划用地 20 ～ 40hm²，优化至海洋新城滨海地区建设，打造湾区门户地标。选址示意图如图 2.2-8 所示。

2）综合交通

①扇面放射的快速交通体系

建安路、海提路、交椅湾大道、锦程路衔接东莞方向。结合 G107 改造，优化新和大道、北环路、南环路与 G107 的节点形式，衔接外围干道，形成合理的道路功能分工。新增南

环路与广深高速出入口、预留洲石路与机荷高速出入；优化福洲大道与广深高速出入口方
案，提升通行能力。快速交通体系详如图 2.2-9 所示。

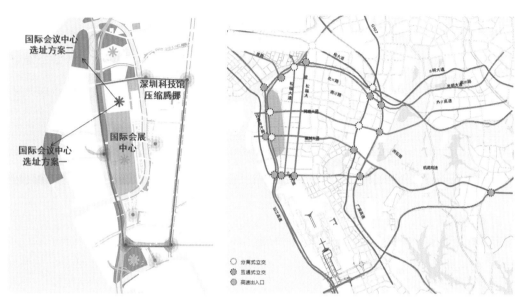

图 2.2-8　国际会展中心选址示意图　　　　图 2.2-9　快速交通体系示意图

②道路竖向协调

由于截流河防洪标准提高，跨截流河桥梁标高抬升幅度大，导致与会展片区衔接道路
的规划标高提升 3 ～ 4m，现状与规划道路标高衔接存在问题，矛盾主要集中在与福园二
路相交的道路。道路协调会议如表 2.2-2 所示。

道路协调会议　　　　　　　　　　　　　　　　表 2.2-2

序号	会议时间	会议地点	核心议题	参会单位	主要意见
1	2018 年 5 月 16 日下午 3 点	区政府办公楼 5 楼第十会议室	关注福园二路与周边道路交叉口竖向标高衔接问题	区空港新城办、福海街道办、区工务局、规土委宝安局、宝安交通局、区环水局、中规院等 11 家	沙福路、凤塘大道、桥和路、重庆路、抬高福园二路现状标高施工标高；景芳路路口与和秀西路路口 2 个路口需进行优化处理
2	2018 年 5 月 25 日下午 2 点半	区政府办公楼 5 楼第十二会议室	关注空港片区道路标高衔接进展	区空港新城办、中规院	充分地暴露问题的严重性，对整个片区进行 3D 建模，并统筹考虑标高优化方案
3	2018 年 5 月 30 日下午 2 点半	区政府办公楼 6 楼第十二会议室	专题研究空港片区标高优化方案	规划委宝安管理局、区环保水务局、宝安交通局、中规院、深规院、福海街道办、沙井街道办、交通中心等 12 家	沙福路、凤塘大道、桥和路、重庆路尽量采用现状道路进行衔接，进行详细的工程可行性的反复推敲分析，针对推荐方案，明确各条道路的标高优化调整

续表

序号	会议时间	会议地点	核心议题	参会单位	主要意见
4	2018 年 6 月 1 日上午	深圳国际会展中心建设指挥部大会议室	空港新城新旧片区标高研究有关情况	区领导、区空港办、建筑工务局、城管局、招华公司、中规院、福海街道办等	建议开展更加专业的技术可行性分析，多方案比选，加快进度安排
5	2018 年 6 月 5 日下午 2 点半	区政府办公楼 6 楼第十二会议室	《深圳空港新城片区道路标高方案》专家咨询会	区空港新城办、总规划师团队、总建筑师团队、中冶赛迪等单位的 11 位专家	专家一致认为福园二路总体竖向方案原则上应遵循《大空港地区市政详细规划》，同时明确方案二即平交方案较为合理

③云巴选线及停车场选址设计方案优化

锦程路以东已经开展现状建设条件的排查工作，选线方案较为稳定。

会展岛内与近期实施项目（会展休闲带、海城路、03-01 地块）重点协调。根据国际会展城综合规划，要求体现高度生态文明的建设标准，截流河是国际会展城的核心景观廊道，目前选址处更是景观价值的放大节点，是展示会展门户景观形象的核心界面，按照现行选址及其设计意向，将对会展城片区的形象造成极大的影响。

要求深圳市政设计院根据实际功能需求，重新研究论证以确定综合车场用地面积，压缩辅助用房规模，尽量采用市场化手段解决辅助功能用房；同时，部分功能用房尽可能安排在地下，减少对周边景观的影响。

最终规划建议：

根据 2019 年 6 月 26 日郭子平区长主持召开现场会议，确定云巴车厂选址于松福大道穗莞深城际线两侧布局，如图 2.2-10 所示。

3）景观风貌

统筹协调景观风貌的方案设计，其主要工作内容包括：

①提出片区的总体形象设计目标，城市设计框架结构。

②引入香港异地设计，对多个景观片区进行系统设计。

③审查各景观实施方案，提出优化及修改建议。

针对片区景观设计，做了大量协调工作，汇总如图 2.2-11 所示。

景观设计的目标是：打造人类与自然和谐共处的河海交界廊道。在韧性的景观生态绿毯之上，承载都市活力舞台，衔接新城与旧城，引领可持续发展。区域协同，构筑湾区绿核如图 2.2-12 所示。

图 2.2-10　云巴选址图

审查日期	审查内容	主要结论
180703	关于《关于征求福海街道国际会展城"9+8"项目道路设计方案意见的函》的回复	（1）建议在统一风格、形象的前提下，提升上述道路两侧慢行道的设计标准，采用非对称断面，绿化与慢行空间一体化 （2）关于道路渠化岛收头、指示牌设计问题建议尽快启动相关设计方案的相关工作，并将形象符号提炼成若干图案化的设计元素。用于道路渠化岛、指示牌、公交站、交通指示灯、街旁休息空间等"街道家具"的设计方案中 （3）建议国际会展城片区的道路增加雨水汇聚到绿化下渗空间的路径，优化设计细节，具体可利用车行桥底空间，形成慢行道路上的避雨遮阳空间 （4）建议参考目前正在编制的《深圳国际会展中心区商业配套项目片区灯光规划设计》项目的内容进行设计 （5）建议结合片区整体空间结构，在主要门户道路采用冠大浓荫的彩色叶乔木进行重点林荫大道的塑造，其他街道选取常绿乔木作为基调树种
180803	关于《关于征求景观桥整体外观和附属设施布置设计意见的函》的回复	（1）未来3号桥、7号桥都将承担重要的会展中心形象门户的重要作用，将成为开展后机动车以及慢行交通的主要进出的承载桥梁，其建设品质将直接展示国际会展城地区的建设水准。建议在统一风格、形象的前提下，适度提升上述桥梁两侧慢行道的设计标准，对景观绿化与慢行空间一体化考虑，部分区段的慢行路径不必过于追求直线，而是游走在景观绿地内部，结合微地形设计游憩空间和留驻观景平台等 （2）建议结合深圳气候特征，关注全天候的慢性系统设计，局部可利用车行桥底空间，形成慢行道路上的避雨遮阳空间 （3）建议增加道路指示牌、交通指示灯等"交通设施"的预留位置与初步形象设计方案，避免后续随意增加破坏整体形象 （4）关于景观桥夜景照明问题，建议参考目前正在编制的《深圳国际会展中心区商业配套项目片区灯光规划设计》项目的内容进行设计，在满足功能照明的前提下，避免出现反差强烈、花哨动态的景观照明形式 （5）建议增加与桥梁色彩、材质相适应的景观植物造型与种植位置预留设计，突出桥梁本体与周边环境的整体性的塑造与融合
181009	关于福海街道福洲大道绿化景观提升工程方案设计总设计师（总规划师）意见的函	（1）该工程需与福洲大道快速化改造工程进一步衔接 （2）道路景观应进一步与正在编制的《深圳会展新城道路景观设计》统筹协调，建议选取形式更自然、更能突出滨海城市特质的树种 （3）树池及照明灯具的设置应与会展城整体风格、景观小品统一风格，突出区域识别性
180806	关于《关于征求福海街道福园二路（沙福路—蚝业路）改扩建工程方案设计意见的函》的回复	道路断面建议采用非对称断面布局，进行缓坡放坡设计 建议考虑预留云巴、"超级巴士"等新型公交在道路断面上布局的可能性 渠化岛、街道家具等道路景观应突出大气、简洁形象，体现科技感和现代感，减少繁复的纹饰 建议远近期结合，协调处理好市政基础设施改、扩建工程和周边地块近期交通组织问题
180820	关于征求福海街道蚝业路（福园二路—展览大道）拓宽工程初步设计意见的函回复	
180703	关于审核《研究协调空港新城云巴示范线规划建设有关工作会议纪要（征求意见稿）》的回复	（1）建议在会议纪要第四点中补充环评报告编制的相关内容 （2）针对云巴示范线项目审批所需的条件、审批流程及可能出现的问题 ①示范线项目经过居民区，车体的动力系统等是否会带来电磁污染、辐射等较为敏感，是潜在的社会稳定风险因素，需要充分论证、明确相应技术标准，建议开展环境影响评价，并召开公众座谈，充分征求社会意见 ②目前相应的技术标准尚未明确，需抓紧完成相应标准、规范的编制，以做到审批时有据可依
181008	关于《会展南接待大厅广场景观设计》的回复	（1）会展南接待大厅广场，目前设计硬质广场体量过大，除了考虑功能需求要素外，应该增加亲近人视觉的景观；增加绿地，树荫区域；局部丰富铺装的色系；以及中心广场增加喷雾和照明系统；在序列感里增加变化，考虑人行感受 （2）做好广场的排水系统，增加硬质场地雨水下渗的缝隙，做成"小海绵" （3）其余几个登录大厅广场，建议丰富地被和种植品种，再搁酌考虑添加热带风情的植物，以及植物的喜阳特性，长期的成活率 （4）结合译地公司的市政设计，在城市家具，小品设施，种植设计上进行统一协调

图 2.2-11　景观协调工作

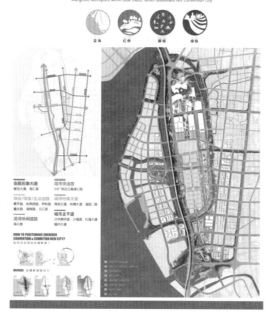

图 2.2-12　会展景观图

2.2.3　总建筑师管理

1. 总建筑师工作内容

（1）作为技术牵头方，协助搭建开放的技术平台；

（2）协调建筑与城市空间及公共活动关系；

（3）落实城市规划，统筹协调重点地区建设项目，对建设用地规划设计条件制定提出优化建议；

（4）参与建设工程前期策划工作，对设计招标需求文件提供专业建议及技术审查意见；

（5）在建筑设计方案咨询及核发建设工程规划许可过程中，协助主管部门对设计文件进行审核，并按照城市设计要求提出相关的优化建议；

（6）根据重点地区规划设计建设实际需要，开展相关深化研究课题等。

2. 总建筑师团队架构

总建筑师团队主要由3大专业8个细分领域的26位技术人员构成。总建筑师团队由建筑大师林毅带领，副总建筑师为万慧茹，人员总协调负责人为刘小良，陈旻昊负责收发文。

重要级别开会出场为林毅或万慧茹，次要级别开会出场为常毅然（总图）、邹奈玲（景观）、孙永锋（施工图）、刘小良（方案）、郑波（方案）。

3. 总建筑师咨询模式

（1）参与规划编制，进行可行性论证，确定可行的技术方案，并负责城市设计深化工作中各专项设计与建筑景观设计的初步成果、中间成果和最终成果的技术把关和定案。相关流程如图2.2-13所示。

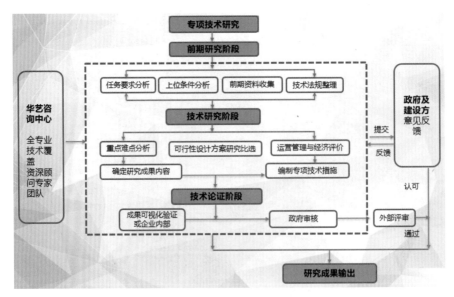

图 2.2-13　总建筑师工作流程

总建筑师将从城市设计优化、出让导则优化及方案设计把控三个方面，全过程、多专业协调开展相关工作。总建筑师咨询模式如图 2.2-14 所示。

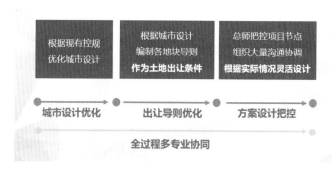

图 2.2-14　总建筑师咨询模式

（2）总建筑师工作成果

截至 2019 年 5 月 30 日，会展总建筑师团队主要负责提供建筑、景观、室内装潢等各专业领域的技术协调、专业咨询、技术审查等服务。

1）日常咨询及技术协调

共计超过 120 次技术协调工作，为各管理部门、实施主体提供技术建议。

2）技术协调、专业咨询、技术审查会议

共计 66 次会议协调。其中刘志达秘书长主持 23 次、区政府及职能部门主持 43 次。

3）书面意见回复

共计 54 份总建筑师复函。其中 4 份会议纪要意见征询回复，50 次专业咨询及技术审查回复。具体复函如图 2.2-15、图 2.2-16 所示。

中国城市规划设计研究院深圳分院

分院技字（2018）1 号

关于《关于征求福海街道国际会展城"9+8"项目道路设计方案意见的函》的回复

深圳国际会展中心建设指挥部办公室：

贵办关于《关于征求福海街道国际会展城"9+8"项目道路设计方案意见的函》已收悉。经我院国际会展城总规划师团队研究后，提出如下几点意见：

1、关于所有道路统一风格与标准的问题：

目前设计方案对所有道路采用统一的设计风格与标准，考虑到凤塘大道、桥和路，以及直接面向会展中心的福园二路将成为开展后机动车以及慢行交通的主要承载道路，且上述道路的建设品质将直接展示国际会展城地区的建设水准。建议在统一风格、形象的前提下，适度提升上述道路两侧慢行道的设计标准，可采用非对称断面形式，对景观绿化与慢行空间一体化考虑，部分区段的慢行路径不必过于追求直线，而是游走在景观绿地内部，结合微地形设计、游憩空间系统、特色景观场所等进行系统化组织。

2、关于道路渠化岛收头、指示牌设计问题：

目前国际会展城地区仍缺少统一的城市视觉形象系统（即"VI设计"），建议尽快启动相关设计方案的相关工作，并将形

图 2.2-15　总建筑师团队回复函

中国城市规划设计研究院深圳分院

分院技字（2018）2 号

关于审核《关于沙井街道锦程路（北环路-兴业西路）综合改造工程初步设计意见的函》的回复

深圳国际会展中心建设指挥部办公室：

贵办关于《关于对沙井街道锦程路（北环路-兴业西路）综合改造工程初步设计意见的函》已收悉，经我院国际会展城总规划师团队研究后，回复如下：

同意意见一、二，同时增加第三条意见。

三、建议锦程路（北环路-兴业西路）综合改造工程应充分与福海街道正在进行的福园二路综合改造工程进行对接，保持锦程路-福园二路整段工程设计风格的一致性。

国际会展城总规划师团队

2018. 7. 3

图 2.2-16　总建筑师团队回复函

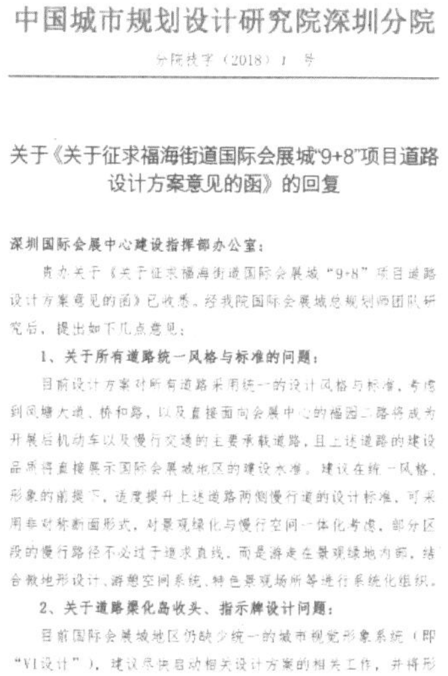

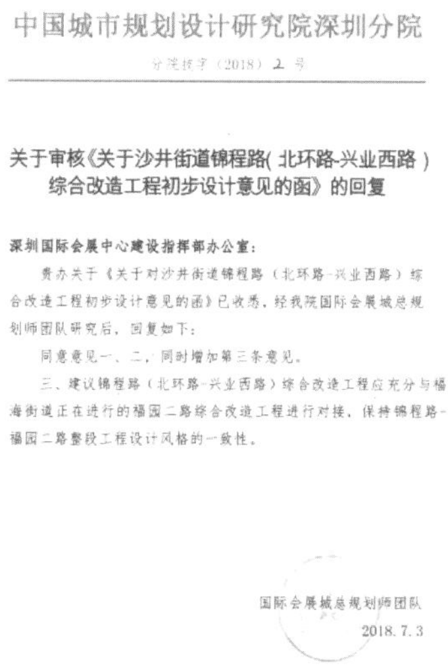

从目前的总建筑师咨询审查工作分布来看,会展城处于全面建设阶段,除会展中心单体建筑的咨询外,对接协调的内容主要有前期选址、城市风貌、景观风貌、重点地块审查等几类。复函项目分类如图2.2-17所示。

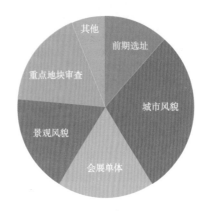

■ 前期选址 ■ 城市风貌 ■ 会展单体 ■ 景观风貌 ■ 重点地块审查 ■ 其他

图 2.2-17 复函项目类型分布图

(3)关键工作

1)会展中心建筑单体

①会展中心南入口登陆大厅及中心广场设计。

会展中心南登录广场作为整个会展中心最重要的入口门户,对会展中心的整体形象起着至关重要的作用,是会展中心对人们的展示窗口,如图2.2-18所示。

总建筑师团队与设计团队经过多次的沟通协调,对会展中心南登录大厅入口的设计提出了许多重要的建议,在保证登录大厅设计的突出性的基础上,确保了南登录大厅的设计与会展中心整体设计的一致性。

图 2.2-18 会展中心南登录大厅效果图

②会展中心南入口登陆大厅及中心广场设计。

与会展中心的南登录大厅配套的中心广场，同样是总建筑师团队关注的重点设计内容。其广场铺装的尺度、人流疏散的方式、广场景观的设置以及广场留给人们休憩的亭廊的设置等，总建筑师团队都给予了合理化的建议。会展中心广场如图 2.2-19 所示。

图 2.2-19　会展中心广场

③会展中心隔离设施设计及开放区域

会展中心隔离设施的设计，是建立在会展中心存在公众开放区域及非开放区域的原则上设计的。会展中心力求尽可能把场地还给民众，在保证展览安全的前提下尽量多地对民众开放。因此有了会展中心平展结合、似隔非隔、隔管结合等一系列的解决措施，如图 2.2-20 所示。

有展是墙，无展是门

图 2.2-20　会展隔离设施

总建筑师团队在会展隔离设施的设计中，对会展中心这一系列的问题都给出了相应的优化建议，对会展隔离设施的开放性、安全性以及美观性等都给予了专业的意见建议。

如图 2.2-21 所示。

2）城市风貌

①会展跨截流河 3、7、9 号景观桥设计。

会展跨截流河 3、7、9 号三座景观桥，连通全长
6.4km 的截流河两岸，是会展中心重要的交通要道，
其桥梁的设计也就变成了整个会展城最重要的一环。

总建筑师团队总建筑师林毅大师，作为评标委员
会评委，亲自参与了三个重要景观桥的评标过程，对
总建筑师团队后续开展工作提供了极大的优势。效果
图如图 2.2-22 所示。

会展跨截流河 3、7、9 号三座景观桥，作为整个
会展城最重要的交通节点及景观节点，其灯光设计
（图 2.2-23）也受到了总建筑师团队的重点关注。

香港华艺设计顾问（深圳）有限公司

**关于《会展中心隔离设施设计方案》
的意见回复**

此次会展中心隔离设施设计文件相对上次有了很大程度的完善，根据
前期领导在会上的指示，总建筑师团队认可此次设计在总体设计上的主导
方向，并结合设计文件提出一下几点建议：

1、原则上同意三种隔离设施的解决措施；

2、本次方案提出的一级、二级开放区域，以及危险作业区域的表达还不够
清晰，危险作业区域与二级开放区域的交叉是否过多；

3、会展二期部分的隔离设计（在视线上处理的不通透，是否需要完全封闭）；

4、地面风亭处的玻璃栏杆要慎用，玻璃材质尤其不适合用作围墙，易碎，
容易引发安全问题；

5、隐形式隔离设计，目前只看到图例，没有具体设计解决方案；

6、关于铁艺围墙，目前方案里没有考虑会展元素的设计，建议在暴露在外
的铁艺围墙上增加一些会展元素的设计；

7、关于防撞柱、成品侧廊门、成品岗亭等设计参考，需要实际选型，目前
的参考方案都不太合适；

8、旋转式隔离的处理方式较好，是否有其他更通透的设计形式，现有设计
在视线上太死，阻挡视线；

9、希望在设计方案中有一些多视角的效果图，如能够体现人的视角通过隔离
设施看到的会展中心是什么样子的、会展中心与隔离设施在人视角的距离
关系是什么样子的等

总体来看目前的设计开放区域还是偏少，封闭区域较多，看起来比较实
的墙、门较多，视线上不够通透，希望后期优化的时候注意。

香港华艺设计顾问（深圳）有限公司
国际会展城总建筑师团队
二零一九年五月九日

图 2.2-21　会展隔离墙设计方案复函

图 2.2-22　截流河景观桥效果图

图 2.2-23　截流河景观桥灯光设计

会展跨截流河 3、7、9 号三座景观桥（图 2.2-24），采用桥身外挂陶板构成马赛克样式的设计，每座桥都有不同的色彩及风格，总建筑师团队经过多次协调会议，使三座景观桥的色彩设计既能更好地融入整个会展城，又能突出自身的设计特色。

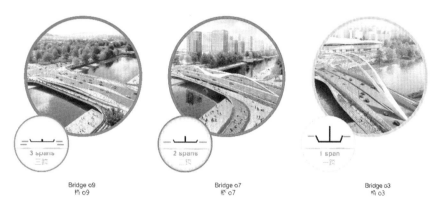

图 2.2-24　截流河三座景观桥

②地铁 12 号、20 号线沿线出地面附属物设计

深圳地铁 12 号（图 2.2-25）、20 号（图 2.2-26）线，是连接会展与周边地区的纽带，也是会展地区向人们展示面貌的第一站，其出入口与周边配套附属物的设计至关重要。

会展段地铁出入口的设计语言，有别于深圳市地铁出入口的统一设计。采用了具有会展特色设计语言的元素来展现会展风貌。

总建筑师团队根据会展中心的设计元素及整体风格，在地铁出入口的设计方案中提出了建设性的细节修改意见。

图 2.2-25　12 号线出地面附属物

图 2.2-26　20 号线出地面附属物

会展段地铁沿线附属物，作为地铁必备的配套设施，在设计中往往会被忽略，但是作为会展段一个重要展示节点，出地面附属物的设计也是总建筑师重点关注的。总建筑师团队结合出入口以及周边景观的设计，对附属物的遮挡、绿化、安全性等都提出了具体的优化措施，如图 2.2-27 所示，其优化方案如图 2.2-28 所示。

图 2.2-27　总建筑师团队回复函　　　　图 2.2-28　地铁地面附属物优化方案

③会展新城道路环境品质提升

城市道路环境提升设计，涵盖了会展片区福海街道的 5 条重要道路，分别为福洲大道、桥和路、凤塘大道、富源一路、福园二路。由于涵盖片区较大，片区内的老旧建筑存在各种不同程度、不同状况的问题，对城市环境品质提升的设计提出了较高的要求。总建筑师团队作为专业的顾问团队，在设计的方向指引以及提升标准的建立中起到了重要的作用。

根据每段道路老旧建筑类型，对整个片区需要进行品质提升的建筑划分为不同的功能区段，对不同的功能区段采用总体设计统一，细节设计分化的设计原则，对不同改造等级的建筑施行分区设计、分时建设。道路提升如图 2.2-29 所示。

图 2.2-29　道路提升案例

④展城路人行天桥设计方案

在会展中心整条长达 1.7km 的展开面上，根据交通部门的测算以及满足会展中心人流疏散的要求，共需设置 7 座人行天桥。如何让人行天桥的跨度及分布的密度对会展中心影响最小，总建筑师团队与设计团队进行了多次的对接探讨。将既有方案做了圆角处理（图 2.2-30）。

图 2.2-30　展城路天桥方案修改

⑤综合管廊排风口设计。

宝安区工务局、相关设计单位、林毅总建筑师及团队讨论了《市政综合管廊出风口设计》，经会议讨论，综合管廊地面出口装饰结合通风设备要求，选择渐变多孔铝板，配合地面 700cm 以内的种植围合，形成一体景观，并保持通风性（图 2.2-31）。总建筑师团队出具的意见函如图 2.2-32 所示。

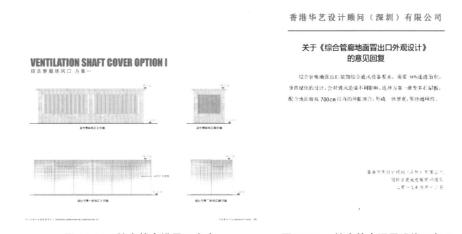

图 2.2-31　综合管廊排风口方案　　　　**图 2.2-32　综合管廊通风设施回复函**

⑥比亚迪云巴综合车场设计。

比亚迪云巴由于其运量及运行方式等的特殊性，对车辆停靠线路、维修、后期维护的特殊需求，以及目前其并不在整个规划法定图则的内容中，但对现阶段会展交通建设的重要性等一系列原因，被深圳市划定为重点试点项目。云巴站方案对比如图 2.2-33 所示。

图 2.2-33　比亚迪云巴车场高程分析

　　总建筑师团队在针对比亚迪云巴线路及其停车场的设计与会展截流河景观设计的矛盾中，开展了专项研究，在协调云巴与截流河景观设计的冲突，解决云巴停车场在高程设计中的矛盾起到了重要作用（图 2.2-34）。

　　3）景观风貌

　　①会展新城路缘石设计把关

　　会展中心路缘石设计是会展风貌的细节体现，是会展文化的符号浓缩，看似微小的设计，却也是总建筑师团队倾注目光重点关注的设计要点（图 2.2-35）。

　　②会展截流河景观设计把关

　　会展中心周边截流河景观设计，是整个会展城最重

图 2.2-34　云巴车场方案复函

要的一环，截流河环绕会展中心，为会展中心提供了完美的水体景观及周边配套景观，也为会展城片区的各个用地提供了极佳的景观风貌（图 2.2-36）。

　　深圳国际会展城总建筑师团队一直紧跟截流河景观设计的进程，还参与了截流河一系列事项的评标、方案研讨等重要环节，例如跨截流河的三座最重要的景观桥的国际招投标，就是由总建筑师团队林毅总建筑师作为评委最终确定的。

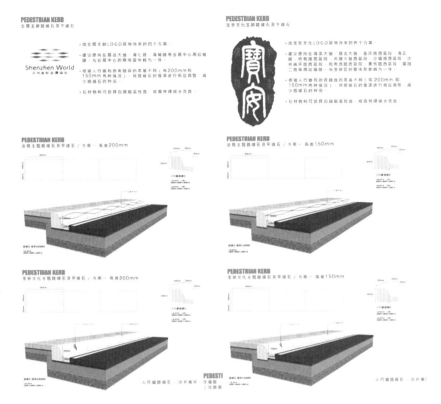

图 2.2-35　路缘石设计

图 2.2-36　截流河景观设计

③会展中心展城门户设计方案把关

深圳国际会展中心展城门户，是公路交通进入会展中心的第一道门户，也是展示会展中心精神面貌的第一道门户。其景观设计的重要性是毋庸置疑的。

总建筑师团队对会展中心展城门户的景观设计一直给予了高度关注，对其整体景观风貌的把控、景观设计的细节与人性化角度的设计等都给出了许多关键性的优化建议（图 2.2-37）。

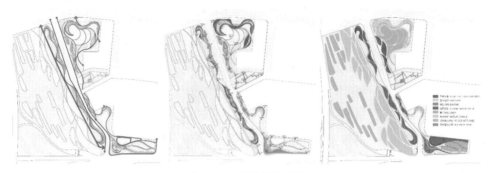

图 2.2-37 门户优化建议

4）前期选址

①车辆段综合车场选址方案

讨论了关于比亚迪云巴 L1 线综合车场方案设计的相关事项，并在会上达成一致意见。国际会展城总建筑师团队将对综合车场方案进行深度的专题咨询，内容如图 2.2-38 所示。

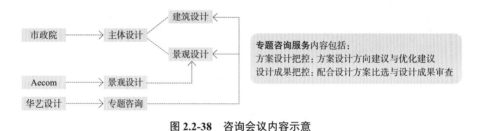

图 2.2-38 咨询会议内容示意

②空港新城综合应急中心选址研究

2019 年 4 月 26 日，总建筑师团队协助宝安区空港新城办梳理会展综合应急中心，根据之前的设计以及各单位重新提出的功能及指标要求，设计并制作了相关成果供各单位进一步协调指标，如应急中心选址研究（图 2.2-39）。

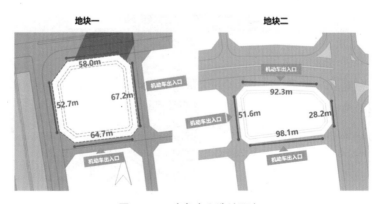

图 2.2-39 应急中心选址研究

5）重点地块审查

①会展 04-01 地块方案设计

会展片区 04-01 地块是由招商集团设计开发，主要功能为公寓及酒店，地处会展东侧，是国际会展城重要的组成部分之一。总建筑师团队作为政府聘请的顾问单位，对各地块设计及开发起着把关作用，地块效果图如图 2.2-40 所示。

本地块设计由总建筑师团队及总规划师团队共同探讨并提出相关建议，主要问题集中在建筑立面设计的差异化、商业的活力点、建筑体量优化以及与周边截流河景观设计结合。

图 2.2-40　会展 04-01 地块建成效果图

②会展 04-02 地块方案设计

会展片区 04-02 地块是由华侨城集团设计开发，作为同样是国际会展城重要的组成部分之一，主要功能为公寓及酒店，地处会展东侧，总建筑师团队作为政府聘请的顾问单位，对各地块设计及开发起着把关作用。

本地块设计由不同的设计团队设计，主要问题集中在建筑主题与会展中心视线通廊的通透性、两端公寓品质的差异性如何平衡、如何考虑地块内景观桥建设与否对本地块整体设计的影响等，地块建成效果图如图 2.2-41 所示。

图 2.2-41　会展 04-02 地块建成效果图

③会展 05-01 地块方案设计

会展片区 05-01 地块是由华侨城集团设计开发，同样作为国际会展城重要的组成部分之一，主要功能为办公、公寓及酒店，地处会展东侧，总建筑师团队作为政府聘请的顾问单位，对各地块设计及开发起着把关作用。

本地块设计现阶段主要为规划设计，主要问题集中在建筑设计与南侧重庆路门户形象的整体结合、西海堤景观设计如何处理海滨大道噪声对地块内建筑的影响、如何与截流河景观桥设计结合等，效果图如图 2.2-42 所示。

图 2.2-42　会展 05-01 地块建成效果图

| 第 3 章 |

政府统筹管理机制与创新

　　深圳国际会展中心及其片区配套工程项目是由多个大型项目组成的项目群，它不是多个项目的叠加，而是具有鲜明属性特点的多个单体项目的战略"共同体"，彼此之间互相联系且同时建设与管理。国际会展片区项目群规模大、所涉项目数量多、项目不确定性和风险性高、项目建设周期长、内部结构复杂，为保证管理人员决策效率、强化项目群追踪和控制能力、打通信息获取与处理通道等目标落实，确保项目如期完工，需要采用能够有效满足项目建设管理需要的治理方法。显然，传统的项目管理方法已经不能够满足会展项目群的管理需要，必须引入新的项目管理方法来提高会展项目群建设的管理水平。

　　目前，项目群管理已成为项目管理领域的研究热点，并已在众多领域得到了广泛运用。基于集成理论的项目群管理，是将集成管理的思想引入到项目群管理中，是项目群管理理论与方法的丰富和拓展。集成管理需要从新的角度和层次对待各种资源要素，拓宽管理的视野，提高各项管理要素的集成度，以优化和增强管理对象的有序性。工程项目的集成管理是依据工程项目管理的特点，综合考虑工程项目从立项决策、勘察设计、工程实施、竣工验收到运营维护的全生命周期各阶段的衔接关系，质量、工期、成本、安全及环保等各目标要素之间的协同关系以及主管部门、建设单位、勘察设计单位、施工单位、监理咨询单位及供应单位等各参与单位之间的动态关系，采用组织、经济及技术等手段，运用项目相关参与人员的知识能力以实现项目利益最大化的一种基于信息技术的高效率项目管理模式。

　　项目集成管理具有全生命周期，包括项目集成的识别、项目集成的计划、项目集成的实施以及项目集成的收尾，且须根据项目集成所处生命周期的不同，采取不同的管理方法，有效管理多个项目，以实现项目群组织的战略目标。本书针对国际会展片区项目群管理的侧重点，主要围绕项目集成的实施展开，讲述如何总体控制深圳国际会展中心、截流河、综合管廊及道路一体化等互相关联项目的统筹协调工作，以实现会展片区项目群最终的战略目标。

这个战略目标是项目群管理概念所特有的特征，也是会展片区项目群集成模式锁定在项目群管理范畴内的主导因素。在这个共同目标的基础上，引入治理机制作为集成模式的内部制度安排，以合理配置多项目利益相关方之间的权力与责任关系。引入的治理机制主要从组织管理层次、制度层次、集成管理层次保障项目群整体目标的落实。下文就是以政府统筹协调的角度切入，融合治理机制的不同层次展开论述会展项目群集成管理实施阶段的组织结构、制度、管理等层次的相关内容。

3.1 会展片区项目统筹协调的重难点分析

深圳国际会展中心及片区配套工程项目具有十分显著的特点：片区项目群、超大型会展、临海临空、交通枢纽区域。这些特点注定要在项目建设过程中综合考虑项目群管理体制的规范与创新、管理标准的差异与冲突、不同条块单位之间工程界面的梳理与协调等重点。

3.1.1 项目群建设环境复杂

本项目子项目数量多（会展4个标段、地铁5个标段、管廊道路3个标段、截流河4个标段、会展配套3个标段）、建设标准高、参与单位多（央企施工总承包单位6家）、工期要求紧（2019年11月运营）、施工人员众多（高峰期4.5万人），项目类别几乎涵盖了目前国内可见的大多数类型，包括建筑工程、大体量钢构、轨道交通、市政道路、市政桥梁、市政综合管廊、水利水电工程、填海造陆、港口与航道工程等众多结构类型，以及多个政府部门（电力、水务、消防、安监、住房和城乡建设、交通运输等），协调流线繁杂。同时，在会展片区内，会展中心、地铁、会展配套、道路管廊在众多区域工序叠加、时间冲突、空间冲突、各类运输车辆流量大，材料、设备进场、出厂频繁，人员密度大，要紧张有序进行各项设计、施工工作，需要严格的管理制度，才能保证各项目的工作在整体片区项目群建设的控制下，统筹兼顾、同步进行。

3.1.2 项目群工程接口界面多

深圳国际会展中心及其配套设施、轨道交通、截流河、综合管廊、市政道路、水、电、气、高速接驳等组成的项目群。强调集成管理的项目群管理中对项目要素（工期、费用、质量、风险、沟通）的集成和对组织（政府、业主、设计、施工、监理单位）的集成，在项目实施过程中，除了要考虑整个项目群的整体施工布局以及各个施工部位的界面搭界关系，还要面临不是单个项目的一个施工总包、一个施工监理、一个设计，而是多个不同性质的参建单位，如多个设计单位、管理单位、施工总承包单位等，导致工作界面繁杂，协调工作量较大。

3.1.3　项目群建设环环相扣

会展中心项目采用综合开发模式，融入酒店、办公、餐饮、商业等功能，打造国际一流会展中心。需要与会展中心同步推进完成的相关项目还有截流河工程、轨道交通、综合管廊工程、市政道桥工程、水、电、气配套等诸多工程，需在保证质量安全的前提下按期完成项目进展。

3.1.4　项目群参建单位众多

会展及配套工程项目自规划启动开始，将依次由政府部门、设计单位、顾问单位、施工单位、监理单位等介入，形成了复杂的片区管理组织，且各个项目分属于不同的七个建设主体，各建设主体性质不同（包括政府机构、国有企业、私营企业），建设模式不同（包含 BOT、施工总承包、EPC 等），且开发进度不同、管理要求不同，各建设主体拥有各自的决策权利，造成集体决策常常受制于各参建单位各自不同的利益，故而无法顺利实施。

3.2　会展片区项目统筹协调管理应对措施

结合上文提及的会展片区项目统筹协调重难点分析特点，会展片区项目群各项目建设目标的多样性，对项目群管理的统一性提出很大的挑战。深圳国际会展中心及片区配套工程高强度集成开发、交叉面严重，且涉及面广泛、综合协调量巨大。同时，会展片区各个单体的开发模式也多重多样，如深圳国际会展中心的建设采用 BOT 模式，实际建设方为深圳市工业和信息化局，代建实施方为深圳市招华国际会展发展有限公司，招华公司本身则是由深圳市两大央企招商蛇口及华侨城地产联合成立的项目公司，而这两大公司围绕会展中心又分别有着各自的商业开发地块；再比如，综合管廊及市政道路一体化工程项目，建设方为宝安区建筑工务署，开发模式采用 EPC（设计—采购—施工一体化）；截流河综合治理工程项目，建设方为深圳市水务工程建设管理中心，开发模式采用施工总承包；宝安综合港区（一期）工程则由深圳民营企业鑫科贤实业投资有限公司负责开发及运营。

由此可见，会展片区各个单体项目由各自业主自由选择开发模式，各个业主有市级部门、区级部门、大型国企、深圳地方民企交织形成，施工红线及工序立体交叉非常严重，其进度紧迫性不同、利益诉求不同、工作模式不同、为片区整体进度服务的宏观思维不同。这就迫切需要深圳市与宝安区的市、区两级政府在建设过程中，不仅要作为公共管理者，同时还作为社会公众的代理人，亦为工程的间接业主方，协调各方利益一致，确保会展片区的实施处于正确的轨道上，顺利实现会展中心的功能、社会经济等方面的效益。

对此，会展片区的统筹监管，主要体现为政府方面的一种制度安排。这种制度安排覆盖片区前期工作、片区实施阶段、会展中心运营等各个阶段，决定了工程参与主体的责权利分配及相互关系，直接影响工程的协调难度，保证工程整体目标的实现。良好的统筹监管组织结构意味着合理的沟通机制和有效的协调机制，能有效实现片区实施过程中的资源调配、利益管理和信息传递。为应对复杂的建设情况和高强度集成开发，确保工程建设管理的圆满完成，结合工程建设管理的特征和难点，同时考虑工程利益主体众多、涉及面广并且关系错综复杂，经过充分的考虑和酝酿，多次专题会议研究和筹备，深圳市、宝安区两级政府通力合作，积极协调，开发了会展片区的市、区两级统筹协调机制，分工协作、快速反应。

3.2.1 成立建设指挥部

为确保工程建设管理任务的圆满完成，会展工程项目采用了建设指挥部的模式。建设指挥部是我国所特有的重大工程组织模式之一，通过强化顶层治理功能，加强与项目法人、主要市场交易方的合作互动，构建的多元复合、渐进演化、自适应的多层治理系统，可以集中资源，加快工程建设。其中政府作为重大工程项目的重要发起人，在论证、策划和实施过程中均扮演着重要的角色，政府往往需要设立治理机构，提高项目决策效率，保障项目实施的顺利推进。伦敦奥运会、三峡工程、上海世博会等工程都设有专门的政府治理机构。国内外研究表明，在项目治理中，政府的介入并不是替代业主方现场项目管理工作，而是从更高的层面对项目总体实施进行协调支持和资源保障，形成项目顶层治理机制，对传统项目管理组织提供重要的补充。

作为深圳市委市政府投资建设的重大项目，会展片区项目着手成立了深圳国际会展中心建设指挥部、大空港新城开发分指挥部，并确定成员名单，对项目进行协调、决策和管理，并设 14 个空港新城现场协调组展开工作。

3.2.2 引入技术力量

会展片区项目建设标准高、工艺复杂，对政府管理提出较高的技术要求，通过实行"双总师制"及"工程顾问制"，在规划和建设领域分别引入一流的第三方力量，解决政府管理的技术短缺问题，配合建设指挥部的统筹架构，从规划设计、建设管理、公共区域管理等方面，为会展片区的顺利建设保驾护航。

3.2.2.1 引入双总师制

聘请中国城市规划设计研究院、香港华艺设计顾问（深圳）有限公司分别作为国际会展城以及海上田园城总规划师、总建筑师，监管片区的规划设计、上层次规划的落地实施，给片区注入整体设计理念，使单体项目在规划设计理念上保持一致。

3.2.2.2 引入工程顾问

因会展片区项目群涉及各项目不同单位负责的展馆及其配套设施、轨道交通、综合管廊、市政道路、截流河、水、电、气配套等多项工程，时间紧迫，工程复杂，且多项工程齐头并进、工作界面相互交叉，为确保工程进度和质量，需选聘具备超大型、成片开发项目顾问经验的专业工程顾问机构，遂引入上海建科作为空港新城规划建设办公室的工程顾问单位，负责提供相关技术咨询服务和技术支撑工作，协助其统筹协调管理片区各工程的建设。

3.2.2.3 引入物管队伍

委托长治物业管理有限公司对片区内的公共配套服务设施、公共区域秩序、公共道路及出入口管控、扬尘等工作进行统筹管理。

3.2.2.4 引入运营咨询服务机构

为实现市政府关于深圳国际会展中心"一流的设计、一流的建设、一流的运营"战略目标，选聘具备国际化视野和国际知名展馆咨询经验的机构，对项目功能配置、流线布局、运营模式和服务标准等提供咨询。

3.3 会展片区建设统筹管理组织体系

3.3.1 组织模式

片区建设管理的各个层级，围绕片区建设的战略目标形成，建设指挥部作为片区建设的决策层，对整个片区的建设全过程、全系统做出战略决策和指引；以各项目投资单位、管理单位，其他参建单位作为执行层，执行层对决策层作出响应，定期汇报与沟通工作；工程顾问单位、双总师作为技术支持和决策支持，主要对决策层的战略决策进行具体筹划和协调，对其提供决策支持，并与执行层进行沟通协调，作出执行指导；以各项目投资单位、管理单位，其他参建单位作为执行层，主要围绕各项目建设的投资主体、建设主体、参建的设计、施工、监理单位、供应商等开展工作；长治物业为日常现场管理助手。以此形成一个完整的组织体系，方可开展日常建设进度、质量、安全、投资管理的组织管理体系，协调片区建设有关的规土委、住房和城乡建设局、工务局、安监局、三防办、城管局、有关街道、环保、电力、水务等，对片区内的各项目单位（招华、深圳地铁集团等）进行专项管理，在协同一致的片区管理制度保障下，执行各项建设管理工作。

片区建设统筹管理组织关系如图 3.3-1 所示。

会展片区的政府统筹架构是一个"两级政府，分层管理"的有机机制，此种统筹机制是基于行政指令与部门职能支撑的，而非基于法律层面的硬性制度安排，具备相当的灵活性和动态调整性。例如，大空港新城发展事务中心有抽调人员至深圳国际会展中心建设指挥部，成为建设指挥部的联络纽带，切实衔接了建设指挥部，国际会展中心建设指挥部的统筹职能适度下放，分指挥部的统筹职能适度向上延展。建设指挥部的分工明确、权责分明、互相配合，为片区开发提供了良好的沟通机制和有效的协调机制，共同支持着会展片区的有序建设。

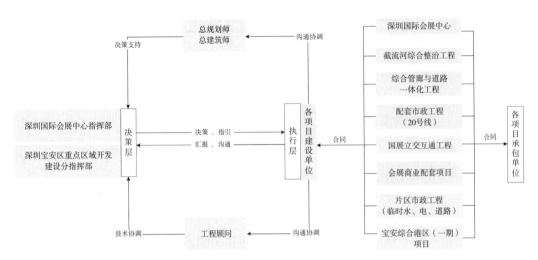

图 3.3-1　片区建设统筹管理组织关系图

与这一组织结构配套，需要建立一个有效的管理机制，方能将各项建设指挥部的指令有利执行，各项目的情况能及时反馈，使整个片区成为一个体系，建立片区建设全面统筹管理体系。

3.3.2　管理机制

会展片区项目群协调管理机制主要是项目在实施过程中各种协调管理机制的具体运行，用于指导片区项目群的协调管理活动，解决项目在运行过程中参与方之间矛盾与冲突而做出的规则的安排，使之程序化与规则化得以不断地补充和完善工程项目，并协调管理机制。完善的协调管理机制，不仅可以确保片区项目建设的协调管理活动更加规范化、制度化，还能提高片区项目组织的工作效率和敏捷度，降低由于协调管理困难而导致的诸多风险。

3.3.2.1　基本原则

鉴于片区建设项目目标的集成性，落实片区建设统筹协调工作的目标，需要遵循会展片区项目群组织协调的基本原则，建立片区组织统筹协调推进的工作机制。片区各项目主要投资主体为政府投资、央企投资，部分为民企投资。在实行投资主体责任制的管理体系下，统筹协调的基本原则为：

（1）统筹协调工作的目的是保证片区建设目标完成，同时合理满足各项目自身的利益需求，即能够使会展、地铁、截流河、管廊等各项目建设主体的期望得到有效管理，使之符合项目群建设目标要求，同时也能够合理地满足各项目自身的利益需求；

（2）通过项目群组织的统筹协调管理，确保项目群中的招华会展、地铁集团、水务局、工务各单位都能够为实现片区项目群的建设目标，付出自己应有的努力。

3.3.2.2　决策机制

项目的决策机制一般包含两部分内容，是实现项目决策的基础：一是项目决策的组织与结构；二是各个决策组织与组织机构之间的关系，即它们之间的层次性。项目群各参与方都拥有决策权，只是决策的空间不同，合作各方通过分工与协作共同完成项目目标。从会展片区工程项目群本身的角度看，合作各方来自不同的组织，但由于各合作方的相对独立性，导致在利益和行动上都不会自动地趋向一致，当涉及要协调管理的事务，但合作各方又难以协调解决时，建设指挥部作为会展片区项目群统筹协调管理的决策层需要出面协调解决。建设指挥部作为会展片区项目群的决策主体活跃于项目建设过程的整个阶段，是决策机制有效运行的组织保障，通过实行过程监督、全程监控、责任到人、互相协调、互相监督的方式发挥战略决策和指引作用。同时，建设指挥部采用定期和不定期的会议制度，加强对工程的领导和监督，落实决策制度，研究解决工程项目建设需解决的各类问题。

3.3.2.3 沟通机制

会展片区项目群沟通机制主要是由指挥部会议、专项工作小组组成的两级会议机制，体现在项目内与项目间的沟通上。沟通机制运作是否有效取决于沟通过程中的技术层面要素，它包括各参与者的参与程度，整个工程项目体系内沟通氛围的营造，沟通制度的制定，各沟通主客体沟通策略与技能的应用等。沟通机制覆盖片区项目各个层面，如建设单位例会、市政配套协调会、项目群设计协调会、项目群总包协调会、项目群建立协调会、项目群监理协调会等。同时，由顾问单位策划和组织建立报告体系，针对片区建设阶段确定场地协调专题，运输协调专题，交叉施工协调专题，配套水、电、交通协调专题等各类不同阶段的协调会，建设指挥部通过每周例会制度高效推进筹建工作，主要内容及工作成果体现有：按时序督促进展、月度协调专题会、片区月报上报、把握各类资源进出场顺序、确定公共资源使用方案、分类解决交叉事宜、制定各类片区现场管理制度。

3.3.2.4 合作机制

会展片区项目是由众多不属于同一个主体的参与方共同完成，各个参与方之间通过合作机制，开展合作对策过程，达到多赢的目标。由于会展片区项目群的复杂性，不是某一个项目参与单位能够独立完成的，必须通过合作实现项目目标。但是在合作过程中，由于合作各方的能力不均衡导致合作各方产生冲突和矛盾，通过合作机制调整参与方行为，协调矛盾、资源共享，最终实现项目目标和各项目参与方利益的多赢局面。

3.3.3 工作职责

3.3.3.1 工作目标

从整个片区项目群建设的角度出发，整个会展片区项目群统筹协调工作目标是：战略目标的落地，落实这一目标需要理解会展、地铁、管廊、道路、水、电、气等项目群、项目之间以及各个建设管理领域之间的密切关系，协调各项目之间的范围、资源、进度等，通过项目群内部各项目的协调组织和管理达到组织的战略目标。在建设过程集成、管理组织的集成，建设资源集成的条件下，实现统筹协调工作的目标。

围绕会展片区建设的各片区项目群集成建设目标：会展中心全面建设完成，地铁、道路通车、水电气配套到位，周围环境水系改造完成；其次是片区各项目的具体建设目标，以及各项目的建设管理专项目标。

3.3.3.2　建设指挥部

1. 指挥部职责及分工

会展片区的政府统筹管理机制原理，归根结底在于将片区的统筹职责与对应的决策权利在深圳市、宝安区政府之间进行了适当的分割，具体的分割情形又可以随着时间的推演处于动态调整，这一制度使两级政府分工明确，权责分明，互有配合，共同支持着会展片区项目群的建设。

（1）深圳国际会展中心建设指挥部

根据《深圳市机构编制委员会文件》（深编 [2017]32 号），"深圳国际会展中心建设指挥部办公室为临时机构，不定机构级别，在项目建设期内，按事业单位法人登记，主要负责统筹推进国际会展中心建设各项工作，具体包括：负责推动项目及各配套市政工程同步建设、按期完工；协调各相关审批部门，加快推进项目及配套市政工程审批事项进度；代市政府履行项目业主单位职责，办理有关施工合同签约、资金支付等手续，监督代建方项目建设；会同运营机构开展项目推广，引进国内外大型知名展会等。工作完成后，机构自动撤销。"

深圳国际会展中心建设指挥部的组织架构体系，则由"分管市领导兼任，配备常务副总指挥 1 名（兼任指挥部办公室主任，挂任市政府副秘书长，占巡视员职数），配备副总指挥 1 名（兼任指挥部办公室副主任，占副巡视员职数）。另配备工作人员 13 名，其中从市经贸信息委、市规划国土委、市交通运输委、市水务局、市建筑工务署等 18 个相关单位各抽调干部 1～2 名（其中处级干部 3 名），从市属国企抽调人员 4 名，其他人员以劳务派遣方式从社会公开招聘，抽调人员行政隶属关系不变，抽调期间全职在指挥部办公室工作，统筹推进国际会展中心建设各项工作"，组织结构体系如图 3.3-2 所示。

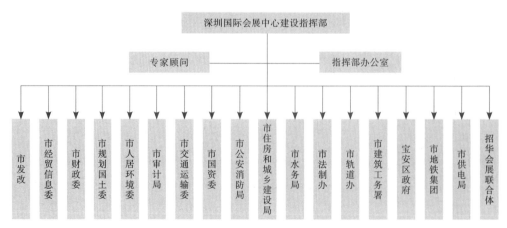

图 3.3-2　深圳国际会展中心建设指挥部组织结构体系

（2）大空港新城开发分指挥部（为市总指挥部下 17 个重点片区指挥部之一）

大型工程的关键不仅在于上层次的规划衔接，在实施过程中的项目计划也是一个非常重要的环节。会展片区项目群有两个层次上的重要目标，一个层次是主体项目的计划目标，如宝博会将在 2019 年 11 月开展，深圳国际会展中心在 2019 年 9 月份以前须达到部分展馆可运营的条件；另一个层次是各个分项目的计划目标，如为配合深圳国际会展中心的运营，进出国际会展中心的市政道路、桥梁须形成至少一条闭合环路，部分开展展馆的配套水、电、气管线达到可调试状态，截流河综合治理工程在开展段具备景观功能，地铁 20 号线达到可运营状态以输送乘客。只有将配合国际会展中心运行的第二级层次目标达成之后，才能更好地实现第一个总的目标。因此，会展中心的配套工程、场地道路管理、红线交叉协调、质量安全监管、生态环境整治等事宜，则多由宝安区重点区域开发建设分指挥部负责。

宝安区重点区域开发建设分指挥部主要领导深圳国际会展中心配套工程的建设工作，统筹重点为区管工程（一体化工程、宝安综合港区工程），协调面向为区级层面的职能部门，并对片区整体进行统筹管理，如三防工作、垃圾处理工作等。

（3）空港新城现场协调小组

由大空港新城发展事务中心牵头的各协调小组，由福海街道办、沙井街道办、宝安区住建局、宝安区安监局等相关单位组成，包括土地整备组、生态建设组、施工场地组、安全生产监督组、现场秩序组、土地整备组等十四大协调小组，对会展片区的供电、给水排水、工程进度、施工安全、生态环保、场地道路管理、红线交叉协调等工作进行全方位监管。依据小组职责，由牵头单位协调处理空港范围内的事项，定期召开，会议纪要由大空港新城办公室主任审定。

2. 建设指挥部统筹协调事宜

（1）全面管控片区各事宜

会展片区项目群国际会展中心建设指挥部和大空港新城开发分指挥部的统筹工作，不仅在于通力合作、分工明确，优化管理界面，各司其职支撑会展片区的建设工作，同样在于对多个项目的总体控制与协调，直到会展中心正式开展。具体工作如下：

1）策划建设时序，指导片区工作有序开展

参与会展片区建设的开发商及总承包单位为实力极强的大型央企或地方国企，本身的管理水平及施工水平过硬，在自身红线相对封闭、受外界干扰较小的前提下，均能较好完成自身项目的开发建设工作，但对于交叉部分及公共区域的争端，各项目单位无管理权限及协调积极性。

建设指挥部在会展片区开发建设的统筹重点，非传统管理办法，即对某一个项目从招投标、设计、施工、竣工验收等具体的节点控制，而是侧重于系统控制，从片区整体视角，对于片区各项目的开展计划进行指导。因此，建设指挥首先确定了会展片区的开发原则为"优先主体项目、市政配套先行"，并从会展开展的目标出发，按以下原则进行优先级划分：

①主要项目：展厅主体结构、人流主要运输方式——地铁 20 号线、交通疏解——主干道及桥梁、水电环通的先行条件——市政综合管廊、主要视觉景观——截流河工程；

②辅助项目：商业配套（酒店、休闲带）、停车场、公交站、场内道路；

③外围项目：市政配套管线、各类场站（通信设施、供电站）、周边环境的整治提升（水质提升、道路绿化、建筑更新）。

在此基础上，细化各项目重大工序完成节点，策划出了《深圳国际会展中心片区的一级里程碑计划》，使片区项目处于有序推进阶段并直至落地。为保障既定节点的实现，如何将协调机制的功能延伸至基层的各建设单位及施工单位，则以"现场协调会"的形式，协调各项目之间的工作界面及工序交叉，解决片区公共区域的供电、给水排水、进出道路等难题，保证上层指令"上传下达"、问题"由下至上"反馈的良性循环机制，从而为各参建单位建立了畅所欲言的信息交流平台，避免因信息不对称对工期、质量、投资造成影响，为各项目单位创造施工条件使第三级协调机制切实落地。

2）督查督办，梳理重大项目进展

会展片区作为政府性投资的大型项目群，工程整体性和子项目关联性强，若把每个工程单独分开建设，每一个工程的进度管理难度并不十分突出，困难在于把会展中心、地铁20 号线、市政配套、截流河等工程综合在一起，形成超大型核心体建筑，导致其进度管理十分困难。会展片区的建设需要一个总进度计划把各个投资主体的单个工程建设计划集成在一起，达到计划的统一性，同时建设指挥部也需要及时掌握工程的进展信息，统筹协调工程建设中出现的各种矛盾，采取措施确保工程得以顺利推进向前，实现既定的工程进度总目标。

建设指挥部对会展片区的各个项目进行进度管理，由于不属于投资主体，只代表两级政府对会展片区行使管理职责，同时建设指挥部也不存在项目主体单位人员临时抽调组成的情况，这种特殊的工作定位使建设指挥部能够获取准确的信息、独立处理信息、客观汇报信息的组织保障，最大化避免了徇私舞弊情况的出现，并通过可以常驻现场的工程顾问，对海量的基层信息进行筛选处理，使其转变为高集成度的浓缩信息，方便建设指挥部更快更好地掌握会展片区各个项目的进度进展。

建设指挥部在工程顾问的配合下，策划出了《深圳国际会展中心及片区配套工程一级里程碑计划》，并与各项目单位签订了《目标责任书》。在各项目实施过程中对实施情况不断进行跟踪检查，收集有关实际进度的信息，从合同工程量、已完工工程量、目前实际功效、每日投入人员及机械设备情况、作业内容等多方面进行多重分析，分析实际进度与计划进度的偏差，找出偏差产生的原因和解决办法，在国际会展中心建设指挥部周例会上高效处理各类推进难题，在指定协调方向后，由大空港发展事务中心代表分指挥部，以专项协调会为主要形式，搭建片区沟通平台，以此疏导关键线路上的关键节点，协调工作与进度督查工作一起，两者相辅相成，共同为会展片区各项目的进度保驾护航。

3）着手三防、文明施工，对片区形成全方位管控

文明施工是一个项目的门面，因为政府出资进行建设的工程大部分与群众的生活有着密切关系，好坏与否关系着社会印象。

按照《深圳市住房和建设局关于印发〈深圳市建设工程扬尘污染防治专项方案〉的通知》（深建质安 [2018]70 号）以及深圳市标准化指导性技术文件《建设工程扬尘污染防治技术规范》SZDB/Z 247—2017 等要求，需要落实会展片区扬尘污染防治"7 个 100%"：100%落实施工围挡及外架 100% 全封闭、出入口及车行道 100% 硬底化、出入口 100% 安装冲洗设施、易起尘作业面 100% 湿法施工、裸露土及易起尘物料 100% 覆盖、出入口 100% 安装 TSP 在线监测设备。

为落实以上要求，事务中心牵头工程顾问单位，定期开展三防、文明施工及河道整治巡查督导工作。

（2）协调小组工作方案

1）规范、制度化的管理

作为小组牵头单位，依据职责需要，自行充实协办单位便于开展工作；同时为强化管理职责，各小组牵头部门需尽快编制小组工作制度、工作计划，上报分指挥部备案。原则上定人、定岗、定时、定期。

2）协调工作流程

收集到大空港各项目单位反馈的问题事项后，各协调小组牵头部门组织相关单位、部门等召开正式或非正式协调会。正式协调会需各牵头单位草拟会议纪要，提交深圳宝安区重点区域开发建设分指挥部办公室，由分指挥部办公室完成征求意见、印发正式稿件等工作；非正式协调会须拟制会议备忘录，提交分指挥部备案。

遇到难以协调，须区层面、市层面予以解决的事项，由各协调小组牵头单位准备会议议题提交给深圳宝安区重点区域开发建设分指挥部办公室，提请在宝安区重点区域开发建设分指挥部会议、国际会展中心建设指挥部予以解决。

3）月度汇报制度

深圳宝安区重点区域开发建设分指挥部办公室会议每月初组织召开一次，由区领导主持召开。各协调小组牵头单位汇报本小组上一阶段履职情况及需要上会的议题。区空港新城执行办汇报各项目进展情况及施工场地组等工作情况，以及需要上会的议题。按照小组划分，优先汇报安全生产、文明施工和工作进展。

3.3.3.3 双总师制

为保障城市公共利益、提升城市形象和品质、实现重点地区精细化管理而选聘领衔设计师及团队，技术团队成员由规划、建筑、景观、生态、交通、市政等具有行业影响力的领军人物组成。以对未来城市的前瞻研究为基础，以对区域城市空间的统筹为目标，突出生态人文建设标准，通过建筑、规划双总师兼顾重大公共项目建设和引领周边城市空间协

调提升，指引现阶段城市设计的优化。

总设计师需要深入理解深圳国际会展城的规划设计建设情况和发展需求，并为会展中心建设指挥部、招华集团、宝安区大空港新城规划建设管理办公室、宝安区建筑工务局、福海街道办事处、沙井街道办事处、市规划国土委宝安管理局、市水务局等相关政府部门提供深圳国际会展城范围内规划、建筑、景观、生态、交通及市政等各专业领域的技术协调、专业咨询及技术审查等服务。同时，参与规划编制，进行可行性论证，确定可行的技术方案，并负责城市设计深化工作中各专项设计与建筑景观设计的初步成果、中间成果和最终成果的技术把关和定案。

3.3.3.4 工程顾问

聘请工程经验丰富的上海建科工程顾问有限公司作为片区工程顾问，合理编排施工工序和把控工期，为各类复杂的设计施工冲突进行有效的技术协调，为建设指挥部决策提供重要的技术意见。

通过进度总控：质量、投资、安全目标实施；专项技术咨询报告等形式，协助市统筹18家成员单位的筹建工作任务，并通过基于BIM的信息化技术梳理各项目工作界面，管理项目进度和展示形象，最终实现会展项目"一流的设计、一流的建设、一流的运营"的战略目标。工程顾问不参与单个工程的项目管理和工程监理工作，单个工程由各自责任主体管理，有各自的设计、施工和监理单位。

工程顾问单位对接深圳市宝安区大空港新城发展事务中心，围绕会展中心一期场馆及其配套如期投入使用的建设目标，协助项目配套基建设施、各单体建设目标的建设时序进行策划和过程统筹管理。顾问服务单位重点是协助进行设计、施工阶段的项目总体进度统筹；提供配套的专项技术咨询；并利用信息化手段动态展示项目进度和统筹管理相关信息。

3.3.3.5 物管队伍

长治物业管理服务公司负责片区物业管理服务，包括现场公共区域管理（卫生管理、安全保卫、秩序维护、扬尘污染防治等）、设施设备管理、安全管理、会务服务、物业档案资料管理等，管理范围为东至福园二路和锦程路，南至蚝业路，西至西海堤，北至南环路西延段围合而成的区域，建设管理区内主要有会展片区项目群（如深圳国际会展中心及其商业配套工程、综合管廊及道路一体化工程、截流河综合治理工程等）、智慧交通系统、云巴示范线等。

3.3.4 运行管理模式

根据上述的会展片区项目群的统筹组织架构，会展片区项目群组织结构的运行模式的核心主要体现在决策层和执行层上，其中执行层是会展工程项目协调管理最为关键的部分，也是最为复杂的部分。物质层、信息层和技术层作为决策层和执行层的基础支撑，物质层为片区项目群提供物质支持，包括土方、建筑材料、建筑产品等，信息层为片区各个项目进行信息收集、加工、分析、存储、传递和使用，技术层作为技术支持对决策层、执行层、信息层提供专业指引。具体如图 3.3-3 所示。

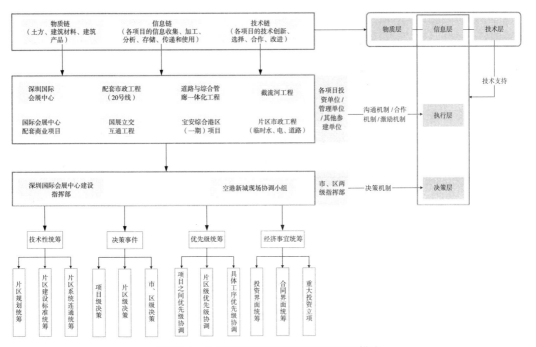

图 3.3-3　会展片区项目协调管理机制运行模式

　　执行层中的各建设责任主体单位须服从国际会展中心指挥部、大空港新城开发分指挥部及协作单位上海建科的统一安排，严格按照片区相关工程建设时间节点及施工时序开展建设工作，采取有效可行的技术手段和疏解方案，确保片区项目如期完工。

　　以会展片区为管理对象，以片区各项目为基本管理单元，以交叉设计、施工部位为最小管理单元进行片区的管理工作，以片区级别的关键部位、重大节点为主要控制对象对片区级的进度、质量、安全、投资各类风险进行日常监控。

　　对片区建设管理中进度、质量、安全、投资，根据片区建设项目群协同开展的思路，制定完善的管理制度，作为日常进行建设目标管理的依据，保证片区阶段性、区域性建设目标的顺利实现；对片区实行网格化管理，对重大质量、安全、技术风险进行预先评估、事中监督、事后考核，做好风险管控，降低风险概率。通过信息共享，借助 BIM 工具，在合理考核、评估机制的激励下，完成片区各项目建设管理工作。

3.3.5　管理手段

　　会展片区施工高峰期间，施工单位达 90 多家，施工人员达 2 万余人，机械设备达 300 余台。参与会展片区建设的开发商及总承包单位为实力极强的大型央企或地方国企，管理水平及施工水平过硬，在自身红线相对封闭、受外界干扰较小的前提下，均能较好地完成自身项目的开发建设工作，但会展片区工程之间横竖向交织频繁、互相掣肘、争端不断，项目施工和工地管理的难度呈几何倍数增长，工期也难以保证。因此要同时满足安全、工期、质量等多重目标，需要片区统筹协调单位深度介入并发挥强大的管理作用。在区住房和城乡建设、安监、工信等部门有力监管下，工程质量和安全方面已有成熟的管控机制，片区协调单位需重点把控工程进度和维护工地秩序，并配合检查施工安全和把关质量。

（1）全方位多层次确保工程进度

建设指挥部确定开发原则为"优先主体项目、市政配套先行"，围绕会展开展的目标划分项目实施的优先级，总体开发节奏为：优先会展中心主体、地铁 20 号线、主次干道桥梁、水电环通、截流河工程等核心项目，其次是商业配套、停车场、公交场、场内支路等辅助项目，最后是市政配套管线、各类场站（通信设施、供电站）、周边环境的整治提升（水质提升、道路绿化、建筑更新）等外围项目。在此基础上，细化各项目重大工序完成节点，编制《深圳国际会展中心片区的一级里程碑计划》，与各项目单位签订了《目标责任书》，明确各项工程工期和安全质量目标。在各项目实施过程中加强跟踪检查，由区大空港新城发展事务中心组织上海建科密切跟进施工力量投入情况、作业内容，评估工程进度并上报各级领导。两级指挥部定期召开项目进度会和开展现场进度巡查，督促滞后项目加快进度。各项目单位常驻工地实时掌控施工进度，即时协调施工问题，建立施工进度奖罚机制，确保工程按期完成。

（2）采取强有力的工地治理手段

严格开展安全生产督导，督促各大项目单位编制安全生产应急预案、防风防汛防旱应急预案、扬尘控制预案、应急维稳预案，并加强执行落实；督促施工企业落实安全文明施工措施，全面强化扬尘污染防控，车辆进出秩序井然，路面清洁明显改善；推进空港新城片区12 万 m^3 历史遗留生活垃圾处置工作，营造空港新城片区安全、整洁、有序的开发建设环境。

（3）采用智慧化、科技化的管理手段

开展空港新城建设项目航拍和定点拍摄，每 20 天拍摄一次全区域动态影像，届时将以影片形式直观地反馈工程动态，也有助于收集保存空港新城建设历史影像资料；构建深圳国际会展中心项目及片区配套工程 BIM 模型，实现施工模拟、设计优化以及后期运营维护智慧化；建设空港新城三维仿真系统，实现真三维情景下的工程进度可视化管理、规划报建辅助决策和城市运行可视化监测功能。

3.4 会展片区项目管理创新性

3.4.1 统筹管理创新

在两级指挥部确定后统筹架构基于三级协调机制后，同时也在不断基于自身情况和管理现状进行相应创新。政府性投资项目能否达到既定的里程碑节点，对统筹协调管理提出了很强的专业性要求。对于大多数职能部门工作人员而言，由于项目经验匮乏、专业技能缺失以及精力劣势，虽然投入大量的人力财力，但往往在管理效率上却事倍功半。此时，就需要充分借用社会资源，挖掘市场潜力，聘用有着长足经验的第三方力量，会展片区实行了"双总师制"及"工程顾问制"。

3.4.1.1　组织先进性，做好统筹协调

会展片区的三级协调机制，相对于其他大型工程，创造性地采取"二重形式"，采取了"两级指挥部"进行统筹监管。由深圳市、宝安区两级政府合理划分职责，在职责的划分过程中也就对风险进行了合理摊销。同时，三级协调机制并没有照搬法律层面的硬性规定，而是基于行政指令与部门职能进行了拆分重组，这样两级指挥部都有独立的一套班子，均可独立地开展并处理问题，互有侧重，互有补充，且两级指挥部人员及工作范围有交叉和结合的地方，这就具备相当的灵活性和动态调整性，产生出"一加一大于二"的效果，对处理常规性交叉难题以及突发性应急问题具有相当强的应变能力。

3.4.1.2　实行双总师制，做好规划与设计管理

建设指挥部对会展片区的统筹监管不仅在于建设阶段管理，由于片区各项目起始时间段不一，规划设计思路不一，并根据片区所需不时增加新单体，故而也要监管片区的规划设计、上层次规划的衔接落地，给片区注入整体设计理念，使单体项目在规划设计理念上保持一致。

会展片区作为政府投资的大型项目群，在概念设计时就引入新颖的设计理念（如会展中心的造型采取"一带一路"），对设计的管理同样需要引入创新的管理模式。另外，会展片区包含的设计内容非常广泛，各项目分属于不同的投资主体，各设计单位分别受雇于不同业主，各项目在设计过程中均有自身的流程和需求，在时间和空间上难免存在着巨大差异，会造成视觉及项目时间上的不协调性，会展片区迫切需要建立一种不同于以往普通项目的机制，来统一片区设计过程中出现的问题。

为响应市规划国土委关于印发《深圳市重点地区总设计师制试行办法》的通知（深规土规 [2018]5 号），建设指挥部委托了中国城市规划设计研究院（总规划师，以下简称"中规院"）、香港华艺设计顾问（深圳）有限公司（总建筑师，以下简称"香港华艺"）作为国际会展城以及海上田园城总设计师，协调落实上层次相关规划；协助政府搭建开放的技术平台，全过程跟踪片区规划、设计、建设等工作，做好规划设计管理与开发建设实施的技术指导，提供专业咨询意见供政府部门决策。

如此，打破了以往普通项目"单一业主、单一工程、单一功能"的模式，而是站在片区整体角度，由两级指挥部直接领导，由总设计师团队作为技术支撑，为片区内各个项目的规划和设计单位提供了共同参与的公共平台。在这个平台上，各设计单位既有权利也有义务，实现会展片区各项目的规划和设计层面信息共享。

3.4.1.3 聘请工程顾问，做好建设管理

由于会展片区项目群的复杂性、参建单位的多样性、信息的不对称性、利益的不一致性等因素客观存在，常常导致会展中心及配套工程在建设过程中产生冲突和摩擦，尤其是界面问题，涉及的利益相关者众多，具有很强的综合性和专业性。为了保证各个参建方能够有效完成各自的工作，需要通过一系列科学的协调管理机制予以实现。由此，两级指挥部在统筹监管工作中引进工程顾问单位作为主协调单位，更专业地系统收集信息并处理信息，不仅可以确保各项目之间的界面协调更加规范化、制度化，还提高了片区协调机制和协调工作的效率和敏捷度。

从立场上说，工程顾问作为有资质、工程经验丰富的第三方，相对独立于片区各项目关系里的甲乙方之外，将传统的内部委托关系转化为外部委托代理关系（受我中心委托），这从工作模式上保证了工程顾问方收集信息、分析信息的独立性和提出建议的客观性与公正性。

在管理工程顾问单位的过程中，由于工程顾问合同执行方为大空港新城发展事务中心，因此事务中心作为分指挥部对工程顾问的管理单位，须对各类需协调事宜及督导事宜的轻重缓急进行研判，分门别类对待解决事宜进行分析，再委托工程顾问单位进行专题协调。同时，全权对协调会议组织及开展进行管理，做到标准化及流程化，具体流程如图 3.4-1 所示。同时，国际会展中心建设指挥部虽然不作为工程顾问合同执行方，但作为片区总领导单位，仍然对工程顾问单位有指示权限，形成了"一个工程顾问，建设指挥部共用"的协同局面，工程顾问的日常工作延展到方方面面，对两级指挥部的日常统筹工作均有极大的促进作用。

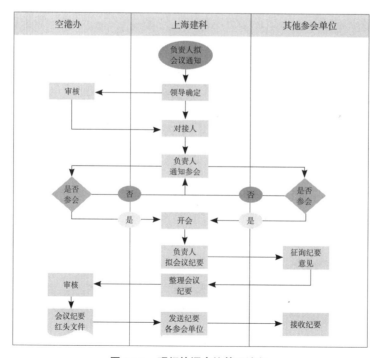

图 3.4-1　现场协调会议管理流程

在工程顾问的配合下，两级指挥部也取得了一些阶段性成效，如策划出了《深圳国际会展中心片区的一级里程碑计划》，使片区项目处于有序推进阶段并直至今日；如组织近20次会议，统筹片区临时排水事宜，现片区临时排水管网已具备一定的防洪排涝功能，成功经历了诸如"山竹"等强台风的考验，并成功组织了片区近5万人的撤离工作，切实做到了"零伤亡"。

3.4.1.4　引进物业公司，做好公共区域管理

两级指挥部不仅要作为会展片区的间接业主对片区的建设工作进行统筹，同时也要作为老百姓的代言人，对片区公共区域管理行使监督权利。由于各项目单位只负责各自红线以内的文明施工及安保工作，片区内的公共配套服务设施、公共区域秩序、公共道路及出入口管控、扬尘等工作进行统筹管理。以上工作，由大空港事务发展中心委托长治物业管理有限公司进行，并在实施过程中进行监管。具体工作及成效如下：

（1）公共区域场地管理

配置安保人员在公共区域巡查，及时阻止乱倒渣土现象，并定期组织工程顾问单位督导组对片区的公共区域进行堆土督导，确保公共区域的秩序正常，防止各施工单位私自占用公共区域场地。同时，对未施工区域进行看护管理，防止重复建设现象出现，保证建设区建设秩序正常。

（2）公共区域进出管控

配置安保人员进行全天24小时巡查，在片区出入口及重要位置设立治安岗亭及医疗救援站，严禁闲杂人员以及非机动车入内，定期巡逻排查区内各处矛盾纠纷，发生公共卫生事件和灾害事故时，医疗救援站人员能在10分钟内赶到现场施救，有力地消除了会展施工区极其周边的不安定因素，具备2年应对突发事件的快速组织能力。

（3）公共区域扬尘防治

提供公共区域及进出场道路的洒水降尘作业监管，提供各施工红线出入口岗亭外100m范围的道路、区内公共道路的清洁或冲洗作业和洒水降尘作业，车辆出场的洗车作业服务。同时，利用工程顾问单位长期驻场的便捷性，定期对公共区域及各项目红线内的扬尘防治进行督导巡查，将督导情况以简报的形式报送给建设单位及监管责任单位进行整改。

（4）公共区域道路交通管理

在易堵塞路段以及临时翻交路段，派驻交通疏解员，保证交通安全与畅通；并对道路配套服务设施设备进行运管与维修（护），消除交通运行的安全隐患。

（5）公共区域安保服务

组织实施了交通安全管理、消防安全管理、车辆停放管理、秩序维护管理等内容，保障片区施工秩序的正常与财产安全。配置安保人员进行定期巡查，及时发现安全隐患和及时消防安全隐患，确保公共区域秩序正常与安全。

3.4.2 会展片区管理创新模式

面对庞大的开发任务，除了充足的干劲、专业的力量、快速的协调、有力的管理，还需要一些突破常规的开发建设模式，发挥事半功倍的成效。根据项目特点和需要，各个项目适时地引入某种先进的建设模式或者率先启用创新模式，使得会展片区如同一个建设模式创新的试验场。各种模式在提高效率、提升品质、增加美观等方面不同程度的发挥作用。

3.4.2.1 BOT（建设—运营—移交）模式

深圳国际会展中心的建设采用 BOT 模式，实际建设方为深圳市工业和信息化局，代建实施方为深圳市招华国际会展发展有限公司，负责会展中心项目的建设以及 20 年内的运营。招华公司由深圳市两大央企招商蛇口及华侨城地产联合成立的项目公司，两家公司围绕会展中心各自拥有一些商业地块的开发。通过将会展中心及其周边 11 块配套商业用地整体打包给擅长城市综合体开发、擅长旅游景点开发运营、具备场馆运营经验的大型国企来实施，给片区建设注入活力，确保了开发品质；同时，BOT 属于 PPP 模式的一种，通过政企合作，有助于会展中心投入使用后的专业管理和有效运营。

3.4.2.2 采用国际咨询和其他模式

截流河 3、7、9 号桥梁设计提升，通过国际咨询引入国际一流的外资桥梁设计公司 UNstudio，接轨国际水准，整体提升桥梁设计品质。空港新城综合应急中心项目也在开展建筑设计国际咨询，确保打造功能综合、设计先进的应急指挥中心。截流河综合治理工程项目，建设方为深圳市水务工程建设管理中心，开发模式采用施工总承包。宝安综合港区（一期）工程则由深圳民营企业鑫科贤实业投资有限公司负责开发及运营。

3.4.2.3 EPC（设计—采购—施工一体化）模式

综合管廊及市政道路一体化工程项目，建设方为宝安区建筑工务署，开发模式采用 EPC（设计—采购—施工一体化），由中国二十冶集团有限公司和中冶赛迪工程技术股份有限公司共同承包，负责工程勘察、工程设计、工程施工。EPC 模式有助于加强各环节之间的衔接，避免普通建设模式中因前后团队衔接不畅导致耽误工期的问题，因此在一定程度上可以缩短工期。

3.4.2.4 "零代建费"模式实行全过程的代建

展城路、展丰路、百川路三条道路，项目单位是宝安区大空港新城发展事务中心，由招华会展负责代建。福海街道办在会展东片区"9+8"道路改扩建及环境提升工程，包括 11 条道路改扩建、5 条道路两侧立面提升、1 个景点节点提升项目，分别由招商房地产公司和华侨城集团负责代建。通过引入建设经验丰富、项目管理水平高的大型国企，全过程负责项目的投资控制、报批报建、施工建设，确保项目投资控制、质量要求和工期目标。

3.4.3　创新行政审批手段

国际会展中心及市政配套工程建设任务重、工期紧，要在加快推进工程建设的同时，确保各项工程依法依规办理，相关部门转变政府职能，加大简政放权力度，全面优化审批环节，行政审批部门积极配合、加强联动，探索审批前置等改革措施，并研究借鉴东莞市行政审批制度改革经验，根据项目开工时间进度计划，提前介入，优化审批流程、压缩审批时间，特事特办，加快推进有关事项行政审批制度，进一步提高行政效能。通过国际会展中心项目探索行之有效的简化行政审批流程做法，为把大空港地区打造成为深圳城市发展的新亮点和深圳继续开展深化行政审批制度改革提供经验。

指挥部办公室、投资控股公司、宝安区政府、市规划国土委、住房和城乡建设局等相关单位，积极梳理国际会展中心主体及其配套工程涉及的行政审批事项，简化、合并、压缩相关工作程序，形成项目审批工作方案。行政审批改革主要突出了并联审批、事权下放、合并审批、流程优化及信息共享等重点，充分发挥指挥部的领导和综合协调作用，提高行政审批效率。

3.5　重大决策事项

3.5.1　国际会展中心建设指挥部的重大决策事项

3.5.1.1　海滨大道的线位、做法调整

海滨大道的建设是使会展周边道路形成闭环，避免断头路的产生，完善周边道路体系，有效盘活会展及周边道路组织，四线会展交通的快速集散，增大会展周边路网通行能力。

海滨大道一期工程南起福洲大道，北接沙井南环路，沿路与重庆路、展景路（展云路）、凤塘大道、沙福路平交，保证与沿线道路的衔接转换功能。但因福洲大道至凤塘大道段受生态湿地限制，道路紧靠生态湿地选线；凤塘大道至南环路段，基本沿用原规划海滨大道辅道；福洲大道至展云路段占海，需协调用地及用海手续等原因，国际会展中心建设指挥部议定先期实施海滨大道一期工程（展云路至沙福路段），保证与沿线道路的衔接转换功能。

海滨大道综合管廊南起展景路，北至新沙路，但因受临时道路宽度限制，无法满足综合管廊布置的空间要求；管廊的进风出风口、吊装口、人员出入口、逃生口等无位置冒出地面，遂不实施综合管廊。

海滨大道规划为城市快速路，一期工程道路等级参照城市次干路标准，设计速度30km/h。车道因海滨大道一期工程在变电站位置，受变电站、高压铁塔及生态湿地限制，空间局促，道路需绕行的现实原因，沙福路至凤塘大道段实行双向 6 车道，凤塘大道至展云路实行双向 4 车道，道路较原先规划变窄；同时为避让生态湿地，变电站及会展南北货运通道，车道线条较之前变弯曲。示意图如图 3.5-1 所示。

图 3.5-1　原车道线条（左）与现车道线条（右）

3.5.1.2　110kV 琵琶站电缆改迁

由于宝安国际会展中心建设，现状沿荔园路西路的 110kV 琵和Ⅰ Ⅱ线、琵丰Ⅰ Ⅱ线与拟建展馆位置冲突，须改迁琵琶站至现状 2 号接头井段电缆线路。110kV 琵和Ⅰ Ⅱ线新建电缆路径长 2km×3.9km；110kV 琵丰Ⅰ Ⅱ线新建电缆路径长 2km×3.93km。新建电缆均采用 800mm² 截面电缆。改迁后琵琶站出线间隔与改迁前一致，新建电缆利用原 110kV 琵和Ⅰ Ⅱ线、琵丰Ⅰ Ⅱ线电缆通道出站。

由于该片区市政道路建设工期滞后，经协调海滨大道段电缆沟位于国际会展中心红线内，靠近红线建设，展景路段电缆沟位于截流河西侧绿化带内（项目西侧琵琶变电站 110kV 出线综合电缆沟横穿会展中心、地铁 12 号线、20 号线、展景路、福永海河项目，电力线路需要迁改）。本工程经现场勘查确定了唯一的路径方案。具体线路路径描述如下：

新建四回电缆由琵琶业站往北引出后，沿变电站围墙外侧敷设至国际会展中心红线，再沿国际会展中心红线内侧敷设至规划展景路，埋管穿越展景路后再沿截流河西侧绿化带往北敷设至 A20 点，新建桁架桥跨越截流河后再沿现状荔园路敷设至现状 2 号接头工井处，与现状电缆相接。线路图如图 3.5-2 所示。

3.5.1.3　110kV 会展供电方案

西海堤站及田园二站主要解决会展中心及配套商业地块、云巴及周边工程的用电需求。由于琵琶站西侧为生态湿地带，功能为港池、蓄水，东侧为已建成国际会展中心，两者中

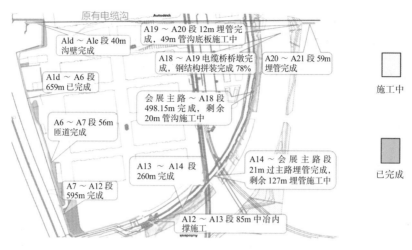

图 3.5-2　线路示意图

间空间狭小，特别是滨江大道一期南段紧邻生态湿地带建设。受琵琶站站址位置限制，新建电缆线路仅可沿滨江大道一期、位于会展中心红线内向南或向北走线。

经过一系列探讨，最后确定路径走向为：路径方案采用海堤路沿线架空线走线，和慧西路新建电缆沟道敷设方案。

110kV 西海堤、田园二输变电线路本期规划（图 3.5-3）。

（1）110kV 西海堤站：琵琶站出 2 回至西海堤站，西海堤站出 1 回改接田园至琵琶线路，形成琵琶 2 回至西海堤，田园 1 回至西海堤线路。

（2）110kV 田园二站：琵琶站、创业站至田园二站各双回线路；因占用创国线部分线路需恢复琵琶站至国际机场站单回线路。

3.5.1.4　周边 "9+8" 配套、周边环境提升工作

国际会展城 "9+8" 配套项目的建设，是以全面完善国际会展城东部建成区市政道路基础设施，提升片区整体城市景观品质为目标，旨在全力推动道路综合整治工程建设，提高会展周边片区交通道路疏解能力；大力开展重点区域环境整治提升工作，着力改善人居环境；高标准推进城市环境品质提升工程，提升城市品质形象。"9+8" 配套项目（图 3.5-4）中，9 个配套项目包括福园二路

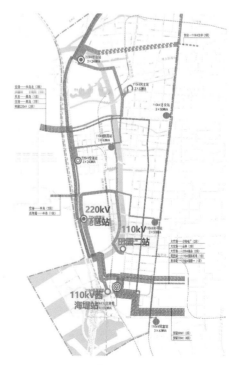

图 3.5-3　会展供电示意图

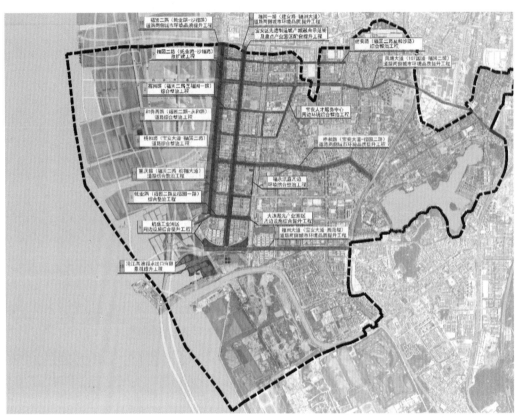

图 3.5-4　国际会展城"9+8"政府投资项目分布图（总图）

改扩建工程、福园一路、建安路、荔园路、蚝业路综合整治等 6 个市政道路工程，福永法庭、大族激光、航盛电子周围 3 个重点区域环境提升工程；8 个配套项目包括桥和路及富桥大道、和秀西路 2 个市政道路工程，福园二路、福园一路、福洲大道、凤塘大道、桥和路 5 个立面改造工程，沿江高速福永出口南侧景观提升工程。二者均为区政府投资项目，9 个配套项目（总投资约 10.3 亿元）和 8 个配套项目（总投资约 4.7 亿元）清单如表 3.5-1、表 3.5-2 所示。

9 个配套项目　　　　　　　　　　　　　　　　　　　　　　　表 3.5-1

序号	项目	项目概况	总投资（万元）
工程一标段	福海街道福永法庭周边环境综合整治工程	对福永法庭立面整治改造及周边市政道路及公配设施综合提升	1993.58
	福海街道蚝业路（福园二路—福园一路）综合整治工程	对宝安人才服务中心周边市政道路及公配设施进行综合提升	1828.82
	福海街道宝安人才服务中心周边环境综合整治工程	道路全长 2200m，红线宽 40m，现状双向四车道水泥路面，对道路综合整治、完善市政配套等	4850.53

续表

序号	项目	项目概况	总投资（万元）
工程一标段	福海街道建安路（福园二路—和沙路）综合整治工程	道路全长 2200m，红线宽 40m，现状双向四车道水泥路面，对道路综合整治、完善市政配套等	4171.25
工程二标段	福海街道大族激光产业园区周边设施综合提升工程	对大族激光产业园区周边市政道路及公配设施进行综合提升	2473.97
	宝安区先进制造城产城融合示范街及重点产业园区配套提升工程	对福园一路、桥和路、蚝业路等道路综合整治、完善市政配套等	已批可研 9963.81，已确认：19781.56
工程三标段	福海街道荔园路（福园二路—福园一路）综合整治工程	道路全长 400m，红线宽 40m，现状双向四车道水泥路面对道路综合整治、完善市政配套等	立项 1000，已报 4817.20
	福园二路（蚝业路—沙福路）改扩建工程	该道路全长约 3000m，规划红线 60m，双向三车道，对道路改扩建、人行道铺装及市政配套完善等	53823.02（主体已确认）+10085（电缆改迁）
	福海街道航盛工业园区周边设施综合提升工程	对航盛工业园区周边市政道路及公共配套设施进行综合提升	2000
合计			107883.72

8 个配套项目   表 3.5-2

项目	项目概况	总投资（万元）
沿江高速福永出口南侧景观提升工程	对福永出口南侧现状有约 20 万 m² 脏乱差的低洼地进行景观提升	4888
福园二路（蚝业路—沙福路）道路两侧城市环境品质提升工程	对道路全长约 3000m 两侧环境进行整体提升	4923
和秀西路（福园一路—永和路）道路综合整治工程	道路长约 1100m，规划红线宽 32～50m，工程内容包括：道路修复，沥青罩面，绿化提升，路灯、标志、标线等	2500
凤塘大道（107 国道—福园二路）道路两侧城市环境品质提升工程	对道路全长约 3600m 两侧环境进行整体提升	4975
桥和路（宝安大道—福园二路）道路两侧城市环境品质提升工程	对道路全长约 3468m 两侧环境进行整体提升	6044
福园一路（建安路—福州大道）道路两侧城市环境品质提升工程	对道路全长约 3450m 两侧环境进行整体提升	9574
桥和路（桥塘路—福园二路）及富桥大道（宝安大道—桥塘路）道路综合整治工程	该道路全长约 3468m，规划红线 40m，建设内容包括：扩建道路、道路沥青罩面、人行道铺设、绿化种植、市政管线配套等	9389
福洲大道（宝安大道—西海堤）道路两侧城市环境品质提升工程	对道路全长约 3123m 两侧环境进行整体提升	5456
合计		47749

3.5.2 大空港新城开发分指挥部的重大决策事项

3.5.2.1 智慧公交

目前国际会展中心周边已建成运营的轨道交通地铁 11 号线，最近站点桥头站距离会展中心约 3km，地铁 1 号线距离会展 7km；在建地铁 12 号线及地铁 20 号线还未通车，地铁 30 号线位远期建设线路（图 3.5-5）；穗莞深城际线预计 2020 年中通车。国际会展中心于 2019 年 9 月 20 日落成，11 月投入运营，近期轨道交通尚不能全面运营为会展中心提供便捷服务。因此，亟须构建一个高效便捷的接驳交通系统——智慧公交，接驳会展中心与现状轨道站点，解决国际会展中心的客流疏解需求。

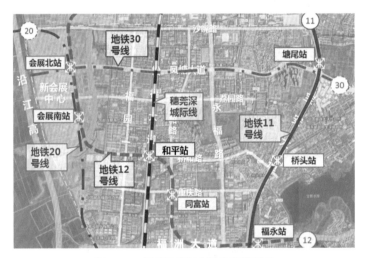

图 3.5-5　现状及规划交通轨道线路图

（1）规划功能：初期主要提供会展轨道交通接驳服务，地铁 12 号线和 20 号线通车后改为沿线区域公交服务。

①L1 线：连接会展中心与穗莞深城际线、地铁 11 号线桥头站；线路全长约 5.3km，规划车站 8 座，平均站间距 0.66km，全线为高架线。计划与国际会展中心同步投入使用。

②L2 线：连接会展中心与地铁 11 号线塘尾站；线路全长约 4.957km，规划车站 10 座，平均站间距 0.539km，全线为高架线。

（2）智慧公交规划路径（图 3.5-6）为：塘尾站—宝安大道—沙福路—海滨大道—会展中心，其中塘尾站 D 出口处上客，塘尾站 A 出口处落客，采用对点服务模式，中间不停靠，定向服务，无缝衔接，高峰期建三路巴士同时发车，每班间隔 2min，可解决 0.6 万人次 /h 接驳需求。

（3）一期 40 万 m² 满展：高峰日客流预计 20 万～30 万人次，高峰小时客流 6 万人 /h。交通系统最多可应对高峰小时 4.0 万人 /h 的疏散需求；一期 20 万 m² 半展：高峰日客流预计 10 万～ 15 万人次，高峰小时客流 3 万人 /h。按规划公交系统疏解 3.25 万人次 /h 计。

图 3.5-6　智慧公交远期规划线路示意图

3.5.2.2　片区垃圾处理决策、方案实施

西海堤填埋场为鱼塘改造而成，属于滩涂型填埋场。填埋场场区大致呈长 285m、宽 200m 的近似长方形，占地面积约 5.8 万 m²（图 3.5-7）。填埋场于 1997 年投入使用，主要填埋处理原福永街道的生活垃圾，使用年限约 5 年，于 2002 年底关闭。填埋物为福永街道生活垃圾和一般工业固废，累计填埋量 8 万 m³，基于现场勘查资料估算，填埋场内堆填垃圾和覆盖土的土方量约 20 万 m³。场底没有人工防渗设施，但地勘表明，场底存在厚度 4 ～ 8m 的连续淤泥层，由于淤泥渗透系数较小，具有一定的防渗能力；但填埋场

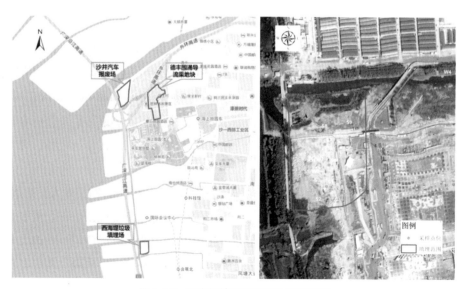

图 3.5-7　西海堤填埋场平面位置卫星图

生活垃圾与周边土体没有阻隔，周边地下水易入渗填埋场，填埋场的渗沥液也易向外渗流、弥散，进入周边环境。调查结果也表明，填埋场渗沥液已对周边海域造成了一定的影响，需妥善解决大空港地区临时生活垃圾填埋场垃圾处理问题，保障大空港新城开发建设工程顺利实施。

采用就地围封（部分开挖）方案解决垃圾问题。在填埋堆体周边建设垂直防渗围封，进入底部渗透性较低、厚度较大淤泥层，形成完整的防污体系；在堆体顶部建设封场覆盖层，使用垃圾体与周边环境完全隔离，仍然产生的少量填埋气，收集后集中排放，做好标识，排气口避免人员靠近。

3.5.2.3 "山竹"防台行动

大空港新城作为目前深圳市十七个重点开发片区之首，深圳国际会展中心、截流河、综合管廊及道路一体化等工程都已全面启动建设，片区施工单位及施工人员众多，施工高峰期人数高达 2 万多，施工类型复杂，施工人员在防汛、防台风期间应急疏散转移安置工作压力巨大，必须做好三防准备工作，时刻警惕保持三防安全防范意识。

三防准备工作是大空港地区工程施工进度的保障。为重点解决台风、防汛期间应急疏散场地安排和疏散组织管理工作，保障现场施工人员的生命财产安全。避免、减轻台风（暴雨）、防潮灾害对建设过程产生的影响，结合大空港新城建设管理实际情况，制定了《大空港国际会展片区人员应急转移预案》，制定转移疏散运行机制（应急准备、应急预警、应急疏散、应急转移、应急状态解除），成立区空港新城片区防汛防台风人员转移（疏散）现场指挥工作组，统一指挥空港新城片区在建工程项目施工人员应急疏散转移安置工作。

空港新城片区落实人员转移属地负责制，因福海、沙井街道现有室内应急避难场所仅能满足现有街道辖区转移人员（不包括空港新城片区在建项目施工人员）的安置需求，按照就近原则新开辟了室内应急避难场所。福海街道办开辟室内应急场所 6000 人，沙井街道办新开辟室内应急避难场所安置 6000 人，深圳招华国际会展发展有限公司通过预订租赁方式与相关商业机构及场所签订有关协议，解决安置 1.6 万人，深圳机场集团有限公司新开辟室内应急避难场所安置容量约 2000 人。现场指挥工作组日常通过公众宣传教育、培训、演习、建立三防信息群以及三防现场指挥组之间保持信息畅通等手段提高应急知识和技能，各项目单位和项目建设单位也充分履行三防主体责任，发挥自身优势，努力解决人员应急转移安置问题。

针对 2019 年超强台风"山竹"的预防工作，区空港新城完善方案，着重于人员疏散工作，并按属地原则，按街道划分进行人员疏散，辖区街道办负责做统筹协调工作。例如，区空港新城办敦促深圳市招华国际会展发展有限公司、中国建筑股份有限公司、中国二十冶集团有限公司、中国水利水电第八工程局有限公司等参建单位在会后一周内完成现有临时板房抗风安全等级检测评估工作，并要求各参建单位将临时板房抗风安全等级检测评估报告送区空港新城办备案;区有关单位敦促各参建单位,根据相关临时板房的抗风安全等级检测评估结果,提高施工人员应急转移安置的精细化管理水平,视台风等级及路径科学组织开展施工人员应急转移安置工作。

如图 3.5-8、图 3.5-9 所示,分别为 2019 年超强台风"山竹"人员转移现场图和部分单位收获的"山竹"防台行动感谢信。

图 3.5-8　预防 2019 年超强台风"山竹"人员转移

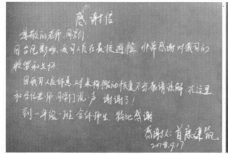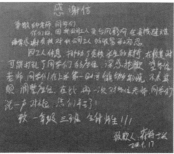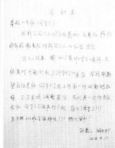

图 3.5-9　"山竹"防台行动感谢信

3.5.2.4　片区景观提升

由于空港新城会展片区市政道路原景观设计建设标准偏低,难以达到世界一流国际会展中心的景观要求。选取高水平的景观设计专业队伍对片区进行高标准景观方案设计,实施空港新城会展片区景观方案设计方案,区空港新城办作为政府采购单位,依法依规在区公共资源交易中心公开招标工作,项目费用列入空港新城办 2019 年度部门财政预算。空港新城会展片区总体景观及道路景观的规划设计,充分考虑深圳地区气候炎热的特点,优化道路绿化植被及人行道路面选材设计,达到美观、遮阳、散热、舒适、耐用等效果。

(1)6 座桥梁及管廊、公交站等景观提升

因本工程 6 座桥梁(桥和路、和秀西路、景芳路跨截流河桥、沙福路西延段跨截流河桥、展览大道跨坳颈涌大桥、海滨大道一期跨线桥,图 3.5-10)需进行景观提升,提升内容包

括 6 座桥梁的桥梁栏杆、人行道铺装、路灯、挡墙等。通过利用颜色营造个性特征、整合景观元素、应用标志性几何造型和灯光等手段提高视觉形象（图 3.5-11 ～图 3.5-13）。

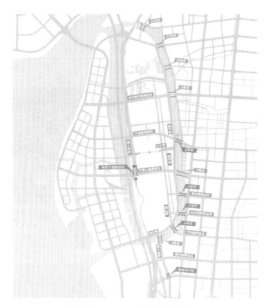

图 3.5-10　6 座桥梁区域图

图 3.5-11　4 号桥和路桥、5 号和秀桥概念图

图 3.5-12　6 号景芳路桥、8 号沙福路桥概念图

图 3.5-13　坳颈涌中桥、海滨大道跨凤塘大道大桥概念图

　　另外，3 号桥、7 号桥和 9 号桥连接城市主干道，是会展新城的门户景观桥；4 ～ 6 号、8 ～ 12 号桥与 3、7、9 号桥相互串联，更多地承载了截流河两岸的连接与运输功能（图 3.5-14、图 3.5-15 ）。

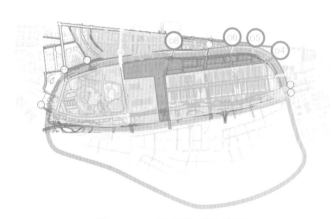

图 3.5-14　现状场地桥梁区域图

图 3.5-15　灯光设计 3、7、9 号桥整体效果及视觉效果图

公交站景观一般巴士站公交岗材料：以白色电镀不锈钢支柱外饰，原色不锈钢雨篷支架，钢化玻璃雨篷和钢化玻璃站台立面背板为主。

反向式巴士站公交岗材料：以深灰色电镀不锈钢支柱外饰，深灰色电镀不锈钢雨篷格栅和顶板为主。

（2）深圳市海洋新兴产业基地绿地和生态修复工程

工程位于广深沿江高速国展立交区域，面积约 13.9 万 m²（实施范围，图 3.5-16），总投资估算为 8300 万元。

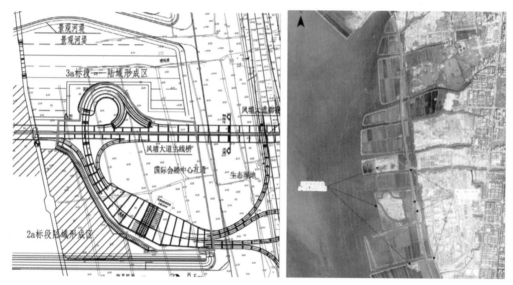

图 3.5-16　实施范围

| 第4章 |

深圳国际会展中心项目及片区配套工程管理

4.1 会展中心片区项目的建设目标

深圳国际会展中心项目及片区配套工程包括会展中心主体项目及其配套设施（会展中心及其配套）、会展市政配套工程（20号线）、综合管廊及市政道路一体化工程（综合管廊、道路）、截流河综合整治工程（截流河）、海洋新兴产业基地项目及宝安港区宝安综合作业区一期工程（宝安港区）等项目（图4.1-1）。

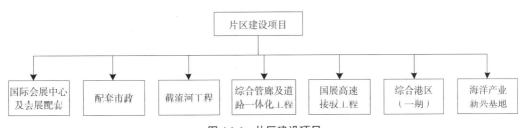

图 4.1-1 片区建设项目

（1）片区整体建设目标：

1）国际会展中心主体项目

规划一期建设 40 万 m² 的室内展厅，投资 198 亿元，2016 年 6 月 28 日开工建设，于 2018 年 12 月 31 日建成部分展厅，2019 年 6 月底全部建成。

2）会展市政配套工程（20号线）

正线全长 8.36km，包括 5 站 4 区间 1 个车辆段，总投资 59.33 亿元，计划与会展中心主体同步建成通车。

3）截流河综合整治工程

主体工程长 8.8km，概算总投资 26.88 亿元，在 2019 年 6 月 31 日前完成沙福河以南，沿海云路至西海堤段。

4）综合管廊及市政道路一体化工程

采取 EPC 模式，中标费用 95.06 亿元。其中海滨大道、海云路、凤塘大道西延段、景芳路西延段、和秀路西延段、桥和路西延段、重庆路西延段和展览大道在 2019 年 6 月 31 日前完成。

5）深圳市海洋新兴产业基地项目

位于大空港西北部，申报用海面积约 7.44km²，其中填海造地约 5.30km²。项目总投资估算约 429 亿元，其中围填海和土地一级开发投资约 128 亿元。

整个片区的项目完成节点相同，且工期紧，各项目齐头并进，相互交叉影响点多，片区各项目建设处于中心开花、外围环环相扣的态势。

（2）实际完成时间：最终整个项目群在 2019 年 9 月 28 日落成。

4.2 会展片区建设计划执行路线图

4.2.1 会展片区建设目标的确定

整个片区建设时序明确片区进度计划三个关键控制节点：

① 2018 年 12 月 31 日会展主体完成；

② 2019 年 2 月 28 日试运行调试，周边道路基本环通；

③ 2019 年 6 月 30 日片区内外交通通畅，片区各设施交付使用。

以片区建设三个关键控制节点，对片区建设的总目标，负责落实、督促、管理、各级协调的上传下达工作。因此需要明确建设管理目标，作为整个片区建设管理的目标。

片区建设时序路径图如下：

采用 BIM 技术对相关工序节点进行推演，确定五大里程碑节点（图 4.2-1）。

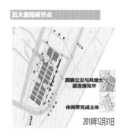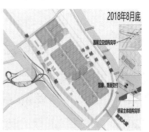

图 4.2-1 五大里程碑节点

4.2.2 会展片区建设路线图

4.2.2.1 片区建设时序安排的原则

（1）从运营角度安排建设顺序。

（2）先主体项目建设再配套工程实施。

（3）遵循基本建设规律，安排工程进展。

（4）以最终里程碑为控制节点，倒排工期。

（5）公共资源利用最优。

（6）多主体立体交叉部位实现委托代建。

4.2.2.2 主要建设时序路线图

（1）第一时序线：国际会展中心建设运营主线

基础条件：2017 年 12 月片区各项目需全面开工。

1）建设时序第一节点：2018 年 4 月底

会展中心第一阶段交付的地下结构工程完毕，钢结构大面积安装完成。

会展周边综合管廊、道路完成交叉区域地下结构施工完成。

截流河河道内的管廊、桥梁桩基施工，以及地下交叉工序施工完成，管廊结构完成 50%。

休闲配套工程桩基施工完毕，基坑开挖，地下结构开始施工。

2）建设时序第二节点：2018 年 8 月底

会展中心第一节点交付工程的建筑、机电各系统安装完成，剩余区域施工中。

海滨大道、海云路、展览大道管廊交付，入廊管线施工完毕，外部各类市政管线进入片区内部；片区其余公共管线施工中。

海滨大道、海云路、展览大道路面面层施工完毕，各类桥梁主体结构施工完毕，海汇、海城、云汇路基层施工中，国展立交结构完成。

截流河各类设施土建结构施工处于尾声，各导流箱涵结构施工完毕，金属结构、机电设备进场满足安装条件。

3）建设时序第三节点：2018 年 12 月 31 日

土建部分第一阶段展馆完成，满足试运行条件。

海滨大道、凤塘大道、展览大道、沙福路主要管廊施工完毕，进入会展中心的管线安装完毕，其余区域管线准备安装，片区配套工程安装接口对接中，片区内外污水管线施工完成。

主要道路海滨大道、凤塘大道（或沙福路）环通，福园二路扩建路基工程基本完成，福园二路管线施工完毕，国展立交与凤塘大道结构相连，附属工程施工中，各类桥梁附属工程施工中。

截流河工程主要闸、河道的地下结构完成，金属结构、机电工程安装完成，截流河和南连通渠施工导流任务完成，主河道基本畅通。

休闲配套 2-1 ～ 2-4、5-2 地块建筑、机电、装饰工程基本完工，具备全项目系统调试条件。除个别层数较高，室外工程、配套管线，整个配套工程基本完毕。

4）建设时序第四节点：2019 年 2 月 28 日

会展中心 2018 年底交付的标段机电各系统具备调试条件，建筑、屋面、幕墙、装饰工程基本完成，除 110kV 电缆区域，2019 年 2 月 28 日部分展馆调试完毕。

片区各市政管线，外接管线直接接入会展中心、片区各项目机房、站点，机房站点内设备安装完毕，具备调试条件。

主要道路及管廊：海滨大道、凤塘大道或沙福路、展览大道，以及周边福园二路、重庆路、蚝业路施工基层；各横跨截流河、南连通渠的桥梁道路基层完毕、附属工程完毕；各道路管廊施工完毕，各类管廊入廊管线以及片区内市政预埋管线施工完毕。

截流河主要河段护岸施工完毕，截止闸结构完毕，金属结构及机电安装基本完成。绿化工程基本完成。

国展立交施工完毕，地铁线路、车辆调试完毕。

商业休闲配套工程建筑、机电、装饰工程施工完毕，具备调试条件。

5）建设时序第五节点：2019 年 6 月份

会展中心全部工程完工，调试基本完毕。

会展中心部分展馆机电各系统调试，满足部分试运营条件，部分展馆可以满足展览要求。

片区全部道路环线：海滨大道、沙福路、凤塘大道、海云路贯通、海城路、海汇路、云汇路、各公交站点施工完毕。国展立交通车、货车停放区施工完毕。

各横跨截流河、南连通渠的桥梁施工完毕。

截流河南段截止闸、河道施工完毕，南连通渠施工完毕；绿化工程完工。

休闲配套工程以及市政配套工程施工完毕。

（2）第二条工序线：市政配套主线

为保证会展中心施工的工序主线，第二条工序主线为：片区周边的道路和各系统，以及内部管廊管线、各类桥梁的工序主线。

从 2018 年 8 月会展中心开始准备各类系统调试，满足 2018 年 12 月 31 日开始推算。

1）建设时序第一节点：2017 年 12 月底

片区各市政工程：道路、管廊、截流河、外部水、电、燃气工程全面启动，为 18 年开始的各节点工作做好技术方案准备，施工场地（拆迁）、车辆（交通）、人员准备。

2）建设时序第二节点：2018 年 4 月份

片区各管廊，除与截流河交叉外，基本施工完毕；片区道路开始全面施工。除海汇路、海城路、云汇路外。

管廊、河堤、箱涵交叉施工完成部分工程，满足 7 月份现状河道导流工作，满足防洪要求。

桥梁、河堤、管廊交叉施工处，桩基及围护结构施工基本完成，满足雨季施工要求，便于地下结构工程在 4 ～ 11 月份进行施工。对沙福河、凤塘大道、南连通渠的导流工作需要采取措施满足雨季施工要求。

3）建设时序第三节点：2018 年 7 月

片区各条道路海滨大道、海云路、凤塘大道、沙福路的管廊需要完成结构施工，配套公用设备安装完毕，满足片区各类市政管线入廊要求，便于会展进入机电系统调试。

2018 年 7 月，片区各项目内部的供电、供水、排水、给水、燃气机房结构施工完毕，具备各市政配合单位进场安装条件，为调试做好设备系统准备。

片区外部各外接系统：展览大道污水管、立新供水厂、福永污水处理厂、创业输变电站、田园输变电站、架空输电线路、片区外燃气管线施工完毕。

展览大道、福园二路、重庆路、国展立交与凤塘大道连接处，道路基层开始施工有关管线施工基本完毕。

截流河、南连通渠上各桥梁处于结构施工阶段，景芳路和秀路小型桥梁结构施工完毕，解决部分片区施工通行问题。

截流河、南连通渠结构施工中，满足年底结构施工完毕要求。

（3）第三条工序线：配套项目

围绕招华配套实施的 2-1 ～ 2-4 地块，以及 5-2 地块，因涉及配套工程、地铁施工、片区内部海汇、海城路施工，需要单独安排，配合片区主要工序。

1）建设时序第一节点：2017 年 12 月底

地铁有关施工场地全面移交招华配套，招华配套开展桩基地下支护工程。

2）建设时序第二节点：2018 年 10 月份

2-1 ～ 2-4 地块完成地下结构，为海汇路、海城路、片区其他内部道路施工移交场地，便于雨水、污水、供电等各类管线施工，以及公交站点、大巴停车场施工。

3）建设时序第三节点：2019 年 3 月份

完成片区内部各条道路、绿地、配套管线，其中 5-2 地块的配套市政工程以及工期需满足片区 2019 年 3 月份开展要求，与片区内部管廊、道路对接。

（4）第四条工序线：外部配套工程

电力、供水、污水、给水、燃气、电信有关配套工程的主要外部线路接引完成时间为 2018 年 7 月，片区内部管廊以及项目内部二次接引需在 2018 年 9 月完成。

4.2.2.3 片区各项目一级里程碑计划（2017 年总体进度计划）

以深圳国际会展中心项目为例：

（1）关键节点（表 4.2-1）

（2）一级里程碑计划（图 4.2-2）

深圳国际会展中心项目关键节点　　表 4.2-1

序号	时间	施工进度	责任单位	配合单位
1	2018.4 ～ 2018.8	土建工程完毕，主要设备已进场	招华会展	欧博设计 中国建筑
2	2018.8 ～ 2018.12	会展中心第 1 节点交付工程的建筑、机电各系统安装完成	招华会展	欧博设计 中国建筑
3	2018.12.31（完成）	部分展馆满足调试条件	招华会展	欧博设计 中国建筑
4	2019.2.28（完成）	机电系统调试条件，建筑、屋面、幕墙、装饰工程基本完成，除 110kV 电缆区域，部分展馆调试完毕	招华会展	欧博设计 中国建筑
5	2019.6.30（完成）	全部工程完工，调试基本完毕	招华会展	欧博设计 中国建筑

图 4.2-2　一级里程碑计划图（一）

图 4.2-2　一级里程碑计划图（二）

4.3　会展片区建设工程管理创新

4.3.1　会展片区建设的集成管理

会展片区项目群七大项目，各项目包含众多子项目（或标段），子项目之间又存在复杂的联系，片区进度集成管理较为复杂，主要体现在：

会展中心、地铁、综合管廊和道路、截流河、会展配套等不同子项目（项目群）进展时间不同，处于不同阶段，在同一时间点上对这些子项目的进度协调、管理方法和控制手段都有所不同，需要区别对待。

如图 4.3-1、图 4.3-2 所示，会展中主体施工、轨交 20 号线会展南站基坑与休闲带基坑在 2017 ～ 2019 年三年不同时间点的施工状态。

图 4.3-1　2017 ～ 2018 年会展主体施工、轨交 20 号线会展南站基坑与休闲带基坑施工状态

图 4.3-2　2019 年会展主体施工、轨交 20 号线会展南站基坑与休闲带基坑施工状态

（1）不同项目的阶段之间有联系，要统筹考虑。不仅考虑各子项目内部各阶段之间的联系，还考虑不同项目之间在工艺流程、空间以及资源等方面的联系，如会展的施工要考虑旁边会展配套、周围道路、管廊施工的影响，还要考虑地下轨道交通立体交叉施工的影响等，需要以全局最优的视角来考虑进度安排。

（2）对于管廊、桥梁与截流河、道路与地铁、会展配套与市政配套等不同子项目（项目群）之间的进度相互牵制，对这些空间和时间交叉的点，需要进行重点协调。如各条西延段的桥梁与截流河的导流渠施工进度相互牵制，在项目空间、专业、资源上的相互联系，诸如此类子项目之间的相互制约关系需要在进度计划和控制中妥善处理。如图 4.3-3 ～图 4.3-5 所示。

4.3.2　会展片区计划管理特点

4.3.2.1　片区指挥长联席会制度

（1）建立指挥长联席会制度

为保证按时按质完成工程建设，在会展中心、综合管廊与市政道路一体化建设等项目，建立联席会议制度。

项目建设时序交叉施工

项目	问题	涉及单位	建议时间
地铁盾构与其他项目的交叉	盾构与截流河、道路、管廊、会展南北连接通道均有交叉，需做好交叉工序技术措施	招华、地铁集团、水务建管中心、区工务局	施工过程中每周，或盾构临近时每天沟通
地铁与道路、休闲带	出入口、风井、设备用房等与会展中心、休闲带、海汇、海城路交叉施工	招华、招华配套、地铁集团	定期沟通，保障道路畅通
国展立交搅拌站与沙福路	国展立交预制场搅拌站与沙福路桥梁桩基位置交叉，需搬迁搅拌站	中交二公局、深高速、中冶、区工务局	2018 年 6 月前
综合管廊及道路一体化	沙福路与截流河导流渠的交叉；凤塘大道与会展、截流河交叉；和秀路；海云路与截流河、沙福河交叉	工务局、水务建管中心、区环水局、中冶、福海街道	每周沟通

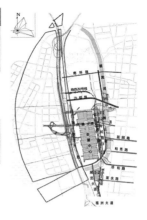

图 4.3-3 项目建设时序交叉施工图

施工场地交叉

项目	问题	涉及单位	建议时间
会展中心	场内 110kV 高压电缆影响南登录大厅；地铁各出入口进入 5-2、2-1 等；海云路后期施工进入会展南端红线；北侧南连通渠进入会展红线 12m	招华、供电局、地铁集团、区工务局、中冶	交叉施工期间，各方跟踪跟进
综合管廊	凤塘大道和平涌导流渠穿越施工场地；海云路公益涌、和二涌、和平涌、玻璃围涌、规划导流渠影响管廊和桥梁施工的问题	工务局、中交二公局、水务建管中心、区环水局、相关街道	在 2018 年 1 月第一次导流、6 月第二次导流
海城、海汇路、云汇路	海城路被地铁占用，海城路与休闲带施工冲突，需优先施工软基处理抢工期	招华配套、地铁集团、区空港办、后期道路施工单位	保证 2018 年 11 月份开始道路施工

图 4.3-4 施工场地交叉图

施工期间的临时路及交通

项目	问题	涉及单位	建议时间
综合管廊及道路一体化	各道路西延段与截流河交叉的临时路涉及道路翻改改道、导流、与休闲带配套交叉；管廊土方共计 350 万 m³，截流河土方 200 万 m³，休闲带 300 万 m³，交通压力巨大，防洪形势严峻	区工务局、水务建管中心、长治物业、区交通大队、区环水局、福海街道	2018 年 1 月至 6 月期间
海洋新兴产业基地	弃土、回填土车辆平均进出 1200～1600 次持续到 2020 年，现有沙福路为唯一进出道路	鑫科贤、空港办、长治物业	与截流河、招华、中冶协商
盾构进出场	盾构 2018 年 1、3 月出场地，临时道路路由，需要做好安排，目前荔园临时路实施有难度	区工务局、中冶、地铁集团、中铁建、和平社区	2018 年 1、3 月

图 4.3-5 施工期间临时路及交通图

（2）指挥长联席会职责

1）协调解决影响深圳国际会展中心及片区市政配套等工程正常推进的重大问题，督导现场的资源投入和工程进度。

2）审议现场阶段性的合同履约结果，对相关单位做出奖罚建议。

3）评议上月各工区、各项目的生产指标，对相关单位和人员做出奖罚建议。

4）协调解决其他重要事宜。

4.3.2.2 宝安区督查室落实市委督查任务

本片区项目列入深圳市重大工程，由宝安区区委督查室定期每月督导片区进度。

建立会展片区建设管理重大事项按月督导推进的工作机制（图 4.3-6），满足会展片区各项目建设进度紧、统筹协调任务大，各级管理部门任务重的客观需求，围绕会展片区建设管理主线，形成建设管理合力，完成市、区两级领导对大空港新城片区的各类建设管理要求。

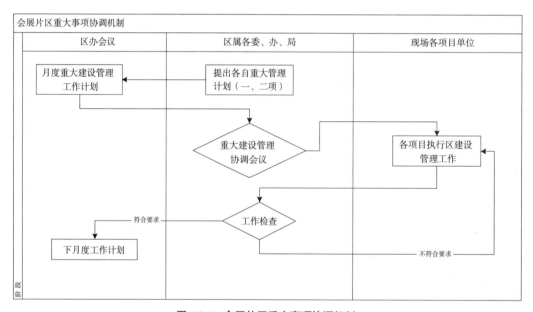

图 4.3-6　会展片区重大事项协调机制

4.3.2.3 片区项目群建设进度督导、评估与调整

（1）建立进度督导机制，开展进度督导工作

在会展片区项目群施工过程中，通过片区项目信息管理，要求各子项目按层次提供工程周报、月报，对片区进度数据进行采集和更新，保证书面数据与施工情况相符合，以便于国际会展中心建设指挥部、大空港新城开发分指挥部以及各项目之间对进度计划的跟踪、分析和调整。每月根据片区项目实施情况，进行及时更新，以便掌握最新的进度情况，对项目群实施动态控制。

（2）进度督导工作流程及问题整改

工作流程如图 4.3-7 所示。

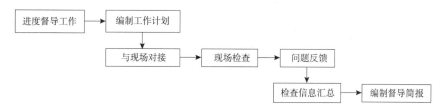

图 4.3-7 进度督导工作流程图

针对进度督导所发现的进度问题，督导组将进行整改跟踪。要求建设单位、施工单位在整改完成后，通知监理单位检查验收，并留好相关的影像资料。督导组将不定期抽查整改记录或在必要的情况下复查。

对于重点项目或重点节点工期，督导组将每天对项目进行检查，检查内容含工程进度、现场人员、机械、材料等，对整改措施不到位或力度不够的将通报批评，情况严重的上报国际会展中心建设指挥部或政府相关部门，并按照合同进行处罚。

进度督导成果管理：

督导组根据每次督导工作情况和督导人员的书面工作汇报，形成每期《进度督导工作简报》；针对紧急、重大进度问题，每天编制《专项进度督导工作汇报》。

（3）进度评估和分析

根据进度节点评估情况，报国际会展中心建设指挥部同意后，对项目群进度计划进行调整，对调整过程以及新的计划制定出行动方案。

国际会展中心，2016 年 9 月～ 2019 年 9 月，在确定总体进度计划后，二次调整片区执行计划。

其中会展中心进度进行分析如图 4.3-8 所示。

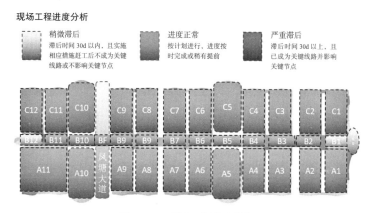

图 4.3-8 现场工程进度分析

周边配套进度分析如图 4.3-9 所示。

图 4.3-9 片区道路及桥梁进度事宜图

（4）调整总结

根据 2017 ～ 2019 年三年片区各项目计划执行情况，根据进度要求调整片区项目群进度计划。分别在其中 2018 年 12 月，2019 年 4 月、8 月对片区进行调整。

具体见文件：

《2018.12.27 深圳国际会展中心片区东侧建设时序安排》；

《深圳国际会展中心及片区配套工程建设时序目标计划》（2019 年 1 月 10 日版）。

片区整体进度在 2019 年 9 月 28 日落成。

4.3.3　片区现场管理

在国际会展中心及片区配套工程建设期间，一直开展质量、安全、防洪、文明施工第三方督导工作，向宝安区区主管各委办局通报片区建设质量、安全、防洪、文明施工情况。

4.3.3.1　片区临时管线管理

会展片区单位众多，片区内各种临时给水、排水（含雨水）、污水、强电、弱电管线众多，为加强片区临时管线管理，与片区各单位协商约定：

（1）管线权属单位对各自管线负责。

（2）管线涉及单位对各自作业涉及的其他单位管线有保护义务及相应保护责任。

（3）管线权属单位对现场管线须做好以下工作：

1）会展片区各管线权属单位需将各种权属管线位置明确，并在相关总图及现场做好标记，并保持现场标识完好；

2）会展片区各管线权属单位在管线位置做好公示，明确内容、要求、联系人及联系方式；

3）会展片区各管线权属单位按照各单位规定做好各自管线的巡查管理工作（每天、每周）；

4）管线涉及单位作业时涉及管线权属单位管线时，需提前 3 天（根据情况调整）预通知；

5）管线权属单位管线做管线变更迁改工作需与管线涉及单位充分沟通协商，并在具体施工提前 7 天预通知；

6）若管线权属单位在非自己作业红线范围内的管线无法迁改，则管线权属单位需与管线涉及单位提前商量管理办法。

发生关系碰断事件，各方秉持友好协商的方式解决，协商不成，上报空港办主持协调，各方同意后执行。

4.3.3.2　现场交通管理

（1）临时进出场管理

片区交通按照《中华人民共和国道路交通安全法》进行管理，为防止区内交通混乱，制定以下有关区域管理规定，凡违规者，视违规情节将给予相应处理。

1）任何车辆进出本建设区，请在出入口岗亭处主动出示《车辆通行证》，经本区安保人员查验许可后，方可进出。

2）非空港新城建设区相关车辆和人员，未经允许擅自进入各建设区内，其安全责任自负。

3）任何车辆造成道路污染的，都必须承担清洁冲洗责任。

4）泥头车禁止冒尖超载、渣土散落、带泥上路、车身挂土，并主动洗车出场，不得逃避洗车。

5）片区实行车辆限速，电单车：限速10km/h，机动车辆：限速30km/h。建设区各车辆驾驶者，请高度警觉、小心行驶，按规定道路与方向行驶。

6）禁止在有禁停标志的路段停车。

7）进入建设区的行人、电动车，依规行走，注意来往车辆，不得与车辆抢道、抢行，确保自身安全。

8）任何单位和个人不得损坏公共设施设备，如有损坏须照价赔偿；如确认系故意违规损坏公共设施设备的，将按照原价的3～5倍赔偿。

9）建设区内不得乱扔垃圾、废弃物，不得乱张贴、乱涂乱画。

10）片区临时道路管理适用《深圳国际会展中心建设片区共用临时道路、出入口及岗亭使用和维护管理办法》。

（2）临时道路管理

沙福路是空港新城开发的第一阶段临时道路设施工程组成部分，位于会展中心以北、沙福河北侧、东西走向、包括跨沙福河二座栈桥（1号、2号栈桥）。

为安全合理地管理和使用沙福路道路，消除施工和使用过程中的安全隐患，保障片区交通的畅通制定沙福路（含1号、2号栈桥）管理办法。

1）车辆通行调度管理单位为大空港新城办，具体管理可以委托代管单位实施，负责车辆通行计划审批、错峰总调度，调度争执裁决。

2）道路栈桥管理单位为长治物业，负责道路的维护检修保养、栈桥日常维护、安全管理、车辆通行证审核发放回收、执行车辆通行周计划和日常调度、组织交通疏导等。应根据现场实际组建管理机构、制定管理制度、奖惩措施和交通、抢险、检修、灾害天气等应急预案、职责落实到人、储备添置物资设备。

岗亭监控设施、1号、2号栈桥施工单位为中建，负责安装完善各岗亭/路口监控设备、栈桥日常检修保养。

4.3.3.3 片区出入口管理

为保证施工期间的安全，在长治物业的管理下，片区施工区在各出入口配置了洗车装置，并对相应的公共道路进行硬化，具体如图4.3-10所示。

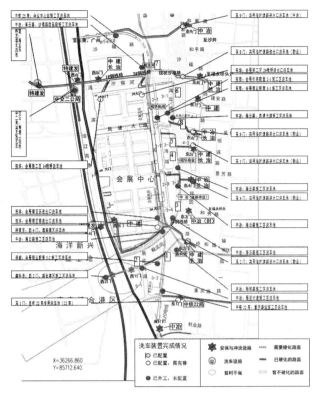

图 4.3-10　片区出入口示意图

4.3.3.4　片区"三防"管理

深圳地处沿海地区，常年有台风袭扰，为保证片区人员、工程安全，片区制定了《空港新城国际会展中心及周边片区"三防"人员应急疏散预案》。

应急疏散运行机制：

（1）三防预警

各区有关部门和单位应按照现行的台风、暴雨灾害防御相关法规、预案等履行防灾救灾职责。

（2）疏散指令下达

区三防办依据上级的指示和天气的变化情况适时下达疏散撤离指令。区空港办、区安监局、区住房和城乡建设局、区建筑工务局、沙井街道、福海街道组织联合巡查，确保工地停工。各项目单位组织待疏散人员集中到安全区域，等待转移撤离。

（3）现场指挥部、现场指挥官与协调小组

根据应急处置工作需要成立现场指挥部，统一指挥和协调现场应急疏散工作。现场指挥部设置现场指挥官和 2 ～ 3 名现场副指挥官，实行现场指挥官负责制。

现场指挥官由区三防办分管领导担任，区空港办、区民政局、区住房和城乡建设局、沙井街道、福海街道的分管负责人分别担任副指挥长。

（4）根据工作需要，现场指挥部下可启动运作 7 个工作组，各工作组的负责人由各组牵头单位指定，各成员单位派人参加。

（5）综合协调组。由区环保水务局（区三防办）牵头，区空港新城办、区应急办、区民政局、福海街道、沙井街道参加。主要任务：负责综合各类信息，及时向上级部门和领导汇报灾情动态，传达上级部门和领导指示精神，协调各成员单位及相关单位开展应急疏散的各项工作。

（6）场地及后勤保障组。由区民政局牵头，区财政局、福海街道办、沙井街道办、各应急避难场所参与。主要任务：负责应急避难场所的选定和临时征用、使用分配统筹，组织各应急避难场所所需的各类应急物资的储备、调拨、配送、监管、征用，主要包括食物和生活日用品；负责统筹、指导各应急避难场所救济款物的管理及发放。

（7）秩序安保组。由区公安分局牵头，公安消防大队、宝安交警大队、区武装部、福海街道办、沙井街道办、受灾企业参与。主要任务是：负责迅速组织力量对受灾区域实施警戒；维持各受灾点和应急避难场所的治安。同时负责维护交通秩序，疏导车辆，确保应急疏散过程的交通畅通。

（8）医疗急救及卫生防疫组。由区卫计局牵头，沙井街道办、福海街道办参与。主要任务：负责组织医疗和卫生防疫队伍开展现场应急避难场所的医疗应急保障，视情况开展现场医疗救护、卫生防疫等工作，组织药品和医疗器械以供备用。

（9）交通运输组。由宝安交通运输局牵头，宝路华运输集团有限公司、西部公共汽车公司、福海街道办、沙井街道办等相关单位参与。主要任务：负责组织应急疏散所需的客运输车辆。

（10）工程抢险组。由区住房和城乡建设局牵头，区环保水务局、区城管局、市规划国土委宝安管理局、宝安交通运输局，区建筑工务局、深水宝安水务集团有限公司、宝安排水有限公司、宝安供电局、宝安电信分局、市燃气集团有限公司宝安分公司、福海街道办、沙井街道办等相关单位参与。主要任务：负责评估现场施工工棚的安全等级，组织工程抢险施工力量，提供抢险技术方案，对损毁的房屋、交通设施及市政工程、水务工程设施进行抢险和维护，确保台风过后受安置人群能尽快返回各自生活区。

（11）新闻宣传组。由区委宣传部牵头，区空港办、区三防办、区应急办、福海街道办、沙井街道办等单位参与。主要任务：负责统筹相关部门发布灾情信息，宣传正面典型，做好应急安置过程的新闻处置工作。

4.4　会展片区的第三方巡查督导

4.4.1　巡查督导依据

（1）国家和行业有关工程质量安全管理的政策、法律法规、规章和规范性文件；

（2）国家和行业有关工程质量、安全的技术标准及强制性条文；

（3）工程设计文件、合同文件等；

（4）会展片区的各项制度；

（5）会展分指部的要求和《深圳国展及片区配套工程建设大纲》；

（6）《大气污染防治法》；

（7）《广东省建设工程扬尘污染防治管理办法（试行）》；

（8）《深圳市扬尘污染管理办法》；

（9）《建设工程扬尘污染防治技术规范》SZDB/Z 241—2017；

（10）《深圳市大气环境质量提升计划》；

（11）《深圳市 2017 年大气污染防治强化方案》；

（12）各项目各专业施工组织设计、专项施工方案等。

4.4.2 巡查督导组织流程

4.4.2.1 安全质量督导组织流程

（1）针对安全质量督导所发现的施工安全质量问题，督导组将进行整改跟踪。要求施工单位在整改完成后，通知监理单位检查验收，并留好相关的影像资料。督察组将不定期抽查整改记录或在必要的情况下原位复查。

（2）在督导过程中，项目各方对督导组反映的现场安全问题有异议时，双方应当场沟通、现场取证、得出结论，避免发生事后争执现象。

（3）质量安全巡查工作由大空港新城开发分指挥部相应的协调小组组织开展，具体巡查工作由协调小组牵头、片区各子项目单位参加，巡查组成员对巡查意见和评分负责，并在巡查记录表上签注。质量安全巡查工作应坚持公开、公平、公正、客观、紧抓关键、注重实效的原则。巡查组成员应自觉遵守各项廉政规定。

（4）质量安全巡查通过查看现场、查阅资料、询问核查、对单检查、随机抽检等方式开展。巡查对象是各项目的施工总承包单位和监理单位。巡查重点和关注点是危险性较大的分部分项工程、高风险交叉作业。

（5）质量安全管理部门每月开展一次质量安全巡查，覆盖分指挥部所辖在建工程项目。

4.4.2.2 防尘、防洪督导组织结构

成立空港新城片区建筑工地扬尘污染专项整治工作领导小组，由生态环保监管组组长区环保水务局兼任组长，市住房和城乡建设局、区住房和城乡建设局、区城管局、区空港办、福海街道办、沙井街道办、区交警大队、区质监站等为组员。行业管理部门责任人、建设单位项目负责人、施工单位项目负责人、监理单位项目负责人要各司其职、层层负责，确保全面落实扬尘污染防治措施。

4.4.3　巡查督导情况

（1）会展片区督导检查过程中发现安全装置设置基本符合要求；但在建设项目临时用电及消防、深基坑安全支护安全情况较差，主要存在电缆未架空、消防措施不足等情况；生活区用电及消防安全情况较差，宿舍内私拉乱接、违规使用大功率电器等现象；现场存在消防通道不足 4m，消防栓与配电箱安全距离设置不符合规范要求，电线裸露，车辆出入口降尘措施严重不足等情况；督导组督促各建设单位落实了安全生产文明施工主体责任，按照相关规范、标准要求具体督促落实，限期完成了各项目存在的安全生产文明施工问题的整改，保证了会展片区项目工程顺利开发建设。

（2）会展片区现场工程质量管理整体较好，质量评定资料齐全，内容完整合格；工程验收记录内容齐全，结论明确，签认手续完整；见证取样报告单齐全批次符合要求；产品质量证明书、产品合格证、型式检验报告参数及内容齐全有效；检测单位资质和人员、试验室资质齐全，测量仪器以及测量记录均符合规范要求；施工过程当中计量器具鉴定日期过期，监理未及时督促送检；部分场馆钢构件检测记录有遗漏。督导组针对以上问题进行了督导整改跟踪，确保了会展中心项目的质量安全。

（3）督导巡查过程当中发现河道、出海口涵管内外均有积淤，河道行洪宽度不足等情况，督导组督促各单位及时进行了清理作业，确保了会展中心截流河出海口畅通，满足了汛期安全行洪要求。

（4）会展片区扬尘督导工作过程当中发现部分地块扬尘较大、裸土未覆盖，部分地块存在道路部分未硬化现象，个别地段未设置人车分流，边坡防护措施不到位，部分地段无围挡，个别地块基坑坑边无防护等现象。空港办防尘督导组进行了频繁的督导及整改工作，使得国际会展中心项目整个片区的扬尘防治工作达到国家及省市片区环保及安全文明施工要求，保证了国际会展中心项目片区建设的顺利进行及人员生命安全及职业健康。

| 第5章 |

深圳国际会展中心项目及片区配套工程建设

5.1 深圳国际会展中心施工总承包工程

5.1.1 工程概况

5.1.1.1 工程基本情况和各参建方基本情况

工程基本情况和各参建方基本情况如表 5.1-1 所示。

工程基本情况和各参建方基本情况　　　　　　　　　　　　　　表 5.1-1

序号	项目	内容
1	工程名称	深圳国际会展中心（一期）
2	工程地址	深圳市宝安区宝安机场以北，空港新城南部
3	建设单位	深圳市招华国际会展发展有限公司
4	勘察单位	深圳市水务规划设计院有限公司
5	设计单位	Valode&Pistre 和深圳欧博工程设计顾问有限公司
6	监理公司	广州珠江工程建设监理有限公司
7	质量监督	深圳市建设工程质量监督总站
8	施工总承包单位	中国建筑股份有限公司

5.1.1.2 各专业设计简介

（1）建筑设计概况

会展各专业建筑设计概况如表 5.1-2 所示。

（2）结构设计概况

工程结构设计概况如表 5.1-3 所示。

建筑设计概况 表 5.1-2

项目		具体描述			
建筑概况	建筑功能	会展中心	建筑特点		多层公共建筑
	总建筑面积	160.0 万 m²	建设用地面积		125.53 万 m²
	地上建筑面积	91 万 m²	1 栋（展厅、登陆大厅、中央廊道）		86 万 m²
			2～12 栋（配套用房）		3 万 m²
	地下建筑面积	59 万 m²	容积率		0.75
	±0.00 绝对标高	7.00m	基底标高		−12m／−6.9m
	展厅	2 万 m² 18 个，5 万 m² 1 个，地上 1 层，局部 3 层，最高点 31m			
	登录大厅	540m×105m，2 个，地下 2 层，地上 3 层，最高点 44.5m			
	中廊	1700m×54m，1 个，地下 2 层，地上 2 层，最高点 38m			

工程结构设计概况 表 5.1-3

项目		具体描述			
结构概况	设计年限	大跨度钢屋盖：100 年；其余：50 年			
	结构形式	基础	桩基础	地下部分	钢筋混凝土框架结构
		1 栋地上部分	钢框架结构	2～12 栋配套	钢筋混凝土框架结构
	等级类别	抗震设防烈度	7 度	结构安全等级	二级
	混凝土强度	梁、板	C30/C40	地下／地上墙柱	C40
	钢材	钢筋采用 HRB400E、HPB300；钢结构主要采用 Q345B 材质			

（3）机电设计概况

机电设计概况如表 5.1-4 所示。

机电设计概况 表 5.1-4

项目		具体描述
机电总体概况	电气	采用 10kV 供电，从 2 个不同的 110kV 变电站分别引 12 路专用 10kV 电源，共 24 路 10kV 电源供电，配置 11 台柴油发电机备用
	给排水	生活总用水量最高日约为 15232m³／日，最大时约为 1560m³/h
	通风与空调	采用离心式冷水机组和风冷热泵机组，各冷站服务的展厅均独立运行
	消防	按约 50 万 m² 设置消防水池及泵房，1 号泵房一次火灾灭火用水总量为 2088m³，2、3 号泵房一次灭火用水总量分别为 3816m³

（4）建设目标

2015 年 9 月 14 日，市政府办公会明确深圳国际会展中心"一流的设计、一流的建设、一流的运营"三个"一流"的建设目标。

5.1.2　设计总承包管理

5.1.2.1　深圳国际会展中心设计总承包

深圳国际会展中心在投标阶段已明确采用设计总承包的方式推进各阶段设计工作。

（1）设计总承包管理的三个阶段

在各类项目中，设计管理的基本目的是相同的，管理方式则更具多样化。每个项目均有其特殊性，就深圳国际会展中心的设计管理重点，可分为三个主要阶段。

1）设计优化阶段：会展项目是全球第一个集地铁、市政道路交通、水力河道治理等市政设施同时开发建设的建筑工程，会展设计不但要考虑自身建设实施的时效性和便利性，还要为道路、桥梁、地铁、河道、市政综合地下管廊等市政设施的同步设计与建设创造有利条件。

在 2016 年初至 2016 年 9 月，设计单位与政府相关主管部门一起完成了会展片区城市设计与会展中心建筑初步设计成果的编制，以及主要市政条件的衔接工作，为后续的工程启动创造了坚实的基础。

2）工程启动阶段：设计要求协调与落实

为达到一流设计、一流建造、一流运营的目标，2016 年 9 月深圳市政府宣布由招商、华侨城与美国 SMG 公司组成中美联合的建设运营单位，同时德国 JWC 运营顾问同步参与会展建设运营标准的制定。

招商、华侨城与 SMG 提供了大量国际会展运营标准，并组织国内知名专家就部分关键问题进行了多次征询与讨论。许多重大事项需要对投资造价、施工工期、设计规范等进行全方位的评估判断，每一项重大决策都将对设计方向产生颠覆性的影响。与此同时，交通、消防、幕墙、景观、泛光、标识、室内、声学等 30 余家国内外一流的顾问单位先后加入设计总承包团队。

3）工程全面实施阶段：设计与工程的衔接

2017 年底，深圳国际会展中心进入全面建设阶段，超过 100 家设计和建设团队成员，每天有超过 2 万名建设工人奋战在项目的施工现场。随着工程建设的推进，市政设施衔接、工程组织、消防设计、屋顶形态、超大金属屋面等各类重大设计与技术课题的不断产生与解决，成为保障项目顺利建设的主要工作。

（2）深圳国际会展中心设计管理难点与措施

1）专项设计管理

深圳国际会展中心所具备的国际影响力吸引了国内外众多的优秀设计团队参与（图5.1-1），在设计联合体牵头协调的管理下，许多单位的倾力配合与不计成本的付出，为一流的设计做出了卓越贡献。

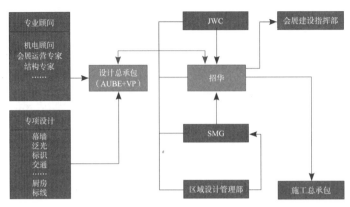

图 5.1-1 专项设计团队

2）质量管理——协定成果质量标准，成果多向分级审核

①难点一：质量标准的制定

设计文件的质量标准可在合同中参照行业标准进行约定。深圳国际会展中心项目在实际操作中，根据具体情况及时落实各专项设计成果标准，并与参与方达成广泛一致。专项设计的成果标准需要考虑造价核算、工程招标、现场施工、现场服务等项目关键环节的地域化因素。

②难点二：成果质量审核

鉴于深圳国际会展中心的规模，各专项设计成果的内容篇幅浩瀚，仅主体施工图的图纸就超过 1 万张，各专项设计图纸的相互审核、控制设计质量及设计风险的工作量巨大。深圳国际会展中心进行的各类专业评审达到上百项，充分保障各专项顶层设计的先进性。对各单位提供的成果提前落实各级校对、审核、审定的机制，并记录校审，对不同深度阶段的文件进行审核。设计文件提交后，各连带专项设计均需对设计成果进行评定。对 30 余项专项设计厘清相互关联，所有单位成果对外输出建立接收与审核机制，发动所有相关单位进行过程审核，把控设计成果质量。

3）信息管理——搭建信息交互平台，集约信息交互节点

信息交互平台，即所有设计信息的分类、提交、分发、归档系统，高效合理的信息交互平台是各单位协作的基础。

在设计管理环节，核心的难点在于信息梳理。需要区分重点，集约信息交互节点，建立相对唯一的信息出口。在深圳国际会展中心项目中，由设计总承包牵头，各个单位统一建立了唯一的信息出口与交互方式，确保各类信息的一致性。

5.1.2.2 深圳国际会展中心 BOD 一体化模式评价

深圳国际会展中心 BOD 一体化建设开发及其设计总承包方式，是立足于促进行业和城市片区的可持续发展，围绕会展建设全面分析深圳会展业定位，综合商业配套开发、场地和周边基建条件，带动城市经济等诸多要素后量身定做的成功模式。希望能够对国内其他大 / 中城市的会展建设和与之相配套的设计管理提供解决思路。

5.1.3 总承包施工管理

5.1.3.1 施工管理目标

施工管理目标如表 5.1-5 所示。

施工管理目标   表 5.1-5

项目	目标
工期目标	2017 年 7 月 20 日～2019 年 9 月 30 日
质量目标	确保取得深圳市优质工程；广东省优质工程；中国钢结构金奖；争创鲁班奖
安全生产 文明施工	确保"零伤亡、零事故"以及"五化"（亮化、硬化、绿化、美化、净化），争创国家"AAA 级安全文明标准化工地"
绿色施工	创"全国建筑业绿色施工示范工程"
科技目标	"中建总公司科技推广示范工程"（施工类、BIM 类）
消防管理目标	无火灾事故发生
CI 目标	中国建筑 CI 示范工程

5.1.3.2 施工总体部署

综合考虑桩基单位各区域移交时间及现场施工条件影响，安排各个区段施工流向。

（1）展厅整体施工流向——土建施工

1）首先，进行 A8、A9、C9 区的施工。

2）其次，根据桩基施工进展，进行 A11、C11、A12、C12、C6、A6、C7、C8、A4 区的施工；其中 A6 局部区域受电缆沟影响，后期施工。

3）随桩基移交，最后进行 A1、A2、C1、C2、A3、C3、C4、A7 区的施工（图 5.1-2）。

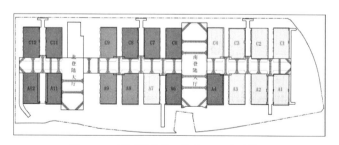

图 5.1-2 展厅整体施工流向——土建施工

（2）展厅整体施工流向——钢结构施工

受展厅设计、展厅土建施工顺序、登录大厅开挖等影响，展厅分 3 批开始施工。

1）首先，进行 A8、C9 区区域的施工。

2）其次，根据桩基施工进展，进行 C11、C12、C6、A6、C7、A8、C8、A4 区的施工。

3）随登录大厅工作面移交，开始进行 A1、A2、C1、C2、A3、C3、C4、A11、A12、

A7 区的施工（图 5.1-3）。

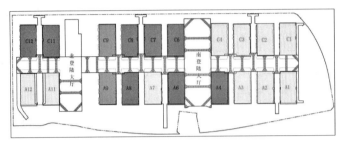

图 5.1-3 展厅整体施工流向——钢结构施工

（3）登陆大厅及中廊基坑整体施工流向——土建施工

1）进行 B2、B3、B4、B9、A5、C10、TD1、TD2、TD4、TD6 ～ TD8 区的施工。

2）随桩基移交，进行剩余基坑部分的 B1、B5、C5、A10、B6、B7、B8、B10、B11、B12、TD3、TD5 区的施工（图 5.1-4）。

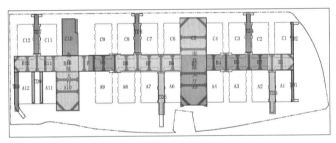

图 5.1-4 登陆大厅及中廊基坑整体施工流向——土建施工

（4）登陆大厅及中廊基坑整体施工流向——钢结构施工

1）根据土方开挖顺序，首先进行 B2、B3、B9、A5、C10、TD1 ～ TD8 区的钢结构施工。

2）随土方开挖底板移交，进行剩余 B1、B4、B5、B6、B7、B8、B10、B11、B12 区域的钢结构施工（图 5.1-5）。

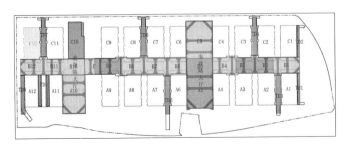

图 5.1-5 登陆大厅及中廊基坑整体施工流向——钢结构施工

5.1.3.3　工程重点、难点分析及对策

（1）管理类重难点分析表

管理类重难点如表 5.1-6 所示。

（2）施工类重难点分析

施工类重难点分析如表 5.1-7 所示。

管理类重难点分析表　　　　　　　　　　　　　　表 5.1-6

管理类重难点			
序号	重难点	分析	应对措施及保证措施
1	工期及计划管理是重点	体量大、单体多（含展厅、登录大厅、中廊及附属用房等）、专业多（包括土建、钢结构、幕墙、机电、精装、园林等）、工期短，按期完成合同范围工作内容难度大	（1）建立计划管理体系：总承包管理层设置计划管理师，工程部设置计划工程师，编制工程施工总进度计划、各类派生计划（如专业工程招采计划、图纸深化设计计划、资源支撑性计划等），下发相应计划给实施人。 （2）进度实施：根据整体施工部署，将公司施工区域分为七个区平行施工。 从技术、资源、管理等方面把控关键线路。 （3）进度检查与实时纠偏：实行每日碰头会及进度例会制度，将实际进度与计划进度比较，找出偏差、分析原因、研究措施、及时纠偏。 （4）进度考核与奖惩：推行"总承包项目计划管理系统"，关键节点实行"红黄灯"制度，与进度考核奖罚相挂钩
2	总承包管理是重点	专业分包多（含幕墙、机电、精装、园林等约 35 家），分包管理协调难度大	（1）组建总承包管理团队：配备齐全总承包管理、项目部、工区管理相关人员。 （2）强化总承包管理：对总承包实行"标准化、信息化"管理，将从进度、质量、安全、技术、商务、信息 6 方面建立管理制度，对分包进场、进度计划、深化设计、公共资源等 12 项内容进行全过程、全方位管理
3	总平面布置及交通组织是难点	（1）总平面布置难度大：工期紧且大面积同步施工，需布置大量加工场、堆场；东侧基本无堆场可用，二次转运量大；导流渠及截流河开挖等对场外施工道路存在较大影响。 （2）交通组织难度大：周边同期施工工程多（地铁、市政路、管廊、河道等）；土方外运及材料运输车辆进出场密集；施工机械多	项目部管理层配备公共资源工程师（各区 3 人），进行总平面及交通组织管理。 （1）充分规划现场可用场地，实现展厅钢结构施工高峰期在场外设置满足现场施工需求的构件堆场；投入平板车 18 台，可满足东侧施工材料的二次转运；设置跨导流渠及截流河的 3 号栈桥，连通场内外道路。 （2）设置 16m 宽场外道路（双向四车道）及路口岗亭等配套设施，专人负责交通疏解，控制车辆进出；大门设置 2 条快速自动洗车设备，并在西侧道路增设一条洗车槽，土方运输时实行三车道出，加快泥头车出场；场内临时道路边设置临时停车区，部分道路和大门采取单向行驶措施，保证主干道通畅；大型机械设备进退场时间主要安排在 22：00 ～次日6：00。实行人车分离制度，采用摆渡车接送工人上下班，西侧海缇路作为人员运输通道；现场限制非运输机动车进入

		管理类重难点	
序号	重难点	分析	应对措施及保证措施
4	安全生产、文明施工管理是重点	（1）劳动力多、大型机械设备多（包括塔吊、履带吊、汽车吊等），钢结构、幕墙、机电工程等大跨度、高空作业多，安全管理难度大。 （2）基坑面积大、平均开挖深度约9.7m，存在基坑坍塌、高处坠落、物体打击等风险。 （3）周边同期开发建设工程多（地铁20号线、风塘大道及管廊等），安全风险多。 （4）场地开阔、空旷且临海，雷雨、台风影响大。 （5）场地位于边境管理区，边防施工要求高。 （6）项目定位高，文明施工标准高	（1）总承包管理层设安全总监、安全副总监及安全部，项目部设安全总监，工区设置安全部；通过策划、方案、交底、人员、培训、验收、监督、应急预案等"八个到位"进行管控。 （2）按照"分区作业、区间平行"组织施工，基坑临边设置网片式工具化防护围栏，并设置安全警示标志。 （3）加强与周边同期开发单位的协调，提前制定应急预案，并提前进行复核及应急人员培训、机械物资贮备等工作；加强监测频率，提高位移、应力、水位等监测项目内控标准（达到设计允许值的60%时内部预警）；监测项目达到或超过报警值时及时实施应急预案针对性措施（如边坡卸载、坑底土方反压、临时支撑加固等）。 （4）成立台风应急小组，提前进行台风应急演练；必要时将人员撤离至政府指定避难场所；台风过后，由项目安全总监牵头进行复工检查。 （5）提前由项目行政部为场内人员及车辆办理边防证，并按边防管理相关规定组织施工。 （6）对因工艺技术要求需连续施工的工程（如底板大体积混凝土等），提前办理夜间施工许可证；采取管理措施、技术措施隔声降噪（如车辆禁鸣、装卸时轻装慢放、搭设泵车降噪棚）、防尘（如道路硬化、喷淋、使用干混或预拌砂浆等）、防水污染等
5	质量保障是重点	质量目标要求高（须确保深圳市及广东省优质工程奖、钢结构金奖、创"鲁班奖"）	总承包管理层设1名质量总监、2名质量副总监及质量管理部（5人），工区管理层设质量管理组（每区包括组长、质量工程师、实测实量专员等）；通过策划、方案、交底、人员、培训、验收等进行管控
6	桩基施工进度是协调重点	桩基单位场地交付时间的先后，影响后续工序及进度安排	（1）积极与桩基单位协调，按照总体施工部署，推进各区域的桩基移交，在时间和区域移交顺序上能够与后续土建及钢结构施工相匹配。 （2）各工区设现场专项人员，监督查看每天桩基的施工情况，每日上报，积极与业主、监理沟通，保质保量完成桩基施工

施工类重难点分析　　　　　　　　　　表 5.1-7

序号	重难点	分析	应对措施及保证措施
1	电缆沟影响	（1）跨过C5、B6、A6有多根110kV及10kV532m长的高压电缆需拆迁至南侧西侧新建电缆沟。 （2）电缆沟拆迁前将影响此沟下部的工程桩、安全范围的支护桩及内支撑的施工，造成登录大厅土方难以进行，从而影响南登录大厅、展厅A4、A6、C4、C6及中廊B5、B6的钢结构吊装，是影响工期的主要因素	（1）配合设计单位，及时完成分区支护方案，以便于尽早进行土方开挖及南登录大厅大部分的地下结构施工，为钢结构吊装创造条件。 （2）专人协调各有关单位，推动新建电缆沟的审批及图纸设计工作。合理分段组织新建电缆沟的施工组织，加大人力、物力的投入，加快施工进度。 （3）每周召开协调会，协助推进电缆沟迁改事宜。 （4）优化钢结构吊装方案，将电缆沟影响降到最低（图纸确定后细化吊装方案）

序号	重难点	分析	应对措施及保证措施
2	土方施工是重点	（1）基坑面积大、深度深（平均开挖深度约 9.7m）。 （2）根据地勘报告，淤泥厚度 6.8～12m，淤泥开挖、弃置难度大；土方开挖总量约 335 万 m³。 （3）基坑紧邻海边，可能出现局部基坑渗漏，土方开挖受海水潮位影响大。 （4）土方开挖适逢 2017 年雨季，场地有组织排水是关键	（1）根据施工部署，土方开挖分成七个区平行施工，各区按照"先撑后挖、分层开挖、严禁超挖"原则进行。 （2）采取"铺设砖渣＋面垫钢板或反铲接力"方式进行淤泥开挖。 （3）一旦出现基坑局部渗漏，立即停止土方开挖并用土反压，再采取坑外"双液高压注浆"堵漏，渗漏处理完成后方可进行后续土方开挖。 （4）合理布置进行坑顶设置截水沟，坑底设置排水沟、集水坑施工，形成有组织排水系统；投入足够数量设备及时抽排
3	底板大体积混凝土施工是重点	（1）地下室底板厚度多为 600mm、800mm，南北长约 800m，东西宽约 90m，属于超长结构，混凝土抗裂难度大。 （2）底板施工可能受地质勘探钻孔处微承压水上冒的影响	（1）提前编制完成专项施工方案，施工前完成方案审批，并进行三级书面技术交底。 （2）综合考虑搅拌站生产能力、运距、罐车数量等选定 4 家混凝土供应商。由商品混凝土公司根据选用原材料提前试配，配合比重采用低水化热水泥、控制好掺合料用量及碎石级配、不使用海砂、采用聚羧酸系高效减水剂等。 （3）采用"跳仓法"施工，混凝土浇筑前做好坍落度、入模温度等检测；浇筑过程中，结合道路交通情况（上下班高峰），提前规划好现场罐车候车区，加强罐车调度，保证浇筑连续
4	钢结构施工是难点	本工程钢结构工程量较大、结构体系繁杂，而且节点杂，连接形式繁多。结构现场吊装时安装应力及挠度控制难度较大	（1）根据不同的结构形式及结构特点成立各个深化设计分部，每个深化设计分部对本区域分别进行建模、并对各结构模型节点构造进行统一。 （2）在吊装就位必要时合理设置支撑架，确保挠度变形不会过大。根据施工跟踪仿真分析结果，采用合理的施工顺序。根据吊装分析，选用合理的吊点。施工安装过程中实时测量观测，以确保构件安装质量及安全。 （3）应用 Tekla 等专业软件；对中廊树权柱等节点进行有限元分析；应用 BIM 技术，进行碰撞分析
5	耐磨地坪施工是重点	地下室负一层楼面及展厅地面为耐磨地坪，施工工程量大，地坪施工平整度及抗裂控制难度大	（1）基层混凝土采用"跳仓法"施工，采用激光整平设备控制地面平整度，相邻仓块混凝土浇筑间隔 7d 以上。 （2）金刚砂耐磨面层分两次撒布，并采用"机械为主、手工为辅"进行镘光。 （3）基层混凝土浇筑完成 3d 后，切割分格缝，涂刷养护剂及洒水养护 7d。 （4）基层混凝土浇筑完成 21d 后，反复清洗地面至无泥水干燥后分两次涂刷液体固化剂，并再采用树脂磨片带水横竖细磨多遍。 （5）打磨抛光后，彻底清洁分格缝后采用密封胶填塞。 （6）加强对混凝土配合比的控制，由商品混凝土公司根据选用原材料提前试配，采用钢纤维混凝土、坍落度不大于 120mm，不使用粉煤灰

续表

序号	重难点	分析	应对措施及保证措施
6	防水施工是施工重点	本工程是深圳市重点工程,工程临近海边,地处填海软弱地基区域;地下室、屋面面积大;防水工程是本工程质量控制的重点	(1)提前编制完成防水施工方案,施工前完成方案审批,并进行三级书面技术交底。 (2)加强对防水细部施工节点的质量管控,对于卷材搭接长度、转角、变形缝、收头等做法要加强管理,保质保量。 (3)防水材料必须有出厂合格证,成批材料进场后,进行甲方、监理施工单位见证抽样,三方送检测机构检测,严格按国家现行规范进行复检。检测合格后方可使用
7	防止钢栈桥的偏移沉降及行车安全是重点	施工期间为深圳市雨季,栈桥基础周边环境及地质条件复杂,钢栈桥容易产生偏移、沉降。另外,现场共4座钢栈桥的行车安全也是施工重点	(1)在每三跨的桥面的左右两侧布设沉降位移观测点,沉降每天观测一次,位移每周观测一次,当发现沉降基本没有时,变为每周观测一次,或发现异常时观测,观测后做好记录。定期检测栈桥的偏移与沉降。 (2)进入栈桥的施工车辆限速15km、限重80t,超限车辆严禁通行;非施工车辆,未经许可严禁进入栈桥,禁止私家车、自行车、助力车、三轮车和摩托车等在栈桥上行驶
8	基坑及地下室施工阶段降排水是难点	本项目土方开挖深度约为9.7m,施工区域周边环境及地质条件较为复杂;项目位于深圳市,紧邻海边,基坑开挖及地下室施工期间为深圳市雨季,基坑排水量较大	(1)施工期间派专人负责检测降雨量及潮位变化,实时观测,做好降水排水工作的准备。 (2)提前编制完成基坑降水排水专项施工方案,施工前完成方案审批,并进行三级书面技术交底。 (3)土方开挖阶段,展厅区域内支路两侧设置排水支沟,东西主干道内侧设置主排水沟;基坑外侧设置排水沟及集水井,截住外部来水并排出基坑内排水

5.1.4 施工关键技术创新

5.1.4.1 基于BIM技术的特大型会展项目智慧管理

（1）工程特点

1）体量大,工期紧。深圳国际会展中心总建筑面积达158万 m^2,地处临海滩涂区,淤泥土方的开挖与转运超过360万 m^3,钢结构安装量达27万t。工期仅710d,却跨两个台风雨季施工,跨两个春节劳动力资源调配。

2）多专业并行施工,协调管理难度大。土建总包2家、钢结构总包1家、幕墙分包7家、精装修分包5家,其他各类专业分包近30家。

3）周边单位协调工作大。项目集地铁、市政道路及设施、水利及河道治理同时开发建设并投入使用。

4）资源投入量大。7个工区平行组织施工,用工高峰期,现场劳动力近2万人,321台大型机械设备,48台塔吊同期投入使用,日进场和转运材料超过15万t。

（2）智慧管理实施策划

1）实施目标

编制项目的智慧工地管理相关标准,完成各专项应用,辅助风险识别,提高项目整体管理水平，在工程建设全过程对多参与方进行协同管控，提高整体协作效率。为工程建设的顺利实施提供有力的技术保障。

2）组织架构

本项目依托大数据平台，将规划、建设、管理统一在平台中，数据互联互通，提升人工智能管理协同办公、进度、质量、安全和绿色环保等方面的施工管理，探索全新的管理模式，打造智慧工地三级架构，如图 5.1-6 所示。

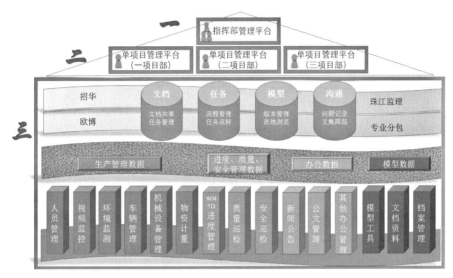

图 5.1-6　智慧工地三级架构

①指挥部管理平台

实现项目整体目标执行的可视化、基于生产要素的现场指挥调度、基于智慧工地管理平台的项目协同管理。充分利用物联网技术和移动应用提高现场管控能力。通过 RFID、传感器、摄像头、手机等终端设备，实现对项目建设过程的实时监控、智能感知、数据采集和高效协同，提高作业现场的管理能力。

②单项目管理平台

通过整合终端应用集成现有系统，利用云平台进行高效计算、存储及提供服务，实现对各项目部管理范围内的生产管理、质量管理、安全管理、经营管理等目标执行监控。

③工具管理层终端工具应用

聚焦于工地现场实际工作，紧密围绕人、机、料、法、环开展建设，提升了各岗位工作效率，实现了项目专业化、场景化、碎片化管理。广泛应用新技术，形成"端＋云＋大数据"的管理模式，打通一线操作与后台监控的数据链条，打造智能化、信息化管理，实现项目现场精益管理。

3）平台创建

项目开发智慧工地管理平台，集成了塔吊防碰撞系统、GPS 定位管理系统、物料验收称重系统和物料跟踪系统、质量和安全巡检系统、多方协同系统，运用了无人机逆向建模和热感成像技术以及 TSP 环境监测系统对现场进行智慧管理。项目指挥部以智慧大屏实时动态展示，并与 BIM 结合应用，便捷高效地进行信息化管理，如图 5.1-7 所示。

图 5.1-7　智慧工地管理平台

（3）信息化管理实施内容

1）劳务实名制系统；

2）无人机巡航应用；

3）塔吊监控系统；

4）人机定位系统；

5）物料跟踪验收系统；

6）环境监测系统；

7）BIM 技术应用；

8）多方协同系统；

9）"OA" 办公系统。

（4）实施效果及总结

1）经验教训

①新技术、新模式的实施不容易被大家接受，而且项目部门、参建方数量多，在现场数据采集、录入工作量大，对管理人员提出了更高的要求，只有实现高效准确地进行数据

采集、录入、存储和读取，才能让这些数据真正流动起来。

②智慧工地管理平台不够完善，应用过程中存在软件缺陷，导致部分功能无法达到应用预期。

③网络通信技术是 BIM 技术应用的沟通桥梁，由于项目体量大，在网络建设过程中遇到了极大的难题，如何建设适合特大型会展项目的网络通信应是后期的重点考虑对象。

2）未来展望

未来，建筑施工决策最重要的依据应该是系统的、成片的、动态的数据流，而不应该是个人经验或项目负责人的意志。如何收集、保存、维护、管理、分析、共享呈指数增长的建筑施工数据是未来我们需要面对的重要挑战，这也是实现智慧管理的关键。

要实现智慧工地，就必须做到不同项目成员之间、不同软件产品之间的信息数据交换，由于这种信息交换涉及的项目成员种类繁多、项目阶段复杂且项目生命周期时间跨度大，以及应用软件产品数量众多，只有建立一个公开的信息交换标准，才能使所有软件产品通过这个公开标准实现互相之间的信息交换，才能实现不同项目成员和不同应用软件之间的信息流动。

5.1.4.2　大面积耐磨地坪施工技术

（1）耐磨地坪涉及区域

本工程地下室耐磨地坪施工面积较大，区域集中在 B1-B12、南北登陆大厅、TD1-TD8 区域地下一层、地下二层的地下车库、卸货区、人防区域、电梯厅、车道出入口、通信基础、车库出入口、前室、避难通道、货运通道。

（2）面层做法

地下一层及地下二层分别为 100mm 和 200mm 厚 C30 钢筋混凝土，集水坑周边 5m 范围内 1% 找坡，随打随抹光，内置 $\phi6@150$ 双向成品焊接冷拔钢丝网，非金属耐磨骨料用量不小于 $6kg/m^2$，集水坑周边 5m 范围内 1% 找坡。

（3）耐磨地坪施工关键技术

1）基层处理

①基层清理

施工前将基层杂物、积水清理干净，并确认在混凝土基层上没有任何可压缩层或膨胀物质，将基层凹凸物垃圾清理干净。

②基层连接处理

针对地下室耐磨地坪面层与结构基层连接影响施面层效果采取两种连接方式：粘接式和滑动式。

（a）滑动式连接

滑动连接即耐磨混凝土面层与结构基层不连接，独自成体系，减少找平层混凝土板收缩时与基层产生约束力，减少面层混凝土板收缩裂缝。

常见采取的滑动式连接方式为在底板增加疏排水板，其余楼层增加塑料薄膜或 PE 膜。

底板采用高度 20 ～ 50mmHDPE 高密度聚乙烯疏排水板，疏排水板凸点朝下，起到疏散地下底板渗水，搭接部位长短边采用熔化连接方式，搭接部位底部设置水泥砂浆垫块，避免混凝土施工时此部位下限导致混凝土面层开裂；其余楼板层采用 0.14 ～ 18mm P.E.Film（聚乙烯膜）安装成一层，施工时会特别注意，以免破损。两张 PE 膜搭接部分需重叠 20cm 以上，铺设施工缝时连接部分不得出现开胶情况，为避免混凝土施工时给柱子等其他周边结构物造成污染，应事先做好覆膜成品保护工作。

（b）粘接式连接

粘接式连接目的：增加找平层与原基层粘结面积，提高找平层与基层之间的粘结力。一般用于地下室坡道部位。

铣刨做法：采用铣刨机将坡道粘结型的区域基层全部铣刨，让基层露出骨料；并让基层地面产生坚硬粗糙的锯齿纹理。此工序可增加与基层的粘接面积，为基层与找平层粘接提供良好基础。

泡水做法：采用清水将地面充分泡水 1d 以上，混凝土浇筑前将多余的水全部吸干净，充分泡水有利于提高基层与找平层的粘结力，混凝土施工时确保表面无多余积水，保证地面清洁，有利于涂刷界面剂，减少找平层混凝土的收缩变形。

2）弹线分仓

按施工排布规划分区深化平面图。按照施工轴线，一般分仓选择"矩形"方式，单块分仓不超过 700m²，因矩形分仓，平整度及标高控制方便，不易产生高低不平部位，避免切缝部位空鼓。施工时需合理地规划分仓施工排布规划，优选出一条施工行车路线，避免影响其他专业施工，这样，才能在实际施工时让地坪呈现出完美的规整度，从而做出优质的地坪。

3）墙柱隔离缝

隔离缝布置目的：在墙体、柱子、设备基座四周与混凝土板接缝的地方，采用分隔缝隔断混凝土板与结构体之间的连接，并留下混凝土板的胀缩空间，避免因结构体的约束和结构变形沉降产生约束受限型裂缝。

做法：因为隔离缝的施工目的是与基础结构体分离，需要满足混凝土胀缩时可以移动，隔离缝施工需要使用弹性泡沫聚乙烯材料，墙边及柱边使用 10 ～ 15mm 以上厚度的隔板，以 FL+0 标准施工。如图 5.1-8 所示。

4）特殊部位补强

①施工缝部位

在分仓模板缝处地面易出现错层、翘曲、破损等现象，在施工缝两侧混凝土中间位置设计安装传力杆套件，形成荷载传递结构，让此处混凝土板块之间可水平自由收缩，并限制混凝土边沿垂直收缩。传力杆套装还能将施工缝两侧混凝土板块之间的荷载相互传递，可降低混凝土翘边风险，如图 5.1-9 所示。

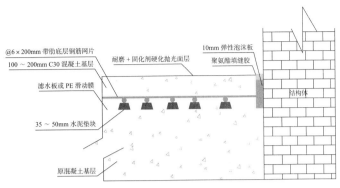

图 5.1-8 结构体与混凝土连续处隔离缝做法剖面图

图 5.1-9 模板缝处传力杆安装实景图

②附墙柱边

在边柱外侧、设备基座阳角处，无法诱导切缝释放混凝土收缩应力的区域，额外安装加强钢筋放射网片，以减少阳角区塑性开裂的风险。将所有施工区域内的边柱、设备基座有 90° 硬直角的区域，采用焊接加强钢筋网片进行加固处理，加强钢筋网片采用 ϕ10mm 螺纹钢网片，规格长 600mm × 宽 300mm × 竖向间距 300mm，在每个硬直角放置 1 片，网片安装高度设计在混凝土找平层面层往下 20 ± 5mm。如图 5.1-10 所示。

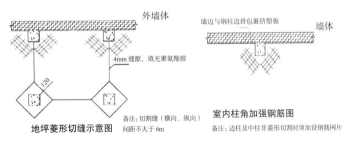

图 5.1-10 中柱隔离缝、硬塑角补强防裂示意图

5）混凝土浇筑

①钢筋网片施工

按照分仓浇筑施工顺序安装钢筋网片，做到边浇筑混凝土边安装钢筋网片。网片之

间搭接长度为 300mm，面层网片在切缝处断开。钢筋安装时底部钢筋网使用 35～50mm 厚成品水泥垫块垫起，上部钢筋网使用钢筋马凳垫至混凝土面层往下 20±5mm 的位置。

②混凝土施工

根据施工顺序图施工时，保证混凝土连续供应。首先使用坍落度测试桶对每一罐到场混凝土进行测试，保证其坍落度为 140+10mm 方可使用，此区域施工采用拖拉机二次转运混凝土。地面钢筋网应根据整平机每次操作长度垫起，保证其运输车辆不行走在垫起的钢筋网上。混凝土罐车停放在甲方及总包方指定施工区的邻区进行混凝土输送，采用人工先对边角区混凝土进行初平，初平后比地坪完成面标高略高 5～10mm，然后采用 3.0 激光整平机整平；整平时机器可对混凝土先进行粗平，后精确平整（图 5.1-11），每次整平工作范围：长 3.5m×宽 3m，在混凝土整平过程中，每次工作时的搭接处须重复 0.5m，以提高混凝土地坪表面 FL（水平度）数值。

③当混凝土激光整平后，使用 3m 推杆进行 2 次"十字"交叉表面推平，尽可能去除表面浮游物、泌水，第一次人工提高地坪表面 FL、FF 值。当混凝土初凝到人站立在混凝土表面脚印深度 20mm 时，工人穿戴网鞋采用 3m 方板刮尺 2 次"十字"交叉切割、刮平混凝土表面，刮平因混凝土坍落度不一所产生的收缩凹凸面；第二次提高地坪表面 FL、FF 值。当混凝土初凝到脚印深度 10mm 时，再次采用 3m 方板刮尺 2 次"十字"交叉切削、刮平混凝土表面；第三次提高地坪表面 FL、FF 值。如图 5.1-12 所示。

图 5.1-11　激光整平机激光铺设混凝土施工　　　图 5.1-12　3m 刮尺对混凝土多次刮平

6）非金属骨料硬化剂施工

①混凝土表面第一次提浆。使用 60～90kg 级的单脚磨平器（附着合金材质铁盘），进行混凝土第一次提浆作业。有规则性地运行全部区域，表层面不得出现凹凸不平现象，并根据地面初凝情况，第一次按 $1m^2/3kg$ 用量均匀地撒布粉末耐磨材料作业。

②提浆、撒布粉末耐磨材料施工过程中需要确认标高，且同步进行补正工作，采用 3m 方板刮尺找平补正，当第一次提浆作业完成后，采用 3m 方板刮尺以十字交叉的方式进行 4 遍刮平补正作业。第四次人工提高地坪表面 FL、FF 值。如图 5.1-13 所示。

图 5.1-13　3m 刮尺对耐磨层多次刮平

　　③混凝土表层第二次收面提浆，当混凝土表面凝固到一定硬度，使用 800kg 级的双脚磨平器，进行混凝土表面第二次提浆作业。有规则地运行全部区域，表层面不得出现凹凸不平的现象。不固定施工过程中需要确认标高，且同步进行补正工作。补正后，根据地面平整度和泌水情况进行第二次按 $1m^2/2kg$ 用量均匀地撒布粉末耐磨材料作业，确保地面规整度和表面泌水均匀。

　　④混凝土表面完成面施工，使用 400kg 以上双脚磨平器附着四角翅膀型塑料或钢铁，进行混凝土完成面收光施工；调节速度和强度，将地面抛出光泽，不得过度抹光施工，适当结束。如图 5.1-14 所示。

图 5.1-14　耐磨面层打磨收光

5.1.4.3　1800m 长单层箱型屋盖支撑体系技术

（1）中廊及中廊屋盖概况

　　中廊结构形式为：钢框架＋树杈柱＋单层箱型双曲斜交网格拱形钢罩棚体系。中廊贯穿深圳会展中心项目南北，总长约 1800m，由变形缝划分为 120 ～ 299.5m 的 11 个单体。屋盖跨度约 42m，结构标高呈 34.67 ～ 42.25m 曲线变化。

　　中廊由箱型杆件组成，杆件间距 6m，材质为 Q345B。中廊采用"地面拼装、胎架支撑、原位吊装"的安装方法，采用 150t 履带吊退装施工。屋盖最大分片尺寸为 30m×9m，重量约 24t。吊装照片如图 5.1-15 所示。

图 5.1-15　中廊吊装照片

（2）贝雷架支撑体系设计

贝雷架支撑措施主要包括支撑胎架设计（包括贝雷架埋件、底座顶座，以及顶部工装等）和支撑点设计两部分。

1）贝雷架设计

贝雷架主要包括顶梁胎帽、底座胎帽、竖向花窗片、横向花窗片、贝雷片阴阳头连接件组成。两片贝雷片通过连接销进行连接，连接销必须与保险销配套使用；花窗片与贝雷片通过安装螺栓进行连接；贝雷架支撑与底座、顶梁胎帽通过标准化阴阳头连接件进行连接，阴阳头连接件与胎帽要求焊脚高度大于 7mm 的角焊缝进行连接。立面示意如图 5.1-16 所示。

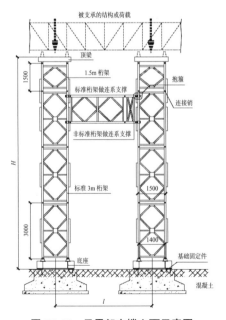

图 5.1-16　贝雷架支撑立面示意图

中廊边跨胎架采用单层五排的形式,如图 5.1-17 所示。中跨胎架采用双层三排的形式,如图 5.1-18 所示。

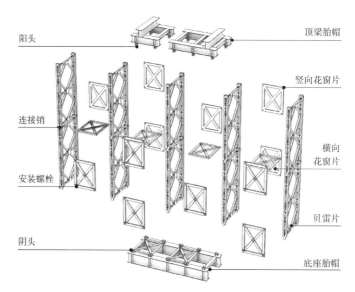

图 5.1-17　单层五排贝雷架构造设计

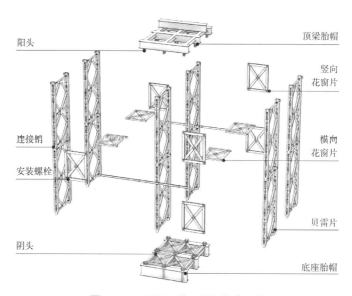

图 5.1-18　双层三排贝雷架构造设计

2)支撑点设计

根据中廊分片形式,中廊胎架每排设置 4 组,每段中廊设置 8 ～ 9 排胎架,胎架之间设置联系胎架,保证整体稳定性,顶部支撑采用 H 型钢或圆管,中廊每个施工段设置不同支撑点。由于中廊每排支撑胎架高度不同,所以顶部结构支撑措施各不相同,根据不同的

结构标高设计不同的顶部工装。顶部工装采用 H 型钢或圆管焊接组装而成。如图 5.1-19 ～
图 5.1-21 所示。

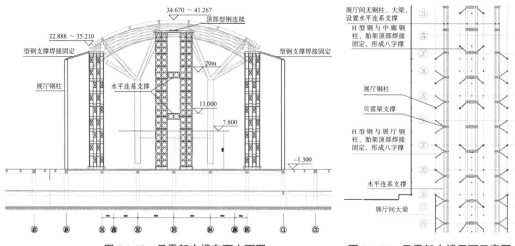

图 5.1-19　贝雷架支撑东西立面图　　　　图 5.1-20　贝雷架支撑平面示意图

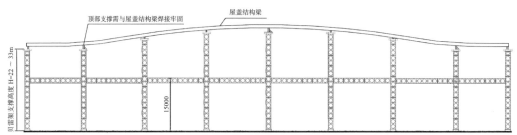

图 5.1-21　贝雷架支撑南北立面示意图

（3）贝雷架防台风设计

1）缆风绳设计

本工程贝雷架支撑高度达到约 30m，在贝雷架标高 25m 的四角拉设缆风绳，缆风绳应
采用不低于 $\phi17.5$ 钢丝绳，结构稳定后，缆风绳不能拆除，缆风绳拉结可靠，下端可拉设
在相邻地面钢柱柱头上。遭遇极端天气时，在胎架中部约 15m 标高四角增加一道缆风绳。

2）型钢支撑设计

边部贝雷架采用不小于 H250×250 的型钢，将贝雷架支撑顶部与展厅钢柱焊接连接，
每个胎架不少于两道型钢连接，两道型钢呈"八"字形与贝雷架连接，两根型钢角度不小
于 45°，型钢与贝雷架、钢柱搭设长度不小于 500mm，型钢支撑与贝雷架支撑搭接范围内
满焊，使贝雷架附着于展厅稳定的结构上，加强贝雷架胎架的稳定性。当贝雷架支撑搭设
在两个展厅之间，型钢支撑连接在展厅间大箱型钢梁上。

中部贝雷架，采用不小于 H250×250 的型钢，将中部两排贝雷架支撑与相邻的中廊钢柱焊接连接。型钢支撑在贝雷架支撑立起后应及时进行连接焊接固定。

加固效果图如图 5.1-22 所示。

图 5.1-22　边部和中部支撑胎架型钢加固效果图

3）水平连系支撑

中部相邻两个贝雷架支撑，设置纵横向水平连系支撑，横向第一道水平连系支撑约13m 标高，第二道水平连系支撑约 20m 标高，现场根据架体实际情况可上下微调水平连系支撑标高。顶部采用不小于 H250×250 的型钢将两组贝雷架支撑连接在一起，同时设置水平通道及防护栏杆，施工人员可在两个支撑胎架顶部安全通行。纵向设置一道水平连系支撑，设置在 20m 标高。

边部贝雷架支撑，南北向采用水平连系支撑连接，根据贝雷架支撑的高度，在 15m 标高处设置。

连系支撑长度模数与支撑实际的距离不对应时，使用型钢（15 号槽钢双拼或 H150型钢）制作成桁架作为调节段，与连系支撑和贝雷架体通过销轴连接。效果图如图 3.1-23所示。

图 5.1-23　水平连系支撑效果图

（4）贝雷架安全防护设计

1）垂直通道

每一个中廊施工段设置一个垂直通道，垂直通道设置在贝雷架支撑旁，具体位置需根据现场施工场地条件设置，设置在第一榀屋盖吊装单元的贝雷架支撑旁，并与展厅钢柱、相邻的贝雷架支撑连接固定。如图 5.1-24 所示。

2）水平通道

在连接垂直通道的屋盖梁上设置水平通道，水平通道底部采用∟75×50×5角钢间隔1.2m 一道横向放置，角钢长 1.2m，角钢与梁上翼缘焊接固定作为通道底部支撑，在焊接牢固的角钢上并排铺设 3 块钢跳板，钢跳板与底部角钢连接固定，两侧设置 1.5m 高防护栏杆及扶手，采用∟50×5 角钢设置，扶手上设置防护网。现场可通过切割底梁角钢的肢高调整钢跳板的平整度。如图 5.1-25 所示。

图 5.1-24　垂直通道布置

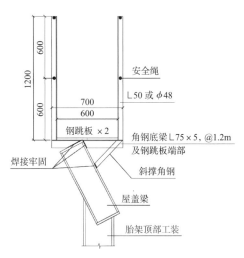

图 5.1-25　水平通道布置

3）钢爬梯及休息平台

每个中廊区段设置一个垂直楼梯，供施工人员上下通行，同时在贝雷架支撑上设置爬梯作为临时上下操作平台的垂直通道，支撑攀登时，在贝雷架支撑设置 2～3 个防坠器。防坠器交换处设置休息平台，休息平台每隔 8m 设置一个。

边部五排单层贝雷架，休息平台设置在贝雷架内部水平花窗上，水平花窗上∟75×5角钢，角钢上铺设钢跳板，角钢、钢跳板与花窗、贝雷片绑扎牢固，在两侧贝雷片 0.6m、1.2m 高拉设安全绳，外围设置安全防护网，休息平台外挑 600mm，挑出端部设置 1.2m高∟50×5 的防护立杆，外围满铺安全网。休息平台在贝雷架支撑地面拼装时同步搭设。如图 5.1-26 所示。

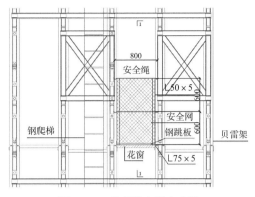

图 5.1-26 边部休息平台布置

中部三排双层贝雷架，休息平台设置在两组贝雷架支撑之间的水平连系支撑上。在两端连系支撑上设置 ϕ48 钢管或更大规格的方管、槽钢，用作底部支撑，与连系支撑焊接或捆绑牢固，每隔 600mm 设置一道。在底部支撑上铺设钢跳板，钢跳板与底部支撑绑扎牢固，外侧 0.6m、1.2m 标高处拉设安全绳，并满挂安全网。在休息平台旁挂设钢爬梯。在休息平台下方的水平连系支撑上满铺安全网。如图 5.1-27 所示。

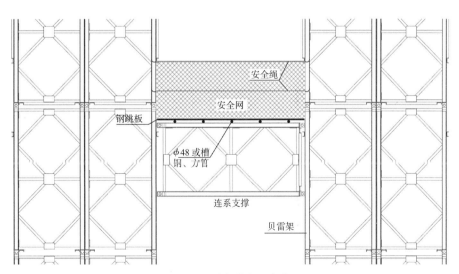

图 5.1-27 中部休息平台布置

4）顶部操作平台

中部贝雷架支撑操作平台焊接固定于顶梁节上，底部铺设钢跳板。防护立杆与梁位置冲突时将防护立杆移到梁两侧，水平横杆根据梁标高调整。防护立杆采用 ϕ48 钢管，钢管底部与顶梁满焊固定，高度不小于 1.5m，中间设置两道 ϕ48 水平横杆，水平横杆 750mm 一道。如图 5.1-28 所示。

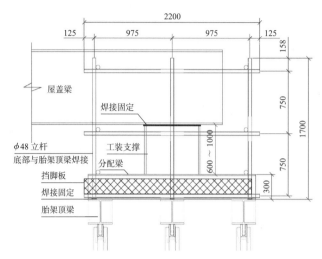

图 5.1-28　中部操作平台布置

　　边部贝雷架支撑操作平台，因中廊梁呈倾斜就位，在贝雷架支撑顶部分配梁上搭设高位、低位两个操作平台。高位操作平台防护立杆采用 $\phi48$ 钢管，钢管底部与顶梁满焊固定，高度不小于 1.5m，中间设置两道 $\phi10mm$ 的安全绳，安全绳高度需与梁错开。低位操作平台防护立杆采用 $\phi48$ 钢管，钢管底部与顶梁满焊固定，高度不小于 1.5m，中间设置两道 $\phi48$ 水平横杆，水平横杆 750mm 一道。如图 5.1-29 所示。

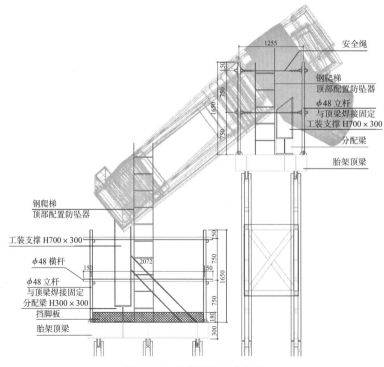

图 5.1-29　边部操作平台布置

5）防碰撞措施

每一个贝雷架支撑外围 1.5m 设置铁马进行围挡，防止过往车辆碰撞，在贝雷架体 2m 标高位置设置反光条，给行人及车辆示以明确的警示标识。如图 5.1-30 所示。

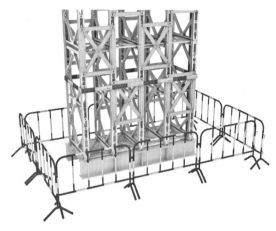

图 5.1-30　防碰撞措施

（5）贝雷架监测变形监测

为了保证屋盖结构安装过程的安全，避免贝雷架支撑措施出现失稳、倾覆或倒塌，宜对其进行现场监测。现场选取吊装过程和卸载过程的最不利工况进行监测，以掌握控制点的变位和控制截面的应力变化，确保支撑措施结构安全和控制点的变形满足要求，以达到屋盖结构安装施工满足规范设计要求。

观察支撑措施变形通过在支撑措施主要承重立柱和顶部分配梁上贴反射片，检测立杆变形。支撑措施的施工监测流程主要分为：布置监测点→布设反光棱镜→位移沉降观测→数据成果误差分析→编写监测报告。如发现有较大变形或监测数据有突变及与理论值有较大出入，应技术寻找原因，分析问题，制定解决方案。

5.1.4.4　液压同步提升技术在大跨度单层屋盖钢结构施工中的应用

（1）提升思路及流程

根据下部混凝土结构情况，结合单层屋盖结构的特点，将整个钢罩棚分为两个提升区域进行分区域液压整体同步提升。

在钢柱两侧及跨中设置门架作为提升支架，布置液压提升器，并通过专用钢绞线与设置在地面拼装屋盖结构的下吊点连接，通过液压提升器的伸缸与缩缸，逐步将其提升至设计标高位置，锁紧提升器，安装立柱及树杈后进行分级卸载，安装工作完成。采用液压整体提升的施工方法可以将大量的钢结构杆件以及檩条等在混凝土楼面进行拼装，减少了高空作业量，对施工工期及施工安全有极大的提升。

根据模拟计算结果在需要设置提升点的位置标准化胎架用以提升。

（2）提升流程

提升流程如图 5.1-31 所示。

图 5.1-31 提升流程图

1）钢结构提升单元在其安装位置正下方楼面上拼装成整体。

2）安装提升门夹，并在顶部设置提升平台（上吊点）。

3）安装液压同步提升系统设备，包括液压泵源系统、提升器、传感器等。

4）在提升单元与上吊点对应的位置安装提升下吊点临时吊具。

5）在提升上下吊点间安装专用底锚和钢绞线。

6）调试液压同步提升系统。

7）张拉钢绞线，使得所有钢绞线均匀受力。

8）检查钢结构提升单元以及液压同步提升的所有临时措施是否满足设计要求。

9）确认无误后，按照设计荷载的 20%、40%、60%、70%、80%、90%、95%、100% 的顺序逐级加载，直至提升单元脱离拼装平台。

10）提升单元提升约 250mm 后，暂停提升。

11）微调提升单元的各个吊点的标高，使其处于水平，并静置 4 ~ 8h。

12）再次检查钢结构提升单元以及液压同步提升临时措施有无异常；确认无异常情况后，开始正式提升。

13）提升过程中采取"分级提升、监控变形"的方式。提升过程整体分为两级，前 5m 高度提升为第一级，5m 至设计标高以下 200mm 为第二级。第一级，提升器走完一个行程 500mm，现场对屋盖位移及变形情况进行检测，反复 3 次，确认无误后继续提升；第二级，提升器走完 3 个行程 1500mm，现场对屋盖位移及变形情况进行检测，确认无误后继续提升；直至屋盖距离安装标高 200mm。

14）测量提升单元各点实际尺寸，与设计值核对并处理后，降低提升速度，继续提升钢结构接近设计位置，各提升吊点通过计算机系统的"微调、点动"功能，使各提升吊点均达到设计位置，满足对接要求。

15）钢结构提升单元与上部结构预装段对接，形成整体。

16）钢结构对接工作完毕后，液压提升系统各吊点同步分级卸载，使钢结构自重转移至钢结构支撑柱上，达到设计状态；最后拆除液压提升设备及临时措施，提升作业完成。

（3）提升工艺

1）液压提升关键技术及设备

①超大型构件液压同步提升施工技术；

②液压提升器；

③型液压泵源系统；

④计算机同步控制及传感检测系统。

2）提升吊点布置原则

①满足提升单元各吊点的理论提升反力的要求，尽量使每台液压设备受载均匀；

②尽量保证每台液压泵源系统驱动液压设备数量相等，提高液压泵源系统利用率；

③在总体控制时，要认真考虑液压同步提升系统的安全性和可靠性，降低工程风险。

3）提升吊点设计

提升吊点设置需遵循如下原则：

①尽量使用原结构柱作为上部吊点承力结构。

②结构柱不满足提升需求时考虑加强结构柱或增设临时性措施作为上部吊点承力结构。

③所有临时性措施均需进行碰撞校核，避免在结构提升过程中与结构冲突。

④结构柱及临时性措施均需根据计算反力及当地荷载情况进行竖向承力及侧向稳定性的验算。

⑤提升吊点应对称、均匀布置，如图 5.1-32 所示。

⑥不宜采用形式过于复杂的临时性措施。

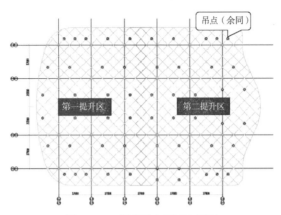

图 5.1-32　提升吊点平面布置图

4）提升塔架（上吊点）设置

根据原结构受力体系特性和结构提升吊点的布置，综合考虑各因素，在钢柱周围、跨中布置塔架，塔架组成有四类，如图 5.1-33 所示。

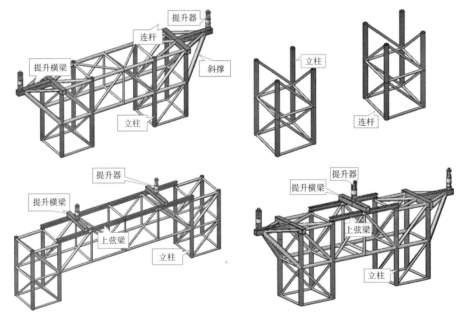

图 5.1-33　提升塔架设计图

5）提升塔架（下吊点）设置

提升下吊点与被提升屋盖结构相连，再通过提升专用地锚、钢绞线与提升上吊点液压提升器相连，通过提升器的反复作业完成结构的提升工作。

本工程下吊点均采用直接焊接下吊具的方式（与原结构焊接），具有结构简便、利于施工、措施最优的特点。具体如图 5.1-34 所示。

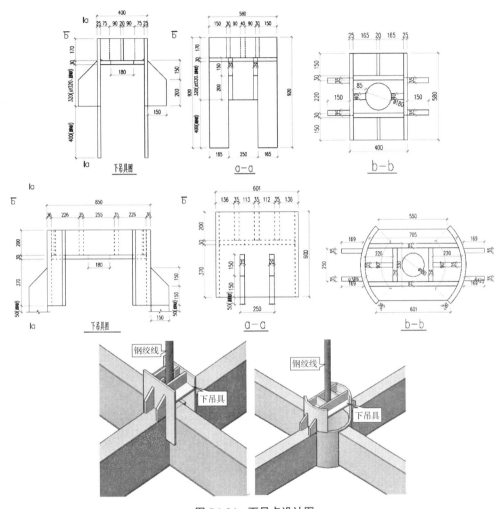

图 5.1-34　下吊点设计图

6）屋盖提升异常时的调整措施

采用上述两种方法对屋盖进行提升时的监控，如果测量数据超过允许范围，则需对屋盖进行必要的调整，使其满足结构稳定性及刚度的要求。

①对提升吊点同步不一致的调整

当监控到屋盖同步性不一致时（超过一定差值），停止屋盖的提升，同时对相应提升吊点进行微调。

②对屋盖挠度变化较大的应对措施

屋盖正式提升前需先对屋盖进行试提升，在屋盖提升至一定高度后静止并保持一段时间，观察屋盖各监测点的挠度值：如屋盖的最终挠度值未超过施工验算的最大挠度值，或者稍大于最大挠度但未超过屋盖图纸规定最大计算挠度，则可继续提升；如屋盖的挠度变形较大且幅度超过验算的最大挠度，同时有持续增加的趋势，则需立即将屋盖落至地面并进行有效支撑，待查明原因并解决后再提升。

③屋盖水平位移的调整

如屋盖提升过程中屋盖发现有水平位移，则应通过将手拉葫芦固定在钢管混凝土柱上，然后通过葫芦将屋盖轻轻牵引至设计坐标位置，确保屋盖提升精度。

（4）施工模拟仿真

采用 MIDAS GEN 程序进行有限元模拟，主结构采用梁单元。

在不同的施工次序下，结构变形情况不同，通过计算机模拟施工过程，选择最优施工次序以指导施工。

对整个关键施工顺序进行计算分析后，各关键施工步骤下结构的最大竖向位移及最大杆件应力结果如图 5.1-35 所示。

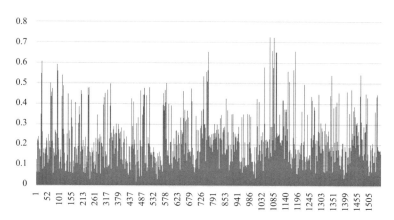

图 5.1-35 应力统计图

根据施工模拟分析结果，结合设计院提供的预起拱参数，在提升前对屋盖结构各部位进行预起拱。同时，对结构杆件进行补强加固，确保提升施工安全。提升照片如图 5.1-36 所示。

图 5.1-36 南登录大厅提升

5.1.4.5　分叉柱柱内穿铸钢件不锈钢虹吸管道安装施工技术

根据建筑设计要求，半开放式的南、北登录大厅及中央廊道，由于往来人流量大，建筑师希望此部分的虹吸管道不像展厅一样采取外露钢柱的安装方式，避免影响视觉效果。因此设计通过结构专业配合，将南、北登录大厅及中央廊道钢柱与铸钢件开洞，管线由柱内通过再连接顶部天沟，最终达到设计意向。如图 5.1-37 所示。

由于安装在钢柱及铸钢件内部，因此，部分管道须预先制作安装，同时，这部分管道的安装应与钢结构专业紧密协同。

图 5.1-37　虹吸排水管道柱内进出布置

涉及钢柱内虹吸安装的包括南北登录大厅：A1、A4、A7、A10、A13、A16 轴交 5N/10N、5B/10B 轴；C9、C12、C15、C18、C21、C24 轴交 5N/10N、5B/10B 轴，共 48 处钢柱。

中廊：1B、1Q、1T、2Q、2R、3Q、3T、4N、5A、5P、6B、6Q、6T、7Q、7R、8Q、8T、9T、10B、10P、11B、11J、12F、12T 轴交 B2、B4 轴，共 48 处钢柱。

虹吸暗装主要流程为地面组装→竖向钢柱及虹吸管安装→铸钢件安装（虹吸管暂时不焊接）→树杈柱及虹吸管安装→铸钢件内与竖向钢柱虹吸管对口焊接→浇筑混凝土→过人孔补焊。

（1）地面组装阶段

1）竖向柱地面组装

不锈钢管需在地面于钢柱内组装，采用角钢、U 型箍等进行临时固定；以便整体起吊与吊装过程中调控。不锈管顶部需固定，防止钢柱吊装过程中滑落。

首先根据竖向杆的长度在地面制作合适长度的直段不锈钢管，要求组装后，头尾部均露出钢柱封板。

在竖向柱头尾两块环形封板上各焊接 5 号角钢，用 U 型管卡固定不锈钢管，后期通过控制 U 型管卡的螺栓松紧度来移动不锈钢管对齐下部节（图 5.1-38）。

2）树杈柱的地面组装

与竖向管组装类似，地面预制 L 型不锈钢管，短边露出钢柱顶端预留长孔，用 5 号角钢与 U 型管卡固定，后期松开底部 U 型管卡的螺栓来移动不锈钢管对齐铸钢件节（图 5.1-39）。

图 5.1-38　竖向柱地面组装　　　　　　图 5.1-39　树杈柱的地面组装

3）铸钢件的地面组装

与树杈管组装类似，地面预制弧形不锈钢管，塞入铸钢件预留洞口后，一边与铸钢件牛腿口齐平，一边弯入铸钢件转向竖直段（待后期与下部焊接）。优先保证树杈柱不锈钢管能对齐铸钢件，再保证与竖向钢柱的不锈钢管对接，完成后在铸钢件竖直段再使用 5 号角钢与 U 型管卡永久固定（图 5.1-40）。

（2）高空安装阶段

步骤一：安装出地下室钢柱内的首节不锈钢管（图 5.1-41）。

图 5.1-40　铸钢件的地面组装　　　　　　图 5.1-41　高空安装阶段

首节钢柱混凝土浇筑到柱侧预留洞口以下标高。预制 L 型不锈钢管用角钢与 U 型管卡固定，不锈钢管口高出柱顶。

步骤二：钢柱与不锈钢管地面组装后整体起吊（图 5.1-42）。

步骤三：吊装就位至下方钢柱正上方，调整方向后，临时连接四个方向的双夹板最外一颗螺栓，以防止钢柱摆动，留出 280mm 操作空间，同时不松钩（图 5.1-43）。

步骤四：对接内部不锈钢管，并焊接（图 5.1-44）。

步骤五：松开夹板，缓慢落下钢柱，完成现在焊接（图 5.1-45）。

步骤六：浇筑下节钢柱内混凝土（视土建的实际安排）。

步骤七：重复步骤二至步骤六安装地上二节钢柱内不锈钢管。

步骤八：铸钢件内不锈钢管组装后，整体吊装就位（图 5.1-46、图 5.1-47）。

图 5.1-42　组装整体起吊

图 5.1-43　连接耳板预留操作空间

图 5.1-44　内部不锈钢管焊接

图 5.1-45　完成后对接钢柱

图 5.1-46　铸钢件整体吊装

图 5.1-47　铸钢件就位校正

步骤九：树杈斜柱内不锈钢管地面组装后整体起吊。

步骤十：调整钢柱角度起吊至安装高度，从侧面缓慢塞入，保持斜柱上端不动，摆动斜柱靠铸钢件一端，错开虹吸管操作空间；错开空间后，保持吊钩不动，斜柱下口耳板用倒链（粗麻绳）绑紧在铸钢件相连其他分叉上，以保证钢柱不再发生移动；松开下端的角钢临时固定措施，调整虹吸管对接，由错开的操作空间焊接不锈钢管的半圆（图 5.1-48 ～图 5.1-54）。

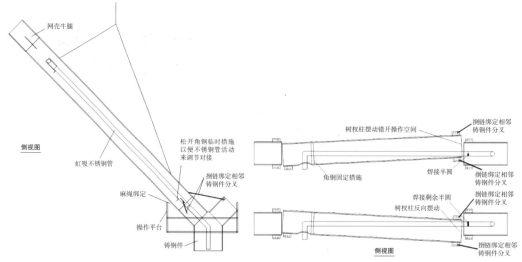

图 5.1-48 树杈柱内不锈钢管安装方案思路

图 5.1-49 树杈柱倾斜角度就位，上端对接网壳牛腿

图 5.1-50 错开树杈柱下部与铸钢件对接口一侧空间

图 5.1-51 焊接内侧不锈钢管半圆

图 5.1-52 摆动树杈柱下部，错开另一侧空间

图 5.1-53 焊接内侧不锈钢管剩下半圆

图 5.1-54 完成后对接树杈柱与铸钢件牛腿

步骤十一：虹吸安装完成后，缓慢就位树杈斜柱，完成钢柱安装焊接。

步骤十二：通过过人孔，焊接铸钢件与下部钢柱内对接的不锈钢管调整段（图5.1-55）。

步骤十三：浇筑混凝土，补焊过人孔柱壁与树杈柱长孔柱壁（图5.1-56）。

图5.1-55　树杈柱长孔柱壁补焊　　　　图5.1-56　竖向柱过人孔柱壁补焊

（3）结论与展望

该项目技术直接运用于深圳国际会展中心（一期）项目，成功解决了钢结构安装的施工技术难题，特别是在如此大体量的钢结构施工过程中的资源组织上，在钢结构施工技术的选择上及现场施工管理的技术上，都是运用了技术先进合理、安全可靠、安装精度高、节约环保的施工技术和管理技术。有效地保证了工程施工质量，节约了成本和工期，得到了建设方、监理方的认可和一致好评。

随着我国绿色建造技术和装配式建筑的不断深入推广，相同或类似的工程必将不断涌现，本项目研究成果将成为指导同类和类似工程施工不可或缺的指导性技术文件，具有很广阔的推广应用前景和价值。

5.1.4.6　大跨度次屋面桁架受限空间整体提升施工技术及仿真分析

（1）C11展厅次桁架概况

深圳国际会展中心C11两万展厅平面尺寸为99.0m×219.0m，结构最高点为26.4m，钢结构主要由下部钢框架结构、次屋面箱型平面桁架顶棚、屋面倒三角桁架钢罩棚组成；其中屋面倒三角桁架共9榀，由18根钢管混凝土支撑，桁架尺寸均为7m×7m，桁架为南北向，跨度为99m，下弦顶标高为19.000m，桁架间距18m；次屋面箱型平面桁架共10榀，位于倒三角桁架正下方，由20根箱型柱支撑，桁架高度4.3m，桁架为南北向，跨度73.5m，上弦顶标高18.550m，桁架间距9m。屋面桁架上方金属屋面施工完成，且次屋面桁架与屋面倒三角桁架重合的位置净距仅450mm，次屋面桁架施工空间受限。如图5.1-57所示。

（2）整体提升施工方案简介

1）提升点位布置

提升点位布置需要综合考虑提升结构的提升过程的内力状况，变形情况，受限空间碰

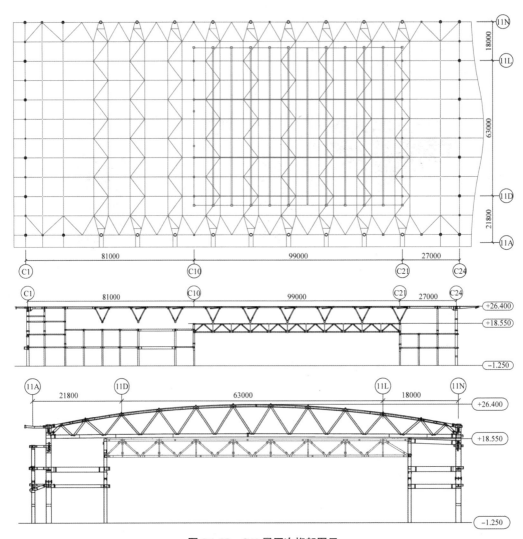

图 5.1-57　C11 展厅次桁架图示

撞问题，施工成本。提升点位选取：保证次屋面桁架提升过程中，桁架体系受力均匀，变形均匀可控以及提升过程中桁架体系的稳定性。

由于次屋面桁架施工空间受倒三角桁架及上层金属屋面影响，提升点位布置受限，提升点位采用间隔布置，避开碰撞区域，采用提升塔架，在主次桁架节点处对称布置 12 个提升点，其中 DD2 ～ DD11 为主提升点，选用提升器规格为 TLJ-2000，DD1 和 DD12 为辅助提升点，选用提升器规格为 TLJ-600。提升点位布置均匀，受力状态合理；施工用提升塔架周转使用倒三角桁架支撑胎架，有效控制了施工成本，如图 5.1-58 所示。

2）提升施工过程

次屋面桁架整体提升施工过程：地面放线拼装桁架结构，提升支撑系统安装，液压千斤顶提升桁架至设计标高，补装后补杆件，整体卸载拆除支撑体系。

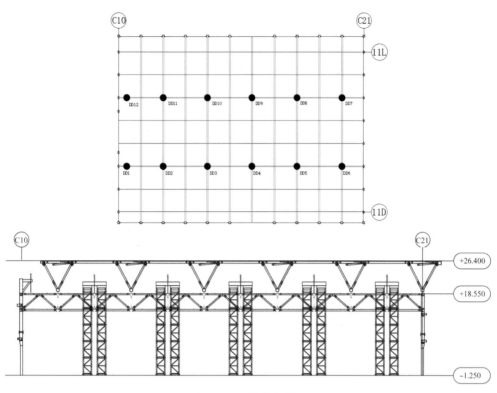

图 5.1-58　提升点布置

①地面放线拼装

测量放线，设置拼装胎架，离地 0.8m 支撑桁架下弦，随后安装直腹杆，安装桁架上弦，嵌补斜腹杆的拼装思路；自西向东逐榀拼装，相邻两榀桁架通过上下弦连系杆件连系成整体。

②安装提升支撑系统

安装提升架、分配梁、提升器（提前设置钢绞线防冒顶措施）、下锚点。严格控制上、下锚点垂直度偏差不超过提升高度的 1/1000。

③正式提升

预提升。根据理论计算吊点反力，分 5 级加载，直至桁架结构离地 100mm。调整桁架位置至水平后，静置 12h，进行全面检查，确保提升支撑体系、提升设备、结构焊缝、上下锚点焊缝等无异常。

整体同步提升。整体提升速度控制为 5m/h，提升高度为 15m，提升过程中实施监测结构位移及液压提升器油压情况。

提升就位。提升就位后，暂停液压提升系统设备，通过手动模式微调桁架结构空中姿态及结构位置。直至满足钢桁架安装精度需求。

④补装杆件

提升就位后，补装预留杆件，优先补装主桁架预留杆件，随后补装其余杆件。

⑤整体卸载

预留杆件焊接完成后,采用整体分级压力同步卸载方式,根据计算值,分5级完成卸载。卸载过程实施监测结构位移及液压提升器油压情况。

⑥临时支撑体系拆除

桁架结构卸载完成后,拆除提升设备、补强杆件、临时支撑体系。

5.1.4.7　双道拉索幕墙的设计及安装要点分析

深圳国际会展中心会展正门为一个倾斜面索网幕墙(横竖双索网),是施工难度最大、工期最短的一部分。整个幕墙与地面呈26.86°角外倾,索网呈马鞍形布置,玻璃面为平面布置,索网与玻璃面之间用不锈钢撑杆连接。竖向拉索下端固定在地面混凝土梁或钢结构门框上,竖向拉索上端及水平拉索固定在环形钢梁上,幕墙最大竖向跨度为18.43m,最大水平跨度为34.2m,主要玻璃分隔尺寸(宽×高)1780mm×2000mm。

(1)双道拉索幕墙结构设计

1)钢索幕墙系统特点

①内层竖向钢索共有20列,横向钢索共10列,直径为$\phi 40$,采用螺杆连接锚固。

②外层竖向拉索共20列,横向拉索共有10行,直径为$\phi 18$,采用螺杆连接锚固。

2)主要材料技术说明

①钢材

钢板支座(Q345B)表面防火涂料+氟碳喷涂,耐火极限1h。

②密封胶

(a)钢索玻璃幕墙的密封材料采用白云牌耐候硅酮密封胶。

(b)硅酮结构胶、硅酮耐候胶在使用时应提供与接触材料的相容性试验合格报告和抗拉力试验合格报告以及质保年限的质量证明文件。

③铝板

双道拉索幕墙采用结构分析软件SAP2000(Structure Analysis Program 2000)进行三维非线性动力分析和设计,SAP2000是一种集成化的通用结构分析与设计软件,可以对复杂的三维结构进行整体性能分析并提出解决方案,主要适用于模型比较复杂的结构,如桥梁、体育场、工业建筑、网架等结构形式,目前已在工程界得到了广泛的应用。通过SAP2000设计分析,有力地保证了结构设计的合理性和安全性。本项目双道拉索幕墙结构计算按50年重现期基本风压值0.75kN/m² A类和风洞试验报告对比,二者较大值作为计算依据,充分考虑了风荷载、自重荷载、活载荷载、温度荷载和地震荷载的影响,通过多种荷载组合的对比,选取最不利组合进行强度、刚度和稳定性分析验算。变形云图如图5.1-59所示,拉索云图如图5.1-60所示。

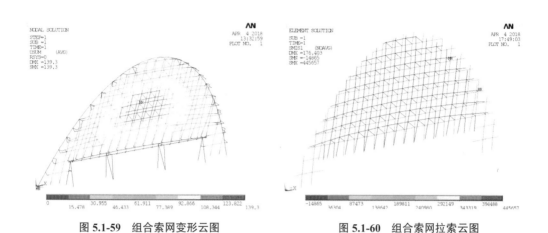

图 5.1-59　组合索网变形云图　　　　　图 5.1-60　组合索网拉索云图

（2）双道拉索幕墙安装

测量放线采用全站仪进行，若先搭设操作平台则会影响定位，所以要先进行测量放线，将耳板进行定位点焊，之后再搭设操作平台；后续进行钢索安装、张拉；索网找形及检测后进行玻璃安装及注胶。如图 5.1-61 所示。

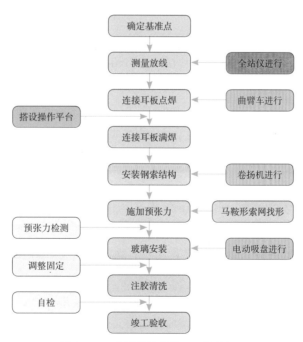

图 5.1-61　索网幕墙的施工工艺流程图

5.1.4.8　双曲幕墙屋面的设计要点分析

深圳国际会展中心创造多项世界之最，也是目前世界上建筑面积最大的单体建筑，其中最引人瞩目的当属中央廊道屋面，作为全球长度最长的金属屋面其南北向长约 1800m，东西向宽为 42.5m，贯穿南北，连通东西。整个中廊屋面呈双曲造型，蜿蜒起伏，恢宏大气，犹如龙腾四海般包罗万象，充分展现了作为中国改革前沿的深圳蓬勃发展的繁荣景象。如图 5.1-62、图 5.1-63 所示。

图 5.1-62　深圳国际会展中心屋面效果图

图 5.1-63　深圳国际会展中心屋面施工现场照片

深圳国际会展中心中央廊道双曲屋面主体结构采用分叉柱支撑的空间钢结构，由平面模拟双曲面，主体钢梁呈菱形分布，菱形对角线长约为 9m×6m，菱形边长约 6.5m，整个双曲屋面约 2200 个菱形，每个菱形尺寸接近但不相同，屋面主体结构的特点决定了幕墙的结构设计，中央廊道双曲屋面幕墙形式主要包括五个系统：屋面金属板和采光玻璃幕墙系统、屋面吊顶格栅系统、屋面排水沟及外包铝板幕墙系统、屋面两侧导雨百叶系统和屋面防坠落系统，下面将对深圳国际会展中心中央廊道双曲屋面幕墙设计的重点、要点进行介绍和分析。

（1）双曲屋面幕墙结构设计

由于屋面整体呈双曲造型，但主体钢结构是由平面模拟双曲面，使得每个菱形格尺寸大小不等，且菱形格内的南、北两个小三角形不共面，有 2°～8° 的夹角，钢梁与钢梁之间的跨度也较大，达 6.5m，对角线更是长达 9m。根据主体结构特点，结合现场施工难度和工期要求，幕墙主龙骨采用了单层网壳结构体系。

深圳国际会展中心中央廊道双曲屋面幕墙网壳杆件采用 180m×100m 矩形钢通，沿主曲率方向布置，即与主梁平行，分格划分为沿主梁方向边长的四等分，菱形 9m 对角线设置钢通将菱形分割为两个三角形，三角形之间形成夹角，菱形格四边采用 18 号槽钢，每个菱形格为一榀大钢架，整榀吊装，吊装到位后槽钢对拼，形成整体网壳。如图 5.1-64 所示。

每榀菱形钢架采用 8 点支撑，其四角和四边中心各设置支座支撑，支座设计为铰支座，释放温度应力。本项目屋面网壳结构计算按 50 年重现期基本风压值 0.75kN/m² A 类和风洞试验报告对比，二者较大值作为计算依据，充分考虑了风荷载、自重荷载、活荷载、温度荷载和地震荷载的影响，通过多种荷载组合的对比，选取最不利组合进行强度、刚度和稳定性分析验算。如图 5.1-65 所示。

图 5.1-64　双曲屋面幕墙龙骨现场照片

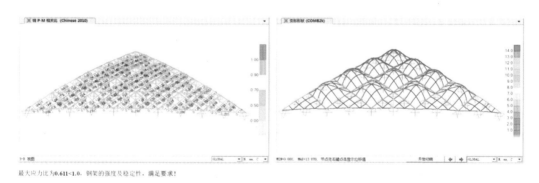

图 5.1-65　双曲屋面幕墙龙骨强度和稳定性验算及双曲屋面幕墙龙骨刚度验算图

（2）双曲屋面金属板和采光玻璃幕墙设计

1）金属板块

中央廊道双曲屋面金属板幕墙占整个屋面面积的 90% 左右，为本项目最主要的幕墙系统。本书所述金属板幕墙或金属屋面的金属板块、铝板板块是指外饰面由 3mm 厚铝单板和内饰面由 2mm 厚铝单板组合而成的夹心板，夹心板中间填充 50mm 厚隔声岩棉，内外饰面表面处理均采用氟碳喷涂，由铝合金龙骨支承并连接，使其形成既有内、外装饰性，又有防水、保温、隔声等各项金属板幕墙和金属屋面所需要的物理性能指标，易于装配的金属板块系统。如图 5.1-66、图 5.1-67 所示。

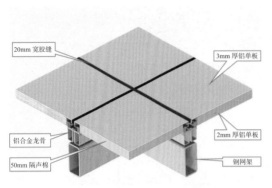

图 5.1-66　金属板块三维示意图

图 5.1-67　金属板块和玻璃板块现场施工照片

　　本项目屋面金属板均为菱形板块,边长尺寸约为 1.5m × 1.5m,内、外饰面铝板通过铝合金型材副框组合而成,并每隔 500mm 设置"几"字形铝合金加强筋支撑,副框与外饰 3mm 铝板采用折边铆钉固定,并在背面打结构胶,加强筋与副框采用角码连接,加强筋与面板采用种焊螺栓和结构胶连接,与内饰面板铆钉拉接。内外饰面板形成整体,共同承受风荷载和地震荷载,并采用几何非线性的有限元方法进行计算。为降低噪声和热辐射,在内外饰面板中间填充 50mm 厚隔声岩棉,金属板块通过铝合金压块与铝合金龙骨机械连接。节点做法如图 5.1-68、图 5.1-69 所示。

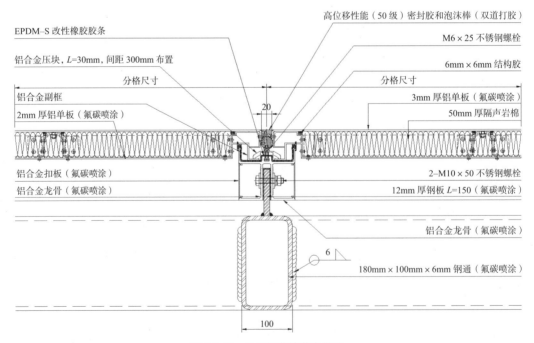

图 5.1-68　金属板幕墙节点做法

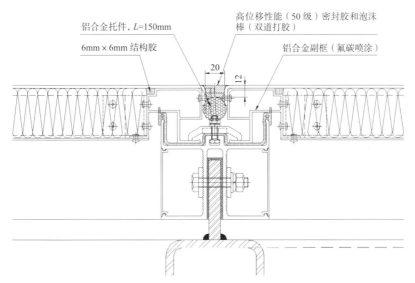

图 5.1-69　金属板和铝合金龙骨连接节点

2）三角形交接面板块连接设计

由于深圳国际会展中心中央廊道屋面为双曲面，为便于面板加工和现场施工，屋面面板采用平面模拟双曲面做法，即按主体结构大菱形格划分，将大菱形格内分为两个大三角形，三角形内所有面板均为共面，但在两个大三角形交接处不可避免地会产生折线夹角。且由于每个菱形格大小尺寸不一，导致二面角也不相同，从 172° 渐变至 178°，如果仍按常规副框设计，则副框开模数量巨大，也不便于材料组织和工厂组装，又因面板编号数量巨大，会对现场安装造成很大影响。如图 5.1-70、图 5.1-71 所示。

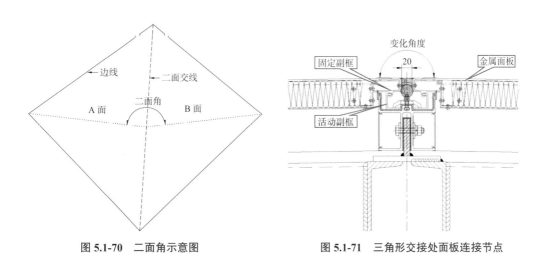

图 5.1-70　二面角示意图　　　　图 5.1-71　三角形交接处面板连接节点

本项目设计了一种可以转动的铝合金副框，金属板块副框型材分为固定副框和活动副框两部分，其中固定副框主要用来板块组框，活动副框用来调整角度，二者通过球型铰连接，可以调节正负 6°～7°，完全满足面板二面角调节的需求。同时，球型铰是从一端穿入，为通长设置，受力性能良好。由此，也大大减少了型材开模数量，降低了材料组织和工厂组装难度，提高了现场安装效率。

（3）双曲屋面防水构造设计

深圳国际会展中心中央廊道双曲屋面宽度方向呈弧形造型，长度方向呈高低起伏变化，属于典型的坡屋面，根据《坡屋面工程技术规范》GB 50693—2011 第 3.2.3 条规定"大型公共建筑、医院、学校等重要建筑屋面的防水等级为一级"，故本项目屋面防水应按一级设计。

1）面板接缝防水设计

防水性能是屋面最重要的物理性能指标之一，如何确保屋面不漏水是设计必须考虑的问题。屋面板块与板块之间的胶缝作为第一道防水措施是设计首先必须考虑的，那么为了保证胶缝在各种工况下均能实时保证气密性能和水密性能，需要设计多宽的胶缝才能满足要求？需要采用何种密封材料？根据《屋面工程技术规范》GB 50345—2012 规定：

接缝宽度应按屋面接缝位移量计算确定；

①接缝的相对位移量不应大于可供选择密封材料的位移能力。

②应根据屋面接缝变形的大小以及接缝的宽度，选择与位移能力相适应的密封材料。

本项目屋面 90% 为金属铝板，10% 为玻璃，而铝板线膨胀系数是玻璃的 2.35 倍，故本书仅考虑铝板与铝板之间胶缝的设计。参考《玻璃幕墙工程技术规范》JGJ 102—2003 条文说明相关规定，铝板与铝板之间胶缝宽度需要经过计算确定，计算公式如下：

$$W_s = \alpha \Delta T b / \delta + dc + de \tag{5.1-1}$$

式中　W_s——胶缝宽度（mm）；

α——面板材料的线膨胀系数，铝板材料线膨胀系数 $2.35 \times 10^{-5}/℃$；

ΔT——面板年温度变化，铝板外表面最大温差可取 100℃；

δ——硅酮密封胶允许的变位承受能力，本项目按大变位 50 级密封胶计算，即取 0.5；

b——计算方向面板的边长，铝板计算方向边长按 1600mm；

dc——施工偏差，可取为 3mm；

de——考虑地震作用等其他因素影响的预留量，可取 2mm。

经过计算，按大变位密封胶计算的胶缝宽度 $W_s = 2.35 \times 10^{-5} \times 100 \times 1600/0.5+3+2=$ 12.5mm。若按常规密封胶计算，即 δ 取 0.2，则胶缝宽度 $W_s = 2.35 \times 10^{-5} \times 100 \times 1600/0.2+3+2=23.8$mm，通过计算对比发现，常规密封胶用于屋面时需设计较宽的胶缝，对屋面外观效果影响较大。所以本项目屋面铝板与铝板胶缝按 20mm 设计，密封胶采用大变位硅酮密封胶，同时采用双道打胶工艺，保证屋面第一道防水效果能达到本项目水密性能要求。

2）二道防水构造设计

屋面面板接缝作为第一道防水措施其采用的密封胶难免会因反复拉伸、阳光暴晒、紫外线致老化、现场施工质量等各种因素影响而撕裂导致雨水渗漏，故设计二道防水构造是十分必要的。

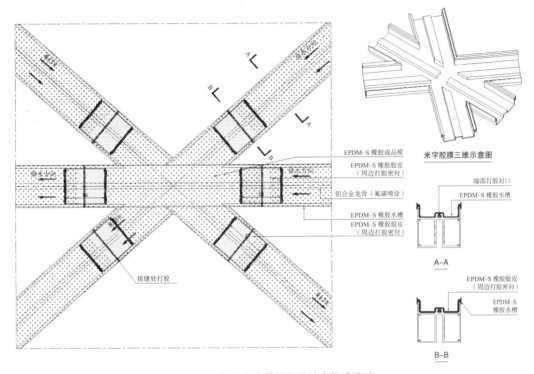

图 5.1-72　铝合金龙骨拼接处防水构造设计

深圳国际会展中心中央廊道屋面分格划分按一定规律及图案交错布置，幕墙龙骨沿分格布置，接头处多呈"十"字和"米"字形，实际工程案例中屋面漏水往往是因为接头位置没有处理好，导致渗漏水沿接缝往下滴水，故龙骨接头位置防水构造设计是二道防水的重点。本项目将承托面板的铝合金龙骨上设计了"U"型挡边，型材内满铺 EPDM-S 橡胶水槽，形成第二道柔性防水体系，在龙骨交接处采用了压铸成型的成品 EPDM-S 橡胶模，解决了龙骨接缝处防水难题。成品橡胶模与橡胶水槽对接处留缝打胶，再加盖薄胶皮同时周边打胶密封，EPDM-S 橡胶能够很好地和硅酮胶相容，且具有一定的粘结性能，能很好地适应水槽的变形、变位，保证对接缝不撕裂、不渗漏，达到防水效果。如图 5.1-72、图 5.1-73 所示。

图 5.1-73　铝合金龙骨拼接处防水构造现场照片

（4）双曲屋面吊顶格栅设计

深圳国际会展中心中央廊道双曲屋面
主体钢结构下面设计了格栅吊顶，用以遮
挡或弱化屋面幕墙内部构件。格栅吊顶采
用直径 150mm 铝合金圆管，沿中廊南北长
度方向布置，并在主体钢梁底部按一定规
律设置 150mm 和 50mm 两种大小不同的
分缝，设置大小不同的分缝，目的是：一
方面是考虑将整个吊顶划分成菱形，与钢
结构菱形对应，使得单一的吊顶呈现多样

图 5.1-74　吊顶格栅现场施工夜景照片

化的视觉效果；另一方面是考虑屋面整体呈双曲造型，格栅圆管现场整体吊装难以达到很
高的精度，圆管与圆管之间很难对齐，按大小分缝的方法可以弱化安装误差，消除圆管不
对齐所造成的视觉影响。如图 5.1-74 所示。

本项目吊顶格栅采用装配式吊装方式，每个大菱形格为一榀单元，通过钢圆管龙骨将
格栅圆管组装为一榀，格栅钢龙骨在工厂完成，格栅圆管在工厂加工好，再统一运输到工
地现场，在地面完成格栅单元组装和吊装。如图 5.1-75、图 5.1-76 所示。

图 5.1-75　吊顶格栅钢龙骨照片

图 5.1-76　吊顶格栅单元组装照片

5.1.4.9　中央廊道屋面装配式设计与施工

深圳国际会展中心中央廊道屋面幕墙造型复杂，整体为双向曲面造型，沿南北长度方
向高低起伏，沿东西向呈圆弧造型。为形成建筑双向曲面的造型，幕墙板块为大小各异的
菱形或三角形板块，玻璃板块达到近 1.2 万块，一体式保温隔声组合铝板达到 3.5 万块，
异形板块面积达到近 10 万 m²。屋面底部吊顶格栅同屋面结构一样为双曲面造型，吊顶格
栅的连接及整体吊装的定位是项目最大的难点，既要保证相邻两榀菱形格栅的安装准确，
也要保证三维空间上两榀格栅中每根圆管能对接上。完成效果如图 5.1-77 所示。

图 5.1-77　完成效果图

在现场施工方面，中央廊道主体钢结构施工及交付作业面最晚，幕墙工期短，大部分施工工期为198d，部分工区只有98d的施工期，有效的施工安装工期非常紧张，且现场施工交叉作业多，在高空异形屋面上施工效率低。

根据以上幕墙造型复杂、材料规格多的难点，本项目采用BIM技术进行三维建模及参数化深化设计，利用BIM模型与生产设备的直接对接形成数控化生产，达到材料本身超高精度的质量要求，同时利用BIM模型定位与自动扫描放线技术相结合，达到施工现场精准定位的施工要求。

在幕墙工期短、现场施工交叉作业多、高空屋面上施工效率低等难点上，本项目采用整体的装配式吊装模式，将整个屋面钢架和吊顶铝格栅系统采用装配式吊装的施工方案，即采用标准化设计、工业化生产、装配化施工进行组织，屋面钢架和吊顶铝格栅预先组装成一个大的装配单元，再进行整体吊装，不仅有效的保障项目工期，同时通过工业化生产也大大提升了产品质量，降低了屋面高空作业的安全风险。

（1）装配式屋面设计

1）屋面钢架的设计

中央廊道屋面钢架数量多，整个标段大菱形钢架（边长6m×6m）数量接近1200个，但由于现场主体结构交付时间较晚，交付后留下的施工时间太短，加上现场各专业的交叉作业，工期紧张，为满足施工场所地和工期要求，屋面钢龙骨采用装配式设计、生产和安装形式，本项目是将每一个6m×6m边长的菱形钢架作为一榀单元（图5.1-78），每榀钢架的4边菱形边长尺寸约6m，对角线长度尺寸约9m。每榀钢架均通过整体三维快速建模，采用BIM加GH参数化工具辅助设计，进行钢件模型的细化切角、并用3D模型批量导出成2D平面工艺出图、并生成钢架相关尺寸信息导出下单，提前将钢架材料备料在工厂进行加工生产，运输到工地组装后整体进行吊装，提高整体的焊接质量和现场安装效率，以满足本项目施工工期要求。

每榀钢架对于钢件规格的选用：

每个钢架板块之间（也就是菱形钢架四边），采用两18号槽钢拼接方式，以方便钢架

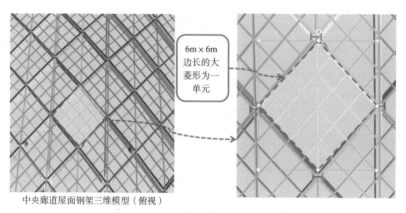

中央廊道屋面钢架三维模型（俯视）

图 5.1-78　中廊屋面钢架菱形单元格

板块的划分、生产及运输，也方便现场对每个板块的独立安装，不受钢架安装顺序的影响。每榀钢架交接处采用两槽钢设置，也能将相邻两个带有夹角的面进行分开，容易适应现场钢架面之间夹角的调整理。每榀菱形钢架内侧可视位置钢件均采用180mm×100mm的钢通，既方便焊接也满足了建筑师希望壳体钢架的外观效果要求。如图 5.1-79 所示。

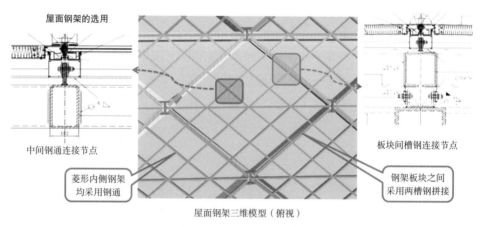

屋面钢架三维模型（俯视）

图 5.1-79　钢架连接节点

屋面每榀菱形钢架的支座连接，采用主、次支座的连接方案进行设置：

主支座分别设置在6m×6m大菱形钢架的4个交点上，采用2端焊接固定，2端采用插芯固定的连接方式。既方便现场支座安装误差的调节外，也能满足并消化屋面钢架每一榀由温差产生的温度内应力和变形。

屋面钢骨架连接次支座的设置是为满足钢架受力需要，设置在6m×6m大菱形钢架的中间跨度上，采用后安装固定的连接方式。是在现场主支座在整榀钢架调节到位并焊接完成后，再后安装钢架的次支座，方便现场的灵活安装及安装时的定位调节。如图 5.1-80 所示。

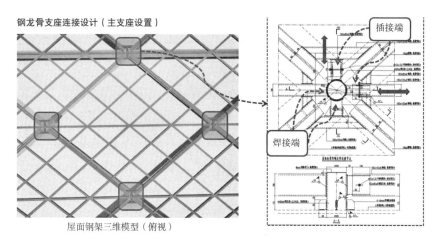

图 5.1-80　支座连接方式

2）屋面吊顶铝格栅设计

吊顶格栅采用装配式吊装方式，每个大菱形格为一榀单元，铝合金圆管直径为 150mm，间距为投影尺寸 375mm，每一榀格栅单元是对角线 9m，宽度 6 ~ 9m。铝格栅通过背部钢管龙骨将格栅圆管组装为一榀，格栅钢龙骨的焊接和格栅圆管切角均在工厂进行加工，再统一运输到工地现场，在地面上完成整榀格栅单元的组装，最后进行整榀格栅单元的吊装。如图 5.1-81 所示。

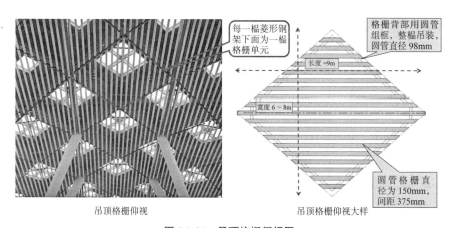

图 5.1-81　吊顶格栅仰视图

吊顶铝格栅的完成面延续屋面造型，也为双曲面，吊顶格栅的连接需要考虑三维的可调节，包括每榀格栅钢架的支座与主体支座的连接也要能够适应空间三维调节。所以，每榀吊顶格栅单元采用背后的钢骨架进行组框，先采用铝合金抱箍型材与钢架圆管连接，铝合金抱箍型材开长度方向横滑槽，螺栓可以在滑槽内滑动以适应长度方向可调；铝格栅圆管再通过铝连接角码与抱箍型材采用齿垫加腰孔的连接方式进行上下调节，铝格栅圆管本身与铝角码连接位置开通长横向滑槽通过螺栓与铝角码进行连接，方便三向调节，满足空间上的三维及多个方向的调节。如图 5.1-82 所示。

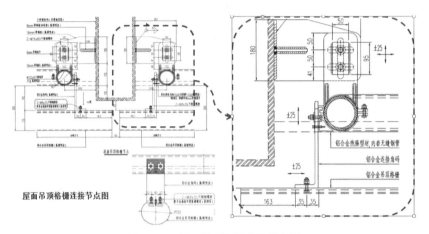

图 5.1-82　屋面吊顶格栅连接节点图

如图 5.1-83 所示，左侧为屋面每榀吊顶格栅单元在现场组装和连接的照片，右侧为铝格栅圆管通过铝角码与抱箍型材连接的照片，通过连接构造的设计以实现铝格栅在屋面空间上的三维可调，方便安装前组装的调节和以后安装完成后的在屋面上的二次调节。

（a）屋面吊顶格栅现场组装和连接照片　　　（b）铝格栅调节示意

图 5.1-83　屋面吊顶格栅组装和连接及铝格栅调节示意图

本项目吊顶格栅整体均采用装配式吊装方式，每个大菱形格为一榀单元，通过钢圆管龙骨将格栅圆管组装为一榀，在地面完成格栅单元组装，组装完再进行定位和吊装。格栅吊顶的安装为本项目的最大难点，所以在前期方案设计的时间就要考虑以上整榀吊装和组装调节的事宜，既要保证每榀格栅在下面组装时间距和点位准确，也要确保吊装上去后钢架支座的位置的安装准确，才能最终保证每根格栅在屋面能对接得上。

（2）装配式钢架施工

中央廊道屋面的整体安装流程分为 3 个阶段，如图 5.1-84 所示。

第一阶段为屋面钢架的整榀吊装：第 1 步将拼装完成的整榀钢骨架通过平板车水平运输至指定的吊装区域；第 2 步采用 75t 汽车吊装整榀钢骨架垂直吊运到屋面进行安装；第 3 步是将钢骨架在屋面上通过调节到位后，进行钢架主支座的焊接，再进行次支座的焊接固定。

第二阶段为吊顶格栅的整榀吊装：在地面装铝格栅圆管与钢龙骨进行组装成榀，水平运输到安装位置，通过屋面设置吊装设备往上提升，吊装到指定位置后在底部用高空车配合进行调节，整榀吊顶格栅调节到位后再进行钢龙骨的支座焊接。

第三阶段为屋面面板安装：通过在屋面预留的洞口，将材料从地面直接由垂直电梯垂直运输至存货平台，通过马道转运至施工位置，施工人员采用平铺架进行屋面面板的安装。

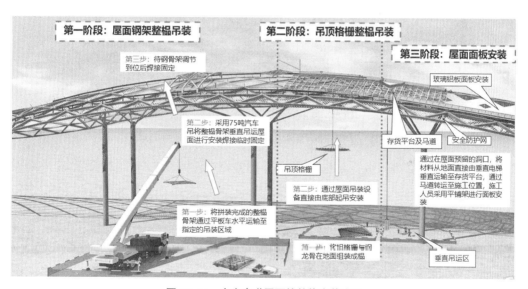

图 5.1-84　中央廊道屋面的整体安装流程

（3）装配式吊顶格栅施工

吊顶格栅同屋面结构一样呈双向曲面造型，现场安装和定位是本项目施工的重点和难点。本项目吊顶格栅高空安装量大，工期短，加上施工场地和措施无法在下端进行施工，只能采用在地面拼装成整榀后，进行整体装配式吊装和调节。每个大菱形格作为一榀单元，铝合金圆管直径为 150mm，间距为投影尺寸 375mm，每一榀格栅单元是对角线 9m，宽度 6～8m。铝格栅通过背部钢管龙骨进行组框，在地面上完成整榀格栅单元的组装，最后进行吊装。

每榀菱形格栅在现场的组装，是通过铝角码将铝格栅圆管连接到背后钢龙骨上，再通过右侧铝角码的三维调节进行每根格栅的准确定位，最后组成整榀的格栅单元。吊顶格栅组装用的钢龙骨在工厂进行预制作后运往工地现场，每榀铝格栅圆管在工厂切割加工好后按要求整榀装箱后运往工地。

过程如图 5.1-85 所示。

<table>
<tr><td>龙骨拼装</td><td>格栅拼装</td><td>拼装完成</td></tr>
<tr><td>准备吊装</td><td>格栅起吊</td><td>加焊支座</td></tr>
</table>

图 5.1-85 格栅安装顺序

中央廊道吊顶格栅的安装为本项目的最大难点，既要保证每榀格栅在下面组装时的间距和点位准确，也要确保吊装上去后钢架支座位置的安装准确，才能最终保证每根格栅在屋面的安装精度和效果。本项目吊顶格栅采用整体吊装方案，也是屋面能顺利的按计划工期完成的保证，完成后的安装质量和效果也能满足建筑设计要求。如图 5.1-86 所示。

图 5.1-86 现场完成照片

（4）总结

对于本项目采用装配式屋面施工方案总结有以下几个优点。

①工厂的预制作生产：在主体结构交付时间较晚的情况下，将屋面幕墙的材料提前采购，在工厂备料并提前进行加工及生产，将施工现场的大量工作提前转向工厂，满足工期及现场施工条件要求，使工期更为可控。

②加工生产的工业化：由于前期装配式设计的标准化，可促进屋面钢架工厂加工的工业化生产，整体提高钢骨架焊接的质量和生产效率，使产品质量更为可控。

③装配化的施工吊装：可减少工人高空作业的工作量，提高现场施工人员的劳动效率，改善施工作业环境，降低高空作业等安全风险，提高整体产品质量，减少现场施工工期。

④中央廊道双曲屋面幕墙是施工难度最大、工期最短的一部分，在建设过程中汇集了幕墙设计师、现场施工和管理人员的技术和努力，整个屋面钢架和吊顶格栅采用整体装配式施工方案，是项目最终顺利按业主工期和质量要求完成的关键保证，本书所介绍的设计和施工方案也是本项目在设计和实践中的一点经验总结，希望能对后续其他项目提供借鉴。

5.1.5　第三方驻场巡检体系

5.1.5.1　服务目标

深圳市招华国际会展发展有限公司在 2017 年 6 月开始在社会上寻找第三方管理公司参与深圳国际会展中心的管理，通过公开招标引入深圳瑞捷工程咨询股份有限公司作为独立的第三方咨询单位，负责深圳市国际会展中心（一期）建设项目质量安全驻场加评估服务。服务目标为：

①施工零伤亡。

②不发生火灾事故。

③不发生机械、交通事故。

④不发生中毒、坍塌、爆炸事故。

⑤争创国家优质工程"中国建设工程鲁班奖"。

⑥争取达到国家"AAA 安全文明标准化工地"标准。

5.1.5.2　第三方服务方式

（1）驻场日常管理

1）督促各单位责任到人的建立

按现场施工及管理的需要，将整体项目监理、总包总体项目细部化，分区管理，责任到人，制定网格化管理方案；总体划分为 9 个区域，包括 7 个工区、1 个生活区、1 个办公区；根据工区的划分，确立建设、监理、施工各单位的职责，并分区落实，责任到人。

2）第三方安全和质量日常巡查

对深圳市国际会展中心建设项目监理单位和施工单位的管理行为、制度审批、方案执行、人员履职、现场质量安全状况等方面进行全方位的监督、管理；工程施工中，对工程实体质量的监督检查；对施工技术资料、监理资料以及检测报告等有关工程质量的文件和资料的监督检查；对不按技术标准和有关文件要求设计和施工的单位，给予警告或通报批评；对发生严重工程质量问题的单位责令其及时妥善处理；对情节严重的，须按相关规定进行罚款，且在建工程责令停工整顿；主持或参与监管工程发生的重大质量、安全事故的调查处理工作；随时了解和掌握所监管工程质量状况；建立健全工程质量监督档案，对于监督验收的工程，验收后实事求是地填写监督报告；对验收达不到合格标准的工程，责令责任单位进行整改；整改后，监督参建主体单位重新验收，工程评定合格并办理备案手续后，方可交付使用；对工程项目的不合格品的纠正和预防进行监督管理。

第三方每日对现场各个工区组织施工单位和监理单位进行日常质量和安全检查或专项检查，对发现的各类问题编制《日巡查报告》《专项检查报告》及《整改单》，及时推送给各相关单位，并责令相关单位按时落实。利用"瑞智能"软件汇总信息，每月对汇总的问题形成《第三方月度报告》并上报建设单位；针对巡查当中发现的安全和质量问题，形成《巡查报告》，报告中包含问题描述、问题隐患的分类及分级，出具针对性的整改方案，明确整改要求和闭合时间，并将整改任务分配至相关责任方；最后组织复查问题的整改情况，出具《销项报告》，问题闭合。

（2）每月系统评估

1）确定考核方式及内容

每月对项目七个标段进行一轮安全和质量评估考核，以安全质量评估考核为管理手段，用量化的考核分数对各标段管理情况进行排名；考核后将检查结果进行梳理、提炼及总结，找出管理薄弱点并提出解决措施，同时编制月度评估报告。

2）成果运用，不断优化

会展中心每月均进行指挥部月度例会，第三方在例会上就本月驻场及评估工作情况进行汇报。

加强评估成果的运用，制定并实行《第三方评估质量奖罚条款》来对各工区进行奖优罚劣，使深圳市国际会展中心项目各工区形成了"比、学、赶、超、帮"的良好氛围。

根据项目施工内容的变化，适时调整评估体系和检查内容，使评估更加系统，使评估得分最大限度体现实际管理水平。

5.2　地铁 20 号线一期工程

5.2.1　工程概况

支持湾区融合发展。20 号线为联系大空港城市副中心与南山、福田城市核心区的市域快线，并预留北延至东莞滨海湾新区的条件，是支持深圳大空港、东莞滨海湾区域的建设，对深、莞两市临湾重点发展区的发展具有重要的意义，可实现深圳 T4 枢纽、机场东枢纽与东莞滨海湾枢纽的快速衔接，构筑湾区中心城市与周边节点城市快速轨道通达的条件，落实湾区规划提出的强化枢纽，推进多式联运的目标。

线路突发客流大。本线服务于机场、会展的大型客流集散点，客流波动较大以及突发客流较多，线路宜灵活设置配线及交路，应对高峰期加车及临时交路的运营需求。

连接枢纽工程。T4 枢纽及机场东枢纽均为多线换乘枢纽站，且与高速铁路、城际线衔接，枢纽综合交通设计应重视换乘效率、流线设计、乘客引导等方面；20 号线一期与国际会展中心展馆登录大厅、地下商业空间无缝衔接，设计接口多，需同步设计、实施。

部分区间需采用内径 6m 的大盾构。由于本线最高速度为 120km/h，为快线系统，长大区间采用外径 6.7m，内径 6m 的大盾构，以满足高速运行时通风、舒适度等要求。

5.2.2 设计方案

（1）建设规模

20 号线一期工程为机场北站至会议中心站，线路全长约为 8.43km，共设 5 座车站，其中 3 座换乘车站，全部为地下线路，设机场北车辆段 1 座。

（2）线路方案

20 号线一期工程（机场北站～会议中心站）长约 8.43km，设 5 座车站（机场北站、重庆路站、会展南站、会展北站、会议中心站），平均站间距 2.02km，最大站间距 4.38km（机场北站～重庆路站），最小站间距 0.8km（会展南站～会展北站）。在机场以北，虾山涌南侧，11 号线停车场西侧，设置机场北车辆段一座。

（3）设计运输能力

20 号线设计运输能力如表 5.2-1 所示。

20 号线系统设计运输能力表　　　　　　　　　　　　表 5.2-1

项目	初期	近期	远期	统规模
线路长度（km）	45.2	50.1	50.1	50.1
高峰小时最大客流断面（万人/h）	2.37	3.93	5.01	—
列车编组（辆）	8	8	8	8
列车座席（个）	360	360	360	360
列车定员（人）	2144	2144	2144	2144
开行对数（对/h）	15	20	26	30
行车间隔（min）	4.0	3.0	2.3	2.0
运输能力（人/h）	32160	42880	55744	64320
运输能力富裕度（%）	26.3	8.3	10.1	—
乘客最大站立密度（人/m²）	3.4	4.5	4.4	—

项目	初期	近期	远期	统规模
计算配车旅行速度（km/h）	45	50	50	50
运用车（列）	32	43	55	64
备用车（列）	4	4	5	6
检修车（列）	4	5	6	7
配属车（列）	40（其中首通段9列）	52	66	77
备用检修率（%）	25.0	20.9	20.0	20.3

（4）车辆

1）列车长度

八辆编组列车长度（包括车钩）约18.6万mm。

2）车辆构造速度、最高运行速度

车辆构造速度为135km/h，列车最高运行速度为120km/h。

3）车辆编组

初、近、远期采用8辆编组，6辆动车2辆拖车。

5.2.3 盾构区间技术创新

5.2.3.1 穿越工程

盾构隧道小净距下穿既有运营地铁技术。

地铁20号线机吊区间左右线在机场北站大里程端始发掘进，始发直线掘进211m后先后下穿既有运营的11号线右线、11号线入场线、11号线出场线及11号线左线。

（1）工程概况

本区间为单洞单线区间，区间起点为机场北站，终点为吊出井，区间长度905.676m，线路埋深在19～27m之间，最小线间距12.05m。区间线路自机场站端以24‰、28‰及4‰坡度向下直至吊出井。

区间平面由半径600m圆曲线、缓和曲线及直线构成，其中下穿地铁11号线区段平面为直线＋缓和曲线。采用盾构法进行施工，设联络通道一处，不设泵房。

工程难点。

1）设备风险

机吊区间部分隧道处于中微风化混合花岗岩地层中，其岩层强度大影响盾构机刀盘及道具的正常使用，造成盾构机停机进行刀盘修复或刀具更换。下穿地层中存在异常坚硬的岩体，造成盾构刀具磨损严重，需在地铁11号线下开仓换刀，增加地铁11号线产生沉降的风险。

2）既有地铁线风险

既有地铁 11 号线与本区间隧道最小净距 2.4m，且两隧道中间夹土体为硬塑状砂质黏性土、全风化混合花岗岩、土状强风化混合花岗岩，洞顶上覆硬岩较薄，类似上软下硬地质条件，容易对 11 号线产生扰动而引起沉降。下穿盾构施工过程中易造成既有地铁线隧道沉降及变形，若沉降变形超标，会影响既有地铁线的正常运营和路面交通运行等。

由于掘进地层存在裂隙水，全风化、强风化花岗岩遇水泥化、崩解，引起隧道沉降。

在掘进过程中可能发生"喷涌风险"，造成盾构出土超方、引起隧道沉降。

（2）试验段测试分析

为确保新建隧道顺利下穿既有地铁 11 号线，在穿越前应开展试验工作并进行深度分析，确定穿越阶段的各项最优措施，力求将新建隧道对既有地铁 11 号线的影响控制到最小。

开展试验段测试分析，需得出如下结论：

①盾构机的功能和设备性能是否满足穿越阶段的需要；

②确定盾构机掘进的各项控制技术，如盾构机推进、渣土改良、姿态控制、管片拼装等；

③人员组织、工序安排和后期保障等相关措施；

④检验物资设备、材料运输及设备维护是否到位；

⑤建立快速、高效的信息共享，以试验为平台建立沟通机制。

通过对不同施工阶段地层变形的监测，对盾构各项施工参数做出休整和完善，从而为正式穿越施工提供基础数据和依据。

根据穿越阶段的区段划分，下穿段所在位置里程及对应地质条件，对区间左、右线分别开展两阶段的试验分析，第一阶段设置在机场北站始发井至 50 环；第二阶段设置 50 环至预警区。其中，左右线分别对应里程及环号如表 5.2-2 所示。

机吊区间两阶段试验段起始里程一览表　　　　　　　　　　　　　　表 5.2-2

线路名称	第一阶段起始里程	第一阶段终点里程	第二阶段起始里程	第二阶段终点里程
机吊区间左线	ZDK41+437.9（1 环）	ZDK41+512.9（50 环）	ZDK41+512.9（50 环）	ZDK41+578.9（77 环）
机吊区间右线	ZDK41+437.9（1 环）	ZDK41+512.9（50 环）	ZDK41+512.9（50 环）	ZDK41+626.9（96 环）

1）掘进参数试验

试验段掘进参数如表 5.2-3 所示。

试验段掘进参数设定表　　　　　　　　　　　　　　表 5.2-3

序号	掘进参数	控制值
1	掘进速度（mm/min）	20 ～ 30
2	推力（t）	1200 ～ 1500
3	土压（bar）	2.1 ～ 2.4

续表

序号	掘进参数	控制值
4	刀盘扭矩（kN·m）	2000～2400
5	刀盘转速（rpm）	1.5～1.8
6	螺旋机转速（rpm）	2～4
7	注浆压力（bar）	0.3
8	注浆量（m³）	5.4～6.7

2）出土量控制

本工程在施工中严格按计算的理论出土量出土，每环出土量偏差不超过 1m³。

每环理论开挖量：$\pi/4 \times 2D \times L$=3.14/4×6.98×6.98×1.5=57.3m³

式中　D——盾构外径（m），取刀盘开挖直径 D=6.98m；

　　　L——管片宽度（m），取 1.5m。

出土量控制以实际出土为准，即除去土箱上部清水后的渣土体积（土箱内浮浆体积应计入出土量，从皮带上掉落的渣土也需进行估计）。无论何种地层，出土量均按 57.3m³/环控制。出土量根据千斤顶绝对进尺控制，每进尺 50mm 进行一次估计（理论出土量 1.91m³），每进尺 100mm 进行一次钢尺测量（理论出土量 3.82m³），并将出土量记录在表上，及时、准确地记录每一进尺的出土量。当出现单位进尺出土超量的情况时应及时电话汇报值班领导；当出现出土量明显超标的情况时，立即保压停机，第一时间汇报值班领导并通知各单位，未经允许不得擅自恢复推进。

3）渣土改良

根据既有类似地质工程施工经验，在下穿地铁 11 号线过程中采取如下渣土改良措施：在黏粒成分超过 20% 的全、强风化地层中采用泡沫改良、刀盘前方注水改良、仓内加水改良并适当加注分散剂的综合改良方式；在黏粒成分不足 20% 强、中风化地层中则采用泡沫改良配合刀盘前方及仓内加注膨润土泥浆的改良方式。

4）地表沉降监测

工作内容。在线路中线上每隔 5m 埋设一地表监测点，每隔 20m 布置一监测断面。每天对监测点进行 2 次监测，并注明每次监测时的盾构掘进里程、土仓压力分布、土仓状态、出土量及出土状态、同步注浆量及同步注浆压力等相关参数。

记录方式。带盾尾通过一段距离后、监测点沉降稳定后，绘制该测点在盾构到达之前、通过当中、沉降稳定之后的位移曲线，并注明盾构通过监测点里程前后的推进参数。

地表沉降监测试验目的。通过分析盾构通过前后地表监测数据的变化规律，研究盾构推进的土仓压力分步、土仓状态、出土量、渣土状态、同步注浆量压力等对土体沉降的影响规律，以及盾尾脱出后土体的沉降趋于稳定所需的时间。通过试验研究，比选出较为适宜的推进参数配置，确定出下穿 11 号线的推进参数控制值。

5）深层土体位移监测

工作内容。在线路中线上埋设土体深层位移监视仪器，并读取数值。当盾构刀盘到达前 10m 处开始监测，在刀盘到达至盾构离开监测点里程阶段加密监测，每环读取一次沉降值并详细记录当环掘进参数（土仓压力分布、土仓状态、出土量及出土状态、同步注浆量及同步注浆压力等相关参数。）待盾尾离开监测位置后，跟踪监测后续沉降直至稳定。

记录方式。根据每次深层土体位移监测结果，在记录表上填写不同埋深处各环的相对高度，算出其累计沉降量及沉降速率。同时，记录对应的掘进里程及相关掘进参数，并用 CAD 绘制示意图，标识出每一埋深的沉降位移曲线。

深层土体位移监测试验目的。通过对盾构通过前后隧道洞身上方的土体进行位移监测，研究盾构推进的土仓压力、同步注浆量及注浆压力对土体沉降的影响规律，以及盾尾脱出后土体沉降趋于稳定所需要的时间等。通过试验研究，比选出较为适宜的推进参数配置。通过试验研究，比选出较为适宜的推进参数配置，确定出下穿 11 号线的推进参数控制值。

6）泥浆改造系统测试

根据盾构掘进沉降机理，为减小先期沉降（盾构到达前、盾构到达时），对两台盾构机进行了针对性改造，增设一条 4 寸管径管路由中板上设置的储浆罐直接连接至台车膨润土罐，再由膨润土系统将新制泥浆输送至刀盘掌子面、土仓及盾壳径向孔内，通过向掌子面注入泥水加压，减小先期沉降。为确保改造的该条管路能达到控制先期沉降的目的，在试验段应进行测试。通过对比向掌子面加注泥水加压和不加泥水的两种情况下对应监测点的先期沉降值，分析该系统存在的不足，并在下穿前进行完善。

7）衡盾泥带压开仓技术测试

针对本区间下穿既有 11 号线区段地质条件，采用"衡盾泥"对盾体周边、刀盘前方以及土仓进行填充或换填，完成后再行开仓。虽然"衡盾泥"带压开仓技术在广州地铁 13 号线 8 标、福州过闽江、兰州地铁 1 号线 2 标成功使用过，但水文地质条件及隧道大小、埋深等对该技术的相关参数要求有所差异。为确保在下穿段使用该技术开仓过程安全可控，在试验段应进行一次或两次"衡盾泥"带压开仓测试，验证该技术在本区间水文地质条件及其他工况条件下的可行性，并获取适应本区间工况的相关技术参数。

（3）盾构机改造

渣土改良是保证盾构施工安全、顺利、快速的一项重要技术手段，如渣土改良的方式不当，土仓内渣土难以达到流塑状态，无法形成刀盘前方进土与螺旋输送机出土的平衡，导致土仓极易存积渣土形成泥饼，土仓压力波动较大，形成对地层的持续扰动。采用仓内注水、加分散剂等改良方式很难满足要求，必须在土体进入刀盘存积与仓内之前就进行充分、均匀改良。用类似泥水盾构的推进方式进行土仓管理。

引入泥水盾构的稳定掌子面的原理，设置独立的泥水注入系统，有以下几个作用：

①通过向掌子面注入加压泥水，深入土体形成泥膜，改善工作面土体的稳定性，使得

该区域内的开挖面稳定，将最初的固结、压缩沉降控制在最小值；

②降低刀具和出土系统的磨损；

③改善土仓内渣土的流动性和和易性，降低渣土输送摩擦力；

④减少渣土渗透性，防止喷涌；

⑤降低土仓内形成泥饼的可能性。

在盾构场地设置泥浆制作系统。主要由膨化罐及储存罐组成，膨化罐中由膨润土、0.1%CMC、1%纯碱进行膨化，比重为 1.1 ~ 1.2，黏度为 25，稠度为 40。膨化 24h 后进入储存罐。由储存罐将浆液放至车站中板储浆罐，单独布设一条 4 寸（约 13.33cm）管径管路由储浆罐直接连接至台车膨润土罐，再由膨润土系统将新制泥浆输送至刀盘掌子面、土仓及盾壳径向孔内。

在储浆罐前端新增 30kW 电机驱动液体输送泵。在台车膨润土罐管路前端设置闸阀、压力表、流量计、单向阀。在膨润土罐上设置三道液位传感器。低液位、高液位及停机液位传感器。当液位到达低液位时启动液体输送泵，将液体输送至台车上膨润土罐内。当到达高液位时液体输送泵自动停止。当高液位传感器故障时，停机液位传感器起到保护作用。新制泥浆到达膨润土罐后，由膨润土前端设置 3 个独立螺杆输送泵，分别将泥浆泵送至盾壳径向孔、刀盘掌子面及土仓内。

（4）渣土改良技术

花岗岩残积土具有较高的抗剪强度，它既有黏性土黏聚力较高的特点，又具有砂性土内摩擦角较大的特点。土压平衡盾构在上软下硬地层掘进时，渣土改良是保证盾构安全、顺利、快速的一项不可或缺的重要技术手段。渣土改良具有较好的土压平衡效果，利于开挖面的稳定从而控制地表沉降；使渣土具有较好的止水性，可防止地下水流失，使渣土具有较好的和易性，切削下来的渣土易于快速进入土仓并顺利排土，可有效防止渣土黏结刀盘产生泥饼；可有效降低刀盘扭矩，改善土体对刀盘、刀具和螺旋输送机的磨损。

1）渣土改良的方法

渣土改良就是通过盾构机配置的专用装置向刀盘面、土仓，或螺旋输送机内注入添加剂，利用刀盘的旋转搅拌、土仓搅拌装置搅拌或螺旋输送机旋转搅拌使添加剂与土渣混合，其主要目的就是要使盾构切削下来的渣土具有好的流塑性、合适的稠度、较低的透水性和较小的摩阻力，以满足在不同地质条件下采用不同掘进模式掘进时都可达到理想的工作状况。

2）膨润土的使用

膨润土可以在工作面上形成低渗透性的泥膜，这样有利于工作面传递密封舱的压力，以便平衡更大的水土压力，也可以改变密封舱内土的和易性，提高砂土的塑性，以便于出土，减少喷涌。盾壳周边充满膨润土，可以减少盾构推力，提高有效推力，降低扭矩，节约能耗。

膨润土系统主要包括膨润土箱，膨润土泵，气动膨润土管路控制阀及连接管路。需要注入膨润土时，膨润土被膨润土泵沿管路向前泵至盾体内，根据需要，将膨润土加入到开挖室，泥土仓或螺旋输送机，达到通过螺旋输送机出土速度稳定调节土压力，仓内渣土进出平衡且置换连续的效果。

其配合比为：水：膨润土：粉煤灰：添加剂 = 4：1：1：0.1，加泥量为 20% ~ 30% 出土量。注入压力与盾构的土仓压力一致或略高。

3）泡沫剂的使用

泡沫通过盾构机上的泡沫系统注入。泡沫溶液的组成：泡沫添加剂 3%，水 97%。泡沫组成：90% ~ 95% 压缩空气和 5% ~ 10% 泡沫溶液混合而成。泡沫的注入量按开挖方量计算：300 ~ 600L/m^3。

（5）同步注浆及二次注浆技术

1）注浆目的。及时填充盾尾建筑空隙，支撑管片周围岩体，有效地控制地表沉降。凝结的浆液将作为盾构施工隧道的第一道防水屏障，增强隧道的防水能力。为管片提供早期的稳定并使管片与周围岩体一体化，有利于盾构掘进方向的控制，并能确保盾构隧道的最终稳定。

2）注浆压力。同步注浆时要求在地层中的浆液压力大于该点的静止水压及土压力之和，做到尽量填补同时又不产生劈裂。注浆压力过大，管片周围土层将会被浆液扰动而造成后期地层沉降及隧道本身的沉降，并易造成跑浆；而注浆压力过小，浆液填充速度过慢，填充不充足，会使地表变形增大，通常同步注浆压力为 1.1 ~ 1.2 倍的静止土压力，本标段即 0.2 ~ 0.3MPa。

3）注浆量。同步注浆量理论上是充填盾尾建筑空隙，但同时要考虑盾构推进过程中的纠偏、浆液渗透（与地质情况有关）及注浆材料固结收缩等因素。

4）注浆配比。为达到较好控制地层变形效果，机吊区间下穿段同步注浆采用可硬性浆液，二次注浆注水泥、水玻璃双液浆方案。通过调整各原材料的含量和规格，试验浆液的初凝时间、达到强度时间、稠度、泌水率、固结收缩率等性质确定下穿 11 号线的浆液配比。根据试验结果，决定采用早强型普通硅酸盐水泥，并增加 $CaCl_2$ 等加速浆液凝固的外加剂，保证浆液可以在 1d 内达到强度。适当提高粉煤灰含量，用标号更高、细度更高的粉煤灰，以提高砂浆的黏聚性和保水性。

5.2.3.2　盾构区间联络通道冷冻法施工技术

（1）工程概况

1）概述

20 号线一期工程项目会展北站至会议中心段，线路从会展北站向北出发，下穿和二涌和沙福河，区间左线长 1253m，右线长 1169m，设置一座联络通道兼泵房。区间左线在里程 ZCK15+208.107 处进入曲线段，曲线半径 R=360m，里程 ZCK15+758.258 处进入圆缓曲线段，到达会议中心站。

2）联络通道及泵站简介

联络通道及泵站处左线、右线盾构隧道里程为
ZDK48+300.00，YDK48+297.519，联络通道处隧道
中心距为 12.335m，左线隧道中心标高 –22.347m，
右线隧道中心标高为 –22.422m，地面标高约
为 +3.81m（左线）、+10.66（右线）。管片外径
6200mm，内径 5500mm，联络通道采用水平冻结法
加固地层，矿山暗挖法，区间联络通道及泵站主体
结构如图 5.2-1 所示。

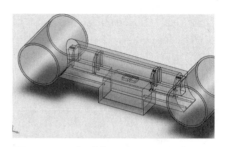

图 5.2-1　区间联络通道及泵站主体结构
三维效果图

联络通道采用矿山法施工，结构为复合式衬砌。联络通道的防水原则是"以预防为主。
刚柔结合、多道防线、因地制宜、综合治理"，关键是处理好施工缝的防水。二次衬砌结
构采用 C35 高性能防水混凝土，抗渗等级不小于 P10。

衬砌采用二次衬砌方式，所有初期支护层厚度均为 300mm；通道拱部、侧墙结构层
为 350mm 厚的现浇钢筋混凝土，泵站结构层为 450mm 厚的现浇钢筋混凝土，喇叭口为
1100mm 厚的现浇钢筋混凝土，通道底板为 400mm 厚的现浇钢筋混凝土。

（2）冻结帷幕设计

冻结主要设计参数如表 5.2-4 所示。

区间联络通道（泵站）冻结主要设计参数表　　　　　表 5.2-4

序号	参数名称	单位	数量
1	中心间距	m	12.335
2	冻土帷幕设计厚度（喇叭口）	m	≥ 2.5
3	冻土帷幕平均温度	℃	≤ –13
4	冻土帷幕交圈时间	d	23 ～ 28
5	积极冻结时间	d	58
6	冻结孔个数	个	110
7	冻结孔孔间距	m	拱顶 1.0m，侧墙 1.1m，泵房 1.4m
8	冻结孔允许偏斜	mm	150
9	设计最低盐水温度	℃	–30 ～ –28
10	单孔盐水流量	m³/h	≥ 5
11	冻结管规格	mm	$\phi 89 \times 8$
12	测温孔	个	10
13	泄压孔个数	个	4
14	冻结管总长度	m	837.842
15	冷冻排管长度	m	150.812
16	冻结总需冷量	10⁴kcal/h	10.195
17	170WDEDD 冷冻机	台	2
18	施工工期	d	127

注：为及时掌握土体温度变化，每个测温孔内一般放置 3 个测点，以测量土体温度，第 1 个测点放置于管片与拟冻结
土体的交界面上，第 2、3 个测点可根据测温孔深度均匀布置。

现场冻结孔数量根据现场终孔间距实际情况进行调整，如冻结孔终孔间距偏斜大于150mm，需进行冻结孔增设，确保冻结帷幕闭合严密，冷冻管布置如图5.2-2所示。

图 5.2-2 联络通道及泵站冻结管布置
三维效果图

（3）制冷系统设计

1）冷冻机的选择

冻结站需冷量的计算：

$$Q = 1.3 \times \pi \times d \times H \times K$$

联络通道及泵站冻结管需冷量为 8.595×10^4 kcal/h，考虑到盐水干管的冷量损失（夏季施工，取冷量损失系数为20），盐水干管总长为800m，则冷量损失为 $20 \times 800 = 1.6 \times 10^4$ kcal/h，联络通道总需冷量为（8.595+1.6）$\times 10^4$ kcal/h=10.195×10^4 kcal/h。

式中 Q——冻结管需冷量（kcal/h）；

H——联络通道冻结管总长度（m）；

d——冻结管直径（mm）；

K——冻结管散热系数；

根据计算，冻结站布置于隧道车站底板处，引两趟盐水干管至联络通道位置，联络通道距离冻结机房约400m，冷量损失约为 1.6×10^4 kcal/h ，机房选用 170WDEDD 型冷冻机机组（标况制冷量 14.19×10^4 kcal/h）2台，其中1台备用。

2）冻结系统辅助设备

盐水泵选用 ISW200-315（Ⅰ）型 2 台，单台流量 $400m^3/h$，电机功率55kW，扬程32m，1台备用。

冷却水循环均选用 ISW150-160 型清水泵 2 台，流量 $160m^3/h$，电机功率22kW，扬程32m，其中1台备用。冷却系统采用喷淋系统冷却；补充新鲜水 $15m^3/h$。

冻结管选用 $\phi89 \times 8mm$，20 号低碳钢无缝钢管，丝扣连接，并辅以焊接，冷冻排管选用 $\phi45 \times 3mm$ 钢管。

测温孔管浅孔选用 $\phi32mm$，深孔用 $\phi89mm \times 8mm$ 的钢管。

供液管选用 $\phi48mm \times 4mm$ 钢管，采用焊接连接。

盐水干管采用 $\phi150mm \times 10mm$ 的聚乙烯钢丝骨架管，来回长度约为800m。

清水干管选用 $\phi133mm \times 4mm$ 的钢管。

3）其他

用电负荷：联络通道工程用电最大负荷约200kW/h。

冷冻机油选用 N46 冷冻机油。

制冷剂选用氟立昂 R-22，冷媒剂选用氯化钙溶液。

（4）冻结施工

1）冻结孔施工

①定位开孔及孔口管安装

用经纬仪确定各孔位置、开孔，如图 5.2-3 所示。

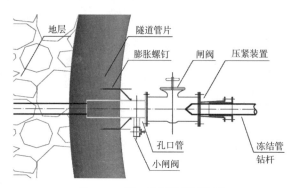

图 5.2-3 孔口密封装置示意图

（a）钻孔：按设计要求调整好钻机位置，将钻头装入孔口装置内，在孔口装置上接上 1.5" 阀门，并将盘根轻压在盘根盒内，首先采用干式钻进，当钻进费劲不进尺时，从钻机上进行注水钻进，同时打开小阀门，观察出水、出砂情况，利用阀门的开关控制出浆量，保证地面安全，不出现沉降。钻机选用 MX-80 型或 MX-120A 型钻机。

（b）封闭孔底部：用丝堵封闭好孔底部，具体方法是，利用接长杆将丝堵上到孔的底部，利用反扣在卸扣的同时，将丝堵上紧。

（c）打压试验：封闭好孔口，用手压泵打水到孔内，至压力达到 0.8MPa（并且不低于冻结工作面盐水压力的 1.5 倍）时，停止打压，关好阀门，观测压力的变化，30min 内压力无变化或下降不超过 0.05MPa，再延续 15min 压力不变为合格。

②钻孔偏斜

冻结孔开孔位置误差不大于 100mm，应避开管片螺栓、主筋。

冻结孔最大允许偏差 150mm（冻结孔成孔轨迹与设计轨迹之间的距离）。

③冻结孔钻进与冻结管设置

考虑区间地层以软土为主，冻结管钻进采用跟管法钻进技术，既减少了地层流出物的数量，也有利于控制地面沉降。

利用冻结管作钻杆，冻结管采用丝扣连接，并辅以焊接，确保其同心度和焊接强度，冻结管到达设计深度后密封头部。

钻进过程中严格监测孔斜情况，发现偏斜要及时纠偏。下好冻结管后，进行冻结管长度的复测，然后再用经纬仪进行测斜并绘制钻孔偏斜图。

冻结管安装完毕后，用堵漏材料密封冻结管与管片之间的间隙。

在冻结管内下供液管，然后焊接冻结管端盖和去、回路羊角。

施工冻结孔时的土体流失量不得大于冻结孔体积，否则应及时进行注浆控制地层沉降。

打透孔复核两隧道预留口位置。如两隧道预留口相对位置误差大于100mm，则应按保证冻结壁设计厚度的原则对冻结孔布置进行调整。

冻结孔施工完毕后沿冻结站对侧隧道（右线）联络通道外围冻结壁敷设5排冷冻排管，排管间距为500mm；冷冻排管采用 $\phi45$ 无缝钢管。排管敷设应密贴隧道管片。

冻结孔施工工序流程如图5.2-4所示。

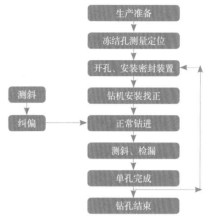

图 5.2-4　冻结孔施工工序流程

2）施工总体布置

①冻结站布置与设备安装

冻结站占地面积约 $120m^2$，站内设备主要包括冷冻机、盐水箱、盐水泵以及箱式变电站、清水泵和冷却塔。

②管路连接、保温与测试仪表

隧道内的盐水管用管架敷设在隧道管片斜坡上，以免影响隧道通行。在盐水管路和冷却水循环管路上要设置伸缩接头、阀门和测温仪、压力表、流量计等测试元件。盐水管路经试漏、清洗后用橡塑材料保温，保温厚度为50mm，保温层的外面用塑料薄膜包扎。集配液管与冻结管的连接用高压胶管，每组冻结管的进出口各装阀门一个，以便控制流量。联络通道四周冻结管每4个串联成一组，其他冻结管每五六个串联成一组，分别接入集配液管。

考虑两侧隧道内管片的散热对冻结效果的影响，在隧道冻结站对侧管片（右线）内侧安装冷冻板，加强冻结。在冻结壁附近隧道管片内侧敷设保温层，敷设范围至设计冻结壁边界外2.3m（大于设计冻结壁厚度）。保温层采用橡塑保温材料，导热系数不大于0.04W/（m·K）。

③溶解氯化钙和机组充氟加油

盐水（氯化钙溶液）比重为1.26～1.27之间，将系统管道内充满清水，盐水箱充至一半清水，在盐水箱内（加过滤装置）溶解氯化钙，开启盐水泵，边循环边化氯化钙，直至盐水浓度达到设计要求。

机组充氟和冷冻机加油按照设备使用说明书的要求进行。首先进行制冷系统的检漏和氮气冲洗，在确保系统无渗漏后，再抽真空，充氟加油。

3）积极冻结

盐水降温按预计降温曲线进行，严禁直接把盐水降到低温进行循环。设计积极冻结时间约为 58d，其中开挖构筑时间约为 30d，要求冻结孔单孔流量不小于 5m³/h；积极冻结 7d 盐水温度降至 −18℃以下；积极冻结 15d 盐水温度降至 −24℃以下，去、回路盐水温差不大于 2℃；开挖时盐水温度降至 −28℃。如盐水温度和盐水流量达不到设计要求，应延长积极冻结时间。

在积极冻结过程中，要根据实测温度数据判断冻土帷幕是否交圈和达到设计厚度，测温判断冻土帷幕交圈并达到设计厚度后打探孔，确认冻土帷幕内土层基本无压力后再进行正式开挖。

（5）开挖与构筑

联络通道开挖后，地层中原有的应力平衡受到破坏，引起通道周围地层中的应力重新分布，这种重新分布的应力不仅使上部地层产生位移，还会形成新的附加荷载作用在已加固好的冻土帷幕上，当冻土帷幕墙所承受的压力超过冻土强度时，冻土帷幕及冻结管会产生蠕变，为控制这种变形的发展，冻土开挖后就要及时对冻结帷幕进行及时的支护，所以联络通道的初期支护既作为维护地层稳定，确保施工安全的一项重要技术措施，又作为永久支护的一部分，是支护工艺最为关键的一步。

初期支护采用钢筋格栅支架，挂网后喷射混凝土。钢筋加工成直腿拱形支架和矩形支架，分成三个单元，钢筋格栅支架为封闭形式用于喇叭口及通道内的初期支护，为增加格栅支架的稳定性，每道钢筋格栅支架中部加有一根格栅横撑，拱形格栅支架排间距与通道的开挖步距相对应为 0.50m，相邻支架间加有纵向拉杆，以增加整个支护体系的整体性和稳定性，通道与盾构连接处应连立 3 榀钢筋格栅支架加强支护。

为了控制支架间冻结帷幕的变形，减少冻结帷幕冷量损失，所有钢筋格栅支架后用木背板密背，背板必须同冻结壁紧贴，尽量减少支护间隙，木背板不能松动，当支护间隙较大时，可增加背板厚度和木楔子，或及时将背板与地层空隙用沙土等填充，以提高支护效果。

永久支护为结构设计中的钢筋混凝土结构，主钢筋要求外侧保护层厚度为 50mm（迎土面），内侧净保护层厚度为 40mm（背土面）；钢筋的连接采用焊接，Ⅱ级钢筋锚固长度不小于 35d，Ⅰ级钢筋末端应作 180° 弯钩，弯钩末端直线段长度不小于 10d，焊条类型：HPB300 钢筋焊条类型 E43，HRB400 钢筋焊条类型 E50。通道支护及结构层施工时，在背板和冻土之间及防水层和结构层之间预埋注浆管，作最后充填注浆用。

初期支护金属支撑架。开挖前按图加工好初期支护的钢架，通道开挖步距开挖步距应和钢筋格栅支架间距一致，特殊情况下最大不超过 800mm。开挖完成后立即进行初衬钢筋格栅支架施工，初衬钢筋格栅支架和冻土帷幕间应采取适当保温（如木背板）以隔绝冻土和喷射混凝土，完成喷射混凝土水化反应。

预应力支架安装。预应力支架在积极冻结期间安装。设置 4 榀预应力支架，安装方法：在区间隧道左、右线联络通道开口两侧各架两榀，两榀钢支架间距 4.5m，并在联络通道两端沿隧道方向对称布置，预应力支架加工及制作详见设计图纸。施加预应力时每个千斤顶要同时慢慢平稳加压，每个千斤顶以压实支撑点为宜。

后根据现场实际情况，确保在冻结期间冻结区域管片的稳定安全，左右隧道各增设两榀预应力支架，增设支架安装位置为通道门中线左右 1.5m。

支架安装注意事项。架设时要有专人负责指挥，拼装时螺栓必须拧紧，高处千斤顶应固定在主架上，防止脱落。要定期检查千斤顶压力情况，发现松动等异常情况要及时处理。

预应力安装偏离隧道管片环缝处截面不大于 20mm。

安装好预应力支架后顶实千斤顶，但每个千斤顶的顶力不得大于 100kN，且各个千斤顶的顶力要基本均匀。

根据实测隧道收敛变形调整各个千斤顶的顶力，收敛大的部位要求千斤顶顶力大，不收敛的部位要求千斤顶不加力，隧道收敛达到报警值 10mm 时，千斤顶顶力达到设计最大值 500kN。

如千斤顶顶力达到设计最大值后隧道仍继续收敛，则应采取其他措施加强隧道支撑。

防护门的安装。通道防护门在积极冻结期间安装。在开挖侧隧道预留洞口上安装应急防护门。并配备风量不小于 6m³/min 的空压机给防护门供气。防护门开关应便于人工操作，且不影响施工。防护门安装效果如图 5.2-5 所示。

图 5.2-5　通道防护门安装效果图

1）开挖条件

通过对测温孔和泄压孔的实测数据分析，判定冻结帷幕达到设计的强度和厚度后，开始进行试挖，经试挖满足开挖条件后正式开挖。

2）开挖顺序

根据工程结构特点，拉开管片后，联络通道及泵站开挖掘进采取分区分层方式，其施工顺序如表 5.2-5 所示。

联络通道及泵站开挖顺序示意图　　　　　　　　　　　表 5.2-5

步骤	开挖介绍	开挖图示	备注
第一步	开挖通道部分，采用全断面开挖土方，严格按照开挖步距要求及初期支护要求，及时进行初期支护		
第二步	完成喷射混凝土后，铺设防水层，施作正常段断面的二次衬砌		

续表

步骤	开挖介绍	开挖图示	备注
第三步	开挖泵站，架设钢架支撑，施作初期衬砌		
第四步	完成喷射混凝土后，铺设防水层，施作泵房二衬		

以上是基本的开挖顺序及施工内容，土方开挖的总体施工顺序及流程，如图 5.2-6 所示。

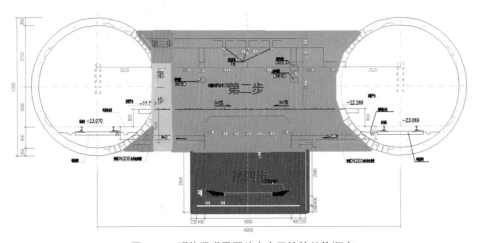

图 5.2-6　联络通道及泵站土方开挖的总体顺序

3）冻胀、融沉控制措施

①冻胀和融沉控制的基本措施

（a）为减小地层冻胀和融沉，根据研究结果及有关资料和工程经验，结合本工程的施工条件，采取的冻胀和融沉防治措施。

（b）在冻土帷幕内未冻土中设 4 个泄压孔，通过卸压消散作用在管片上的冻结附加力。泄压孔采用 $\phi 45 \times 3mm$ 无缝钢管作滤水管，滤管不包纱网，在冻胀引起地层压缩时，从泄压孔排出部分土体。积极冻结时，如果孔内水压增加，打开孔口阀门卸压。

（c）通过监测冻结过程中隧道管片的变形，预计冻结施工对隧道结构的最终影响，为调整、确定冻结施工参数提供可靠的依据。通过调整盐水流量和盐水温度，控制冻土帷幕厚度保持在设计值附近。

（d）冻土帷幕解冻时有少量收缩，从而使地层产生融沉。为了消除地层融沉可能联络通道产生的不良影响，在结构衬砌上预留注浆管注浆，在冻土帷幕化冻过程中进行注浆以补偿冻土帷幕融沉。

（e）停止冻结后，则采取自然解冻注浆，控制融沉。

②控制地层融沉的注浆措施

a. 融沉补偿注浆

（a）注浆管布置。在结构施工时预留注浆管。侧墙和底板注水泥浆液。侧墙和底板的注浆管规格为 2 寸（约 6.67cm）焊管。孔深度到达初衬（初期支护）与冻土墙之间，注浆孔沿通道轴线方向间距布置 36 个注浆孔。

（b）注浆材料。融沉补偿注浆浆液以水泥单液浆为主，注浆压力不大于 0.5MPa。注浆范围为整个冻结区域。

（c）注浆顺序。注浆的顺序是先底板后侧墙。底板注浆时，先从通道中部的注浆孔开始注浆，然后依次向两端的注浆孔灌注。

（d）注浆原则及方法。注浆遵循多次少量均匀的原则。当一天内联络通道沉降大于 0.5mm，或联络通道累计沉降大于 1.0mm 时，应进行融沉补偿注浆；当联络通道隆起 2.0mm 时应暂停注浆。

（e）注浆前，将待注浆的注浆管和其相邻的注浆管阀门全部打开，注浆过程中，当相邻孔连续出浆时关闭邻孔阀门，定量压入后即可停止本孔注浆，关闭阀门，然后接着对邻孔注浆。遇到注浆管内窜浆固结而引起堵管时，需用加长冲击钻头通管。

b. 注浆施工过程的监测

控制地面沉降变形是注浆的目的。因此，化冻过程中，要加强地面变形监测、冻土温度监测、冻结壁后水土压力监测。另外，注浆施工过程中，浆液的压力可以通过在相邻注浆孔安装压力表来反映。以上综合监测数据是注浆参数调整的依据。

c. 融沉注浆结束条件

融沉注浆的结束是以地面沉降变形稳定为依据。若冻结壁已全部融化，且不注浆的情况下实测地层沉降连续半个月地面日沉降量保持在 0.5mm 以内，累计沉降量小于 1mm，即可停止融沉补偿注浆。

5.2.3.3 受损盾构管片修复技术

（1）概述

某单位在地表沉井施工作业时，造成地铁 20 号线车辆段入段线盾构隧道受损。经现场勘察，入段线 1166 ～ 1167 环，9 ～ 12 点钟方向出现多处管片漏泥浆、错位、破损、掉块严重。

造成隧道受损的沉井直径 6m，该沉井为管道过河顶管的工作井。受损隧道外径 6m，内径 5.4m，管片错缝拼接，环宽 1.5m，如图 5.2-7 所示。

（2）管片受损评估

管片受损评估如表 5.2-6 所示。

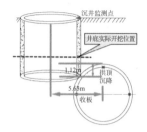

图 5.2-7　沉井与受损隧道位置关系

评估结果表　　　　　　　　　　　　　　　　　　　表 5.2-6

管片环号	渗漏部位	渗漏水流速 L/（m²·d）	错台（mm）	裂缝宽度（mm）	裂缝宽度（mm）	建筑限界
1165	两环间止水带损坏	3.8	—	—	—	符合要求
1166			45	0.12～15	18.7～43.9	符合要求
1167	—	—	53	0.15～0.35	21～32.6	符合要求

结合现场监测与检测资料，经核实管片受损原因为沉井近接隧道结构施工（根据现场调查，平面侵入区间隧道第 1166 和 1167 环，1.77m，靠近沉井部分的管片已无原状土层保护），施工过程中沉井结构挤压管片引起管片破损。根据渗漏速度、渗漏部位、错台情况、裂缝宽度情况、裂缝深度情况管片变形情况、建筑限界和管片应力等指标，对标规范判定管片受损影响分区，确定管片强影响区范围：1166 环和 1167 环管片拱腰处出现错台过大、拉应力超限而开裂、裂缝宽度超限等问题，管片已出现严重损伤，无法正常使用。

（3）混凝土修复粘贴钢板加固法

1）注浆加固

①地表注浆加固

在进行混凝土修复或混凝土管片置换过程中应保证地表岩土处于稳定状态，且要保证地表建筑物处于稳定状态，因此在管片内混凝土修复过程中，应对地表一定范围内进行注浆，且要对注浆效果进行钻孔取芯验证，保证注浆深度和强度满足要求。

②管片外注浆加固

在施作管片强度修复过程中，管片外侧的土层也应保持稳定状态，因此在管片内布孔注浆，防止管片外空洞存在，提高管片外侧强度。

2）混凝土管片注浆强度修复

混凝土管片的破损与裂缝可能产生渗漏，甚至影响结构的耐久性，因此应对其进行修补处理。对于管片破损位置，先凿除破碎混凝土，然后再用环氧水泥砂浆修补；而对于裂缝，处理方式如下所述：

①用钢丝刷和砂轮仔细清理裂缝两侧各 30mm 的表面。

②清除油污、松动混凝土、浮尘，确保裂缝清晰。

③选择和确认混凝土裂缝上的注浆点（原则上要求相邻两个注浆点的间距不超过裂缝

本身的深度，预定注浆点间距为 300 mm。

④沿裂缝开凿宽和深各 40mm 的"V"型槽。冲洗干净后，埋设注浆管嘴，然后在槽内涂刷树脂基液。

⑤待基液开始初凝时，沿裂缝走向 60mm 范围内用抹刀刮抹 SD 环氧胶粘剂，尽量一次完成。

⑥采用低压灌注 DP40 环氧树脂进行注浆，注浆顺序为由低到高、一侧向另一侧逐渐靠近。

经特殊修补材料修补后的管片破损处自身强度达到 70MPa，修补材料和修补面的抗剪强度超过混凝土自身强度，经过实际应用检验，特殊修补材料初凝时间短、黏度高、不流挂、短期强度高，能满足混凝土管片的粘结性，特别适合于隧道顶部和拱腰处的修复。

3）粘贴钢板加固法

①加固范围

对受损隧道采用内设钢圈的形式进行加固，其中：

（a）对 1166、1167 环拟每环采用 3cm 厚的钢板进行加固，环宽、整环加固钢圈、骑缝环加固钢圈应加以规范布置。

（b）对 1165、1168 环拟采用 2cm 厚，环宽 1100mm 的钢板进行加固，钢板非骑缝环设置。

②钢板修复加固形式

（a）1166、1167 环管片钢板加固形式。

1166、1167 环管片加固钢板厚度 30mm，采用整环加固和骑环缝形式，每环分成 6 块制作，需预先现场放样确定，以保证钢圈与管片内壁的贴合，钢圈与管片间的空隙宜控制在 2cm 以内，采用刚性环氧树脂填充密实，超过应加钢筋网充填砂浆找平。封顶块处的钢板长度应保证搭接在两邻接块上的位置至少各有两排化学螺栓锚固。钢板材质为经过耐腐蚀处理的 Q345B 钢，焊接采用 CO_2 气体保护焊。化学螺栓遇手孔、管片螺栓处可作适当调整。为保证施工安全拼装时先采用膨胀锚栓固定，待成环后打设化学锚栓补强。

（b）1165、1168 环管片钢板加固形式。

1165、1168 环管片加固钢板厚度 20mm，采用整环加固形式，环宽为 1200mm，每环分成 6 块制作，需预先现场放样确定，以保证钢圈与管片内壁的贴合，钢圈与管片间的空隙宜控制在 2cm 以内，采用刚性环氧树脂填充密实，超过应加钢筋网充填砂浆找平。封顶块处的钢板长度应保证搭接在两邻接块上的位置至少各有两排化学螺栓锚固。钢板材质为经过耐腐蚀处理的 Q345B 钢，焊接采用 CO_2 气体保护焊。化学螺栓遇手孔、管片螺栓处可作适当调整。为保证施工安全拼装时先采用膨胀锚栓固定，待成环后打设化学锚栓补强。

③加固工序

（a）加固前应做好洞内环纵向支撑，在安装钢圈过程中应该拆一环管片内的支撑就及时安装本环钢圈。

（b）由于加固范围内的衬砌环已经有了不同程度的变形，各衬砌环内设置的钢圈分块尺寸需通过现场放样预先确定，以保证钢圈与管片内壁的贴合。施工时应根据现场实际情况采取适当的施工工艺和措施，保证施工安全和施工质量。施工可按以下步骤进行：管片清理、安装钢圈、环氧树脂充填。

（c）钢圈安装前，应将管片表面油污、泥（砂）浆等污物清理干净、适当打磨，钢板表面应作打磨除锈处理，以确保混凝土与钢板间的粘结强度。

（d）受损管片钢板加固顺序为：先加固 1165 环和 1168 环管片，然后再加固 1166、1167 环管片。每环管片进行加固钢圈安装时应采取换撑或不拆撑等措施来保证每环管片在安装加固钢圈时有可靠的临时支撑，同时建立临时支撑的实时监测系统（包括变形和轴力）并将监测数据反馈至设计单位。

（e）加固钢圈施工应按"安装一环钢圈→灌注刚性环氧浆液→待浆液凝固后再安装下一环钢圈"的顺序进行。

（f）钢板解封应避开管片纵缝位置，若两缝出现重合应适当调整钢圈分块角度以错开两缝。

④加固钢环壁后注浆

钢板和盾构管片中间采用灌注刚性环氧浆液，将管片和钢环形成整体，提高整体稳定性，钢板边的封缝位置采用硫铝酸盐超早强水泥充填，钢板覆盖范围内的手孔均同此。

5.2.4　其他土建施工技术创新

5.2.4.1　组合式带肋塑料模板技术

（1）关键技术及创新点

1）复合模板设计

复合模板以聚丙烯树脂（PP）为原料，加入长玻璃纤维等辅料，采用国内唯一具有自主知识产权的 LFT-D 模压生产整线工艺一次模压成型，成型后模板中玻璃纤维长度超出传统注塑工艺 3 倍以上，提高了模板的各项物理力学性能，如图 5.2-8 所示。

复合模板共有六大类产品：墙体模板、方柱模板、内角模板、外角模板、嵌补模板、梁底模板，共计 50 余种规格尺寸。平面最大规格尺寸为 1.2m×1.5m，最小规格尺寸为 0.15m×0.2m，通过灵活的组合拼装，可以满足隔墙、中柱结构尺寸的拼装需求。

2）创新点

由于结构内隔墙数量多，墙柱同步施工，异形断

图 5.2-8　塑料模版安装效果图

面多，同时分三个作业面施工，需使用大量的模板，若使用木（竹）胶合板，周转次数少，会造成大量模板损耗和废弃模板、方木。使用绿色节能环保的复合模板，是符合国家"以塑代木、以塑代钢"的产业政策导向，是国家鼓励发展的节能环保的高新技术产品。

同时，复合模板的定型模板连接方便快捷，阴阳角成型效果好，垂直度易保证。

（2）主要科技成果

模板采用 LFT-D 模压生成整线工艺一次模压成型，标准化、定型化，满足结构隔墙及中柱数量多，施工高度高，异形断面多等施工特点。

模板强度等物理力学性能高，周转次数多，材料损耗小。防水耐腐，性能稳定，板面不亲混凝土浆，混凝土表面观感佳，平整度好，节省表观处理。质量轻，减少对吊装设备依赖，降低施工成本。

模板废弃后，可全部回收再生，完全消除环境污染，节能环保。

5.2.4.2 基坑施工封闭真空降水技术

（1）关键技术

1）真空降水系统的设计

20 号线一期工程项目会展南站至会展北站区间基坑长度 521.3m，深度约 18m，标准段宽 43.3m，采用明挖法施工，因开挖范围内主要由淤泥质土、砂质黏性土、残积土及花岗岩全风化层等组成，地层整体渗透性差，不易疏干且基坑范围强风化地层裂隙水相对丰富，为保证基坑开挖过程中安全性，采用真空降水技术，根据降水深度、含水层的埋藏分布、地下水类型，降水设备条件以及围护结构等因素合理确定降水深度及井点布置，以每 4 台潜水泵和 1 台真空泵连接成一套真空管井系统（图 5.2-9），降水运行初期，对各深井施加真空，采用真空泵与潜水泵交替进行的方式，从而有效降低开挖范围内土体含水量及基岩裂隙水位，提高土体强度，方便挖掘机和工人坑内施工作业，经过整个过程的施工的检验，真空降水系统设计合理，安全可靠，圆满完成施工任务。

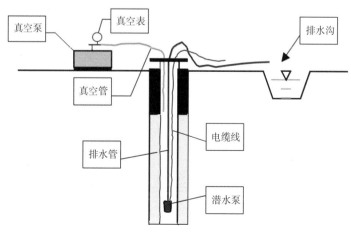

图 5.2-9 真空系统运行示意图

2）降水工程设计思路

本工程开挖范围内存在 3 ～ 9m 淤泥层，该层厚度大、工程性质差、含水量高。第二道支撑施工位于该层中，若不进行有效疏干，将影响施工进度，应提前20天加真空降水，尽可能降低土层含水量，方便开挖。且强风化地层裂隙水相对丰富，具有承压性，降水井应尽量进入强风化岩层底部，降低基岩裂隙水水位，避免基岩裂隙水突涌风险。在施工过程中，真空降水系统降水效果明显。通过施工过程中的总结和改进，基坑土体强度可靠，流质淤泥层地层直立性较好，基坑开挖过程中未出现任何安全事故，施工技术较为适用。

（2）技术模型研究

基坑围护结构在理论设计上隔断含水层基坑内外的水平向水力联系，但在实际施工中，难以达到完全隔水效果，同时也未阻断地层垂向水力补给，在分析工程地质、水文地质条件及围护结构设计等相关资料的基础上，采用 Visual MODFLOW 进行降水设计。

1）水文地质概念模型

根据勘察资料，对场区的地质条件进行概化，如图 5.2-10 所示，自上而下分别为：

第1层：为上部滨海滩涂回填的素填土、杂填土；

第2层：为淤泥、粉质黏土层等透水性较差土层；

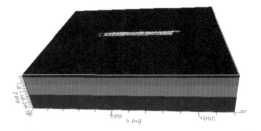

图 5.2-10　水文地质三维模型概化图

第3层：为风化层、残积土、强风化土状的花岗岩；

第4层：为由存在基岩裂隙的强风化块状、中风化花岗岩地层。

因模拟范围较小，场地离水文地质自然边界较远，根据水文地质勘查资料，降水井影响半径约为300m；模型边界以场地各边向外扩展500m以上人为设定为定水头补给边界，即模拟区范围为1200m×1000m。根据勘察资料，取初始水位标高为+3.0m。

2）地下水流模型

根据以上建立的水文地质概念模型，在不考虑水的密度变化的前提下，可以建立相应的地下水流数学模型：

$$\frac{\partial}{\partial x}\left(K_{xx}\frac{\partial h}{\partial x}\right)+\frac{\partial}{\partial y}\left(K_{yy}\frac{\partial h}{\partial y}\right)+\frac{\partial}{\partial z}\left(K_{zz}\frac{\partial h}{\partial z}\right)+W=\frac{E}{T}\frac{\partial h}{\partial t}$$

其中 $E=\begin{cases} S & \text{承压含水层} \\ S_y & \text{潜水含水层} \end{cases}$；$T=\begin{cases} M & \text{承压含水层} \\ B & \text{潜水含水层} \end{cases}$；$S_s=\frac{S}{M}$

式中　K_{xx}，K_{yy} 和 K_{zz}——平行于主轴 x，y 和 z 方向的渗透系数（L/T）；

　　　　　W——单位体积流量，用以代表流进或流出的源汇项（m³/d）；

　　　　　h——点（x，y，z）在 t 时刻的水位（m）；

S_s——储水率（L/m）；

S——贮水系数；

S_y——给水度；

M——承压含水层厚度（m）；

B——潜水含水层厚度（m）。

初始条件：$H(x, y, z, t) = H_0(x, y, z, 0)(x, y, z) \in \Omega$

边界条件：第一类边界条件：$H(x, y, z, t)\big|_{\Gamma_1} = H_1(x, y, z, t)(x, y, z) \in \Gamma_1$

第二类边界条件：$K \dfrac{\partial H(x, y, z, t)}{\partial n}\bigg|_{\Gamma_2} = q(x, y, z, t)$

式中　　　Ω——立体时间域；

$H_0(x, y, z, 0)$——研究区各层初始水头值；

$H_1(x, y, z, t)$——研究区各层第一类边界 Γ_1 上的已知水头函数（L）；

$q(x, y, z, t)$——第二类边界 Γ_2 上的单位面积法向流量 [L2T-1]；

对于隔水边界，$q=0$。

3）模型剖分

模型采用六面体网格剖分，在水平方向上采用非等距矩形网格剖面（基坑区域附近网格加密），模拟区平面上剖分为 491 行、328 列，加密区最小单元格的面积为 1m×1m，非加密区域单元格面积约为 25m×25m，如图 5.2-11 所示，围护结构三维示意图如图 5.2-12 所示。

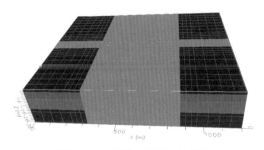

图 5.2-11　模型三维网格剖分图

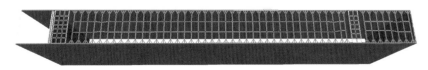

图 5.2-12　围护结构三维示意图

4）模型参数

地下水流数学模型涉及的模型参数主要为渗透系数（K_{xx}、K_{yy}、K_{zz}），其值的大小直接决定概念模型与实际水文地质模型的拟合程度以及基坑涌水量预测的大小，本模型参数取值如表 5.2-7 所示。考虑围护结构渗透性，渗透系数取 0.01m/d。

模型参数取值表   表 5.2-7

序号	模型部位	渗透系数（m/d）	备注
1	围护结构	0.01	
2	素填土、杂填土	10	
3	淤泥、粉质黏土层	0.01	
4	风化层、强风化土状花岗岩	0.5	
5	基岩裂隙水	2.0	

5）模型计算结果

如表 5.2-9 所示，参数代入模型，当基坑内降至基坑设计底板以下时（－14.5m），经计算，基坑总涌水量约为 4680m³/d，水位降深等值线如图 5.2-13 所示。

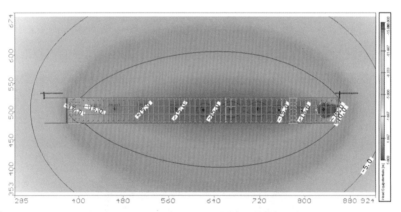

图 5.2-13　坑内外水位降深标高等值线图

（3）技术总结

真空降水技术，能适应工程地质较差的作业环境，有效降低土体含水率，提高土体强度，方便挖掘机和工人坑内施工作业。

采用真空泵与潜水泵交替进行的方式，有效降低地下水水位，增加临时边坡和坡底的稳定性，防止裂隙水突涌，确保基坑安全。

5.2.5　站后工程技术创新

随着建筑信息模型（Building Information Modeling）及 BIM 技术在国内建筑行业的兴起与推广，BIM 技术得到了高速发展和广泛应用。自该技术进入地铁建筑市场，正在加速推动设计、施工及材料设备厂家等各相关方的提升。同时，因 BIM 技术较传统做法有不可比拟的优势，也推动了建筑行业的快速变革。

本书就 BIM 技术在地铁机电安装的深度应用，即机电管线工厂化预制及装配式施工（图 5.2-14），从模型建立及校核、管线工厂化预制以及现场装配式安装三个方面进行阐述。

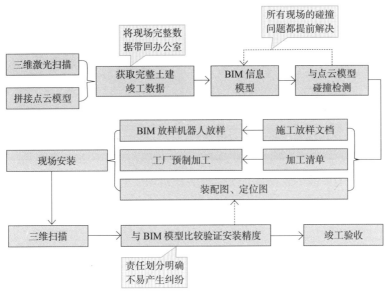

图 5.2-14　预制流程图

（1）模型建立及校核

前期三个模型的建立。项目开始后依据设计图纸及结构现状需建立结构 BIM 模型，管线 BIM 模型及三维激光扫描的点云模型。

1）结构及管线的 BIM 模型

通过 Revit 或 Bentley 三维仿真模拟软件，依据设计图纸分别构建不同专业的建筑模型。在不同专业模型的基础上合并模型，对模型进行整合，为后期管线碰撞检查及模型校核提供基础。

结构模型以图纸为依据。机电模型的建立则以图纸及管线的实际三维尺寸为依据，管线的三维尺寸即为单个个体的 BIM 模型，为保证模型精度，这一部分模型由相应的供货商提供。

2）三维激光扫描的点云模型

三维激光扫描技术是通过三维激光扫描仪获取目标物体的表面三维数据；对获取的数据进行处理、计算、分析；进而利用处理后的数据从事后续工作的综合技术。三维激光扫描技术又称为"实景复制技术"，主要面向高精度逆向工程的三维建模与重构。

扫描的结果以点数据的形式储存在设备中，汇集了一定规模的数据点称之为点云，由点云构建的模型即为点云模型。

3）模型校核

点云模型逆向重建了结构的实际尺寸。首先通过结构实际尺寸与设计尺寸对比，修改符合模型尺寸。模型尺寸接近实际尺寸后，则对模型中机电管线的空间位置、管线排布，及碰撞做进一步的布设。

所需模型建立与校核之后，则开始下一步管线工厂化预配实施。

（2）管线工厂化预制

依据管线的出厂尺寸、管线的实际安装位置、工艺需要、设计与规范要求，对其BIM模型进行合适的切割分解，将模型分解为单个个体，以达到工厂化预制的目的。同时，依据设计及规范要求，现场实际需求，在分解后的模型中布设管线支吊架系统。

分解后的模型及支吊架，按一定的编码原则进行编码。编码则是建立模型、预制及据码安装的流程体系，使三个不同作业空间的参与人员进行协作，达到高度统一。

经过上述操作，此时的模型即可生成材料计划和加工清单，并组织供货和工厂预制。预制及成品件的供货以清单的方式进行流转，并附上单个个体编码，保证生产加工与模型的一一对应关系。

（3）现场装配式安装

依据清单加工好的材料运输至作业面后展开安装作业。具体的安装过程分为三个步骤：放样机器人放样、管线支吊架拼装及管线与设备就位。

整个施工流程，为减少安装误差实行区域化作业，网格化实施。下面以车站管线最为密集，施工难度相对最大，对安装误差最为敏感的冷水机房为例，简述安装过程的三个步骤。该冷水机房位于站厅层B端，预制加工区域设备为2台冷水机组、4台水泵、2台水处理器、分集水器各一台，管道总长度长约500m，最大管径为DN350。

1）放样机器人放样

将模型中放样点的坐标信息导入放样机器人配套的控制电脑中，电脑与放样机器人进行通信连接，指导放样机器人（图5.2-15）在施工现场进行放样工作。

2）管线支吊架拼装

将机房分割成七个模块，实现模块化安装，并给每一个支架模块进行有序编号，安装作业人员只需按编号即可进行模块的拼装，简单而高效。

3）管线支吊架拼装及管线与设备就位

图纸编号与预制管道编号一一对应，按工艺流程及施工顺序由下到上、由干管到支管依次安装。管道安装前需设备就位，阀组按设计要求提前组装完成（图5.2-16）。

图5.2-15　放样机器人

图 5.2-16 安装实例

（4）预制装配式施工与传统机电安装效益对比

预制装配式施工与传统机电安装效益对比结果如表 5.2-8 所示。

预制装配式施工与传统机电安装效益对比 表 5.2-8

传统机电安装	BIM 机电预制装配式安装
现场误差由安装工人现场解决	在正式安装前解决全部误差，避免由于返工造成的资金、材料的浪费，保证项目如期完成
单工种、单作业面按传统施工流程进行安装	多作业面、多专业、多工种同时流水化安装，工期缩短 50%
现场切割材料，浪费严重	材料预制化，现场无需加工，省时省料，材料节省 10%
安装复杂效率低	完全按图纸安装，简单、效率高，工期缩短 50%
责任划分不明确，相互扯皮严重	责任划分明确，各司其职、各负其责，人工节省 30%
机电图纸为 2D 图纸，对读图人员的专业素质要求较高	精细化 BIM 模型输出直观、易懂的安装图纸

5.2.6 土建工程施工管理创新

5.2.6.1 天眼监控

（1）天眼监控系统设置目的

视频监控系统的设置，是为了适应信息化与网络化的项目管理趋势，为了提高项目管理效率，降低管理层面人力成本。同时，监控系统还在缩短事故响应时间，提升管理质量，保存证据，延长监控时效及扩大监控范围等方面具有强大优势。

（2）天眼监控系统构成

1）系统设备构成

系统设备构成情况如表 5.2-9 所示。

系统设备构成详表 表 5.2-9

序号	设备名称	单位	数量
1	室外高清球机	台	34
2	室外高清红外枪机	台	32

续表

序号	设备名称	单位	数量
3	工业级交换机室外设备	台	66
4	工业级交换机机房端	台	10
5	室外立杆	套	66
6	室外设备箱	套	66
7	NVR	台	10
8	硬盘	块	25
9	高清液晶显示器	台	16
10	交换机	台	11
11	机柜	架	11
12	解码器	台	1
13	电视墙指挥终端	台	1
14	视频管理服务器	台	1

2）系统组网原理

系统组网原理，如图 5.2-17 所示。

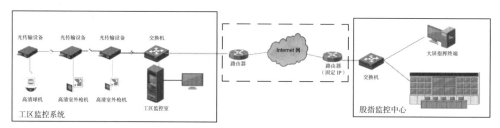

虚线部分系统为股指和各工区自建网络，股指中心网络要求具有固定外网IP。股指中心大屏每显示一路图像占用 4M 下行带宽，手机 APP 用户每观看一路图像占用 500K 带宽

图 5.2-17　系统组网原理图

3）系统构建

本系统采用模块化设计思路，分为前端采集系统、传输系统、管理控制系统、视频显示系统、视频音频存储系统五大部件，其中管理控制系统、视频音频存储系统统称为后端系统。

①前端采集系统

前端采集系统主要包含高清室外球形摄像机、高清室外枪型摄像机（图 5.2-18）及线缆、传输设备、立杆、设备箱等设备。

②传输系统

摄像机通过网线连接到视频光纤传输设备，光纤传输设备通过光纤串联成链，接到监控机房交换机后，接入高

图 5.2-18　室外高清红外摄像机

清数字存储阵列录像。高清网络摄像机供电系统由各工区监控室分别沿两侧围挡壁挂方式敷设视频电源线到各个现场监控点。

高清网络摄像机信号系统采用光缆＋光交换机组成链路进行传输，每个工区配置 8 芯光缆。

每个工区的监控室自建 Internet 网，通过 Internet 网络接入项目部指挥中心，如图 5.2-19 所示。

项目部自建百兆光纤 Internet 网，在指挥中心大屏显示系统上可观看各工区图像。

③后端系统

项目部中心建立大屏显示系统，通过自建 Internet 网络，接收各工区视频信号显示在大屏幕上。大屏控制系统可在大屏幕任一屏幕显示单画面、四画面、八画面等内容，也可以将 6 块大屏组合成一块大屏整体显示，可任意组合不同数量的屏幕为一块屏幕整体显示，如图 5.2-20 所示。

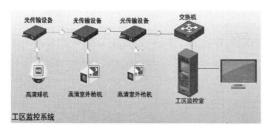 

图 5.2-19　工区监控系统　　　　图 5.2-20　后端显示系统

（3）视频监控系统在施工管理中的应用

管理方面。加强了施工现场的安全管理，通过对重点环节和关键部位进行监控，监督施工过程中现场操作人员的操作过程。增强现场安全监管力度，杜绝和防止安全事故发生。

在施工现场每日安全会议中的应用。视频监控系统的出现，使项目安全例会的内容更加丰富、规范。更加具有针对性，通过系统传输可以使远端指挥一级及时掌握例会情况，发现不足督促整改。

增加了安全监管的范围。施工现场的安全主要依靠项目管理人员的监管及现场工人的自律，现场作业点多面广，安全隐患及违章行为不能及时发现，造成安全事故发生，视频监控系统可有效增加监控面，及时制止安全隐患及违章的发生。

安全奖罚的重要依据。安全奖罚是目前安全管理的重要手段之一，在施工现场，常因证据不足或没有说服力出现争执，视频监控录像为安全奖罚提供了重要的依据。

在班组安全活动中的应用。班组安全活动是施工现场安全管理的一项重要内容，通过组织工人观看视频监控录像中的违规违章作业，使班组安全活动更加生动实际。

5.2.6.2 全线联合攻关

（1）全线联合攻关机制的建立

1）建立全线联合机制的重要性

自工业革命以来，人类进入了科技迅猛发展的大爆炸时代，科研投入越来越多，科研项目规模越来越大，项目的复杂程度持续增加。科技知识的空前膨胀给科研工作者提出了很高要求。随着系统工程学科理论体系的不断完善，为适应时代趋势，科研人员从事组合、分工合作、优势互补、联合攻关已成为业内趋势，同时也是社会化大分工的必然趋势。

2）联合机制建立

地铁 20 号线为施工总承包模式，过程当中充分发挥了总承包模式下的技术优势。以施工重难点问题为科研项目，组织研究机构，集中力量联合行动，为攻克重难点问题提供技术保障。

为了科研目标的完成，需要团队内部各科技人员间、各职能岗位间分工合作，相互协助。还需以人员为载体，形成层式组织结构（图 5.2-21），同时还要从以下几个方面完善联合机制：

在科研人员的甄选上，确保参与人员能充分合作、创新及分享，打破技术壁垒；

从团队内外部两个角度提供环境支持，如经费充足、设备齐全；

完善沟通和激励措施，消灭团队内部各种障碍；

注重团队领导选派和结构设置。

（2）联合攻关机制的运行及其保障

机制运行以霍尔三维结构为理论依据开展具体科研项目研究工作，在时间、逻辑和知识三个维度上建立解决问题的基本程序和逻辑步骤（图 5.2-22）。

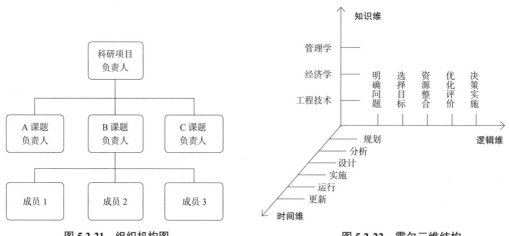

图 5.2-21　组织机构图　　　　　图 5.2-22　霍尔三维结构

同时，还需从制度建设和文化建设两个方面提供制度保障。

第一，责任制是项目管理的基本制度，需全面落实责任人负责制，推动项目开动。

第二，构建团队集体文化，辅助项目有效运作，更好发挥个体能力。

（3）小结

通过系统工程应用与实践，充分发挥体系优势，在地铁 20 号线施工过程中，相继解决了盾构隧道下穿地铁 11 号线、下穿福永河，联络通道冷冻法施工，受损盾构管片修复等业内难题。同时，所产生的科研成果也为国内地铁建筑行业的发展做出了积极贡献。

5.3 截流河综合治理工程

5.3.1 工程概述

5.3.1.1 工程的建设背景

大空港新城区截流河综合治理工程位于深圳市宝安区西北部空港新城建设区域，该区域地处珠江口东岸，临近远东航运中心香港，背靠我国经济最活跃的珠江三角洲地区，是中国社会经济及对外贸易最发达的地区之一，也是空港运输最繁忙的地区之一。伴随着"一带一路"合作发展的理念，以及前海蛇口国家级自贸区的建立，空港地区将成为自贸区的重要依托，是深圳市未来重要的战略发展规划区。工程地理位置示意图如图 5.3-1 所示。

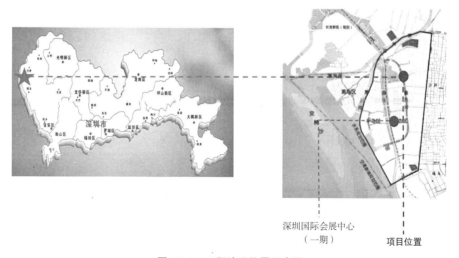

图 5.3-1　工程地理位置示意图

深圳面临"四个难以为继"之首，即土地空间难以为继问题，提出了大空港新城区的建设，为推进大空港地区规划建设，市政府成立深圳市大空港地区规划建设领导小组，并且已完成了包括《大空港地区综合规划》在内的一系列前期规划研究工作。前期工作中针对水系生态环境建设提出了"海陆统筹的生态格局"的框架。包括保护交椅沙、茅洲河双通道入海、岛式围填海、建设截流河、保留西海堤外咸淡水湿地等构想。

为推进大空港地区规划建设，市政府于 2012 年成立深圳市大空港地区规划建设领导小组，并且已开展了包括《大空港地区综合规划》在内的一系列前期规划研究工作。有必要在建设前期开展针对大空港新城的水系专项规划研究，从而保证规划城区的防洪（潮）、排涝安全，缓解城市建设对水系生态环境的冲击，实现城市发展与生态环境可持续发展相协调。前期工作中针对水系生态环境建设提出了"海陆统筹的生态格局"的框架。包括保护交椅沙、茅洲河双通道入海、岛式围填海、建设截流河、保留西海堤外咸淡水湿地等构想。

水务局同步开展针对大空港新城的水系专项规划研究，保证规划城区的防洪（潮）、排涝安全，缓解城市建设对水系生态环境的冲击，实现城市发展与生态环境可持续发展相协调。水系专项规划在总体规划基础上，完善了截流河的整体布局。

5.3.1.2 工程的设计体系

（1）项目区相关规划、相关工程的关系及本工程设计技术路线

本项目主要依据片区规划、法定图则指引，主要规划有《大空港地区综合规划》《深圳市防洪潮规划修编及河道整治规划（2014 ～ 2020）》《深圳市排水（雨水）防涝综合规划》《深圳市大空港水系布局研究及治理规划》等，法定图则为《深圳市宝安 201-06&09 号片区 [福永西片区] 法定图则》《深圳市宝安 202-03&07&T4 号片区 [海上田园风光及周边片区] 法定图则》。

本工程周边工程主要有茅洲河界河、国际会展中心，海云路、展览大道、凤塘大道等，道路跨河桥梁 15 座，以及上游各支流的治理。茅洲河河界河涉及工程主要与界河设计单位沟通协调，加强协作，分析论证利用本工程相关措施的可行性。另外，根据大空港新城分指挥部计划，会展中心、各道路桥梁于 2018 年前完成建设，与本工程交叉多，需做好工程调度协调，截流河已经纳入大空港新城统筹规划实施，本次设计考虑了各周边工程实施的影响。据了解，上游 9 条支流目前除沙福河目前在编制可研外，其他计划于 2016 年启动项目立项。

根据上层规划要求，周边工程边界条件，从工程总体目标（水资源、水安全、水环境、水生态、水文化）出发，分析现状水问题，建立整体方案系统布局，再结合数学模型分析论证，提出规划设计思路，工程治理方案。

（2）工程建设内容及规模

1）工程等别

河道堤防工程等级：截流河，南、北连通渠防洪标准采用 100 年一遇，堤防工程级别为 1 级；其他支流防洪标准采用 50 年一遇，堤防工程级别为 2 级。

水闸工程按照 SL252-2000，根据防护对象重要性确定截流河北出口闸、连通渠出口闸、截流河中间节制闸、堤防节制闸（挡潮）工程为Ⅰ等工程，其主要建筑物为 1 级建筑物，次要建筑物为 3 级，临时建筑物为 4 级。

泵站工程按照 SL252-2000，列为Ⅱ等，泵站主要建筑物与水闸建筑物合建，主要建筑

物级别定为 1 级，次要建筑物为 3 级，临时建筑物为 4 级。

大空港新城到 2020 年城市整体防洪潮能力为 200 年一遇，根据《防洪标准》GB50201—2014，新建截流河、南北两连通渠防洪标准均为 100 年一遇；其他支流整治防洪标准为 50 年一遇。水闸的设计防潮标准为 200 年一遇，排洪标准为截流河及连通渠 100 年一遇，支流 50 年一遇。片区内涝防治重现期为 50 年一遇，雨水管渠排水设计标准为 5 年一遇，排涝泵站（有调蓄）设计标准为 50 年一遇不受涝。

2）河道工程

①截流河

截流河为新开挖的河道，堤线布置结合规划的用地条件、地形、地质状况，因地制宜，不同河段采用不同的堤线布置。综合两岸功能需求、规划、布局确定，尽量恢复河道的天然形态，宜弯则弯，宽窄结合，避免线型直线化。考虑堤线选择顺直、光滑、与上下游协调、与各支流现有堤防平顺衔接等因素，利用河流形态的多样性改善生境的多样性，改善生物群落的多样性。河道宽度通过建模分析确定堤距宽度 80～120m。本次设计本着堤距宽度，能宽则宽，能弯则弯，宽窄结合的原则，对堤线进行布置。

截流河南北贯穿，截断东西侧各支流，其中截流河东侧支流有德丰围涌、下涌、石围涌、沙涌、和二涌、沙福河、塘尾涌、和平涌、玻璃围涌共计 9 条，截流河西侧支流有南连通渠、北连通渠。故截流河纵向设计考虑东侧各支流的高程衔接及河流排洪走势确定，基本确定截流河中部底高程 –1.5m，北侧出西海堤处高程 –2.00m，南侧出西海堤处 –2.00m。

②南北连通渠

根据工程堤线布置原则，南北连通渠河道在现有的河道基础上进行扩建，平面布置尽量保持现有的形态，结合两岸的用地条件，控制堤距 40～60m。

南北连通渠底坡尽量以现状河底为基准，不过多改变原有深泓线高程，以利河槽稳定。各断面河底高程的确定尽量避免填方，同时控制深泓线挖深一般不超过 1.0m。在西海堤出口处，对现有的西海堤水闸底板高程衔接。

3）水闸工程

根据该工程防洪排涝布局，各节制闸主要位置基本确定，按分区治涝原则，北片区德丰围涌至和二涌 5 条支流排水采用集中抽排，在截流河北出口设置集中抽排泵站，并在北片区设置 3 座水闸拦蓄外水，即在截流河和二涌与沙福河中间设置中节制闸 1 座，截流河北出口和北连通渠出口各设置节制闸 1 座。南片区沙福河到玻璃围涌排涝以自排为主，根据挡潮布局及结合截流河景观蓄水要求，在截流河南出口及南连通渠出口布置节制闸，主要挡潮、蓄水、行洪，同时与北片区 3 座节制闸和集中排涝泵站组成闸泵联调体系。共计布置 5 座节制闸。

根据水质保障体系，控源截污思路，各支流口建截污闸，主要布置在支流入截流河处，从北往南布置共计 8 座截污闸。

4）排涝泵站工程

根据工程总体布局，北片区采用集中抽排方案，泵站结合水闸选址，根据用地情况，基本选定在截流河北节制闸南侧。泵站布置形式采用干室型泵站，分地下和地上两层结构，主要设备设置在地下层，地面层设置主副厂房。

排涝泵站位于截流河北出口，受限于周边现状高速公路、拟建铁路及市政道路限制，泵站与截流河北节制闸布置在规划截流河北出口河道弯道后段。泵站与北节制闸组成枢纽布置，根据水闸水力条件，水闸布置在北侧，泵站布置在南侧，水闸和泵站并列布置，总布置宽度约140.0m，泵站布置宽度50.0m，水闸布置约73.0m，中间设置17.0m宽导流岛。枢纽一般运行情况为：平时关闭北节制挡潮并拦蓄截流河，控制内河水位，在洪水来临并且外潮位低于排涝水位时，截流河北闸开展泄洪，挡外江潮位高于排涝控制水位时，北节制闸联合中节制闸和北连通渠节制组成治涝体系，并且开启排涝泵站抽排涝水。

5）水质保障工程

①水质保障工程任务

通过沿截流河东岸进行强化截污，在防洪排涝达标的基础上提高截流河外围区域污水收集率，消除旱季漏排污水及雨季合流污水对河道的污染，降低珠江口近海水系污染物总量。最终通过河道水质的改善、河道岸线的梳理及滨水空间的开放，提升片区人居环境和投资环境。

②水质保障工程目标

旱季100%截排上游各支流收集的漏排污水，截流河水体水质主要指标达海水四类标准。雨季近期（2020年）按截流倍数 $n_0=2$ 截排上游各支流的合流污水，基本实现不黑不臭；远期（2030年）随着流域污水收集率的提高、上游片区海绵城市建设和城市管理水平的提升，截流河水质主要指标达到地表水Ⅴ类或海水三类标准。

③雨季合流污水截流规模

本工程需截流的合流污水量为 $3.2m^3/s$，其中各支流需总口截流的合流污水规模如表5.3-1所示。

雨季各支流截流及箱涵转输规模　　　　　　表5.3-1

河道名称	各支流总口截流规模（m^3/s）	箱涵设计规模（m^3/s）
德丰围涌	0.1	
石围涌	0.1	
下涌	0.4	3.2（含南片区2.1）
沙涌	0.3	
和二涌	0.2	
沙福河	1.3	
塘尾涌	0.3	2.1
玻璃围涌	0.5	

④污水泵站规模

各支流将以沙福河为界，将旱季漏排污水及雨季合流污水分别提升至南北片区福永、沙井污水厂进行处理。

南片区污水提升泵站旱季设计规模为 2.0 万 m^3/d、雨季设计规模为 6.0 万 m^3/d，北片区污水提升泵站旱季设计规模为 7.1 万 m^3/d、雨季设计规模为 21.3 万 m^3/d。

5.3.1.3 工程的建设目标

截流河综合治理工程是一项涉及防洪（潮）排涝安全、水质保障、生态环境塑造的系统工程。截流河综合整治的建设任务包括防洪治涝工程、水质控制工程及生态修复工程。

（1）防洪治涝工程：着眼旧城区和规划新城区的水务安全，论证确定防洪潮排涝标准，通过建设截流河、南北连通渠、水闸泵站等工程，为大空港新城启动区构建完善的防洪潮排涝体系，同时缓解旧城区的排涝压力。

（2）水质控制工程：通过沿截流河东岸进行强化截污，在防洪排涝达标的基础上提高截流河外围区域污水收集率，消除旱季漏排污水及雨季合流污水对河道的污染，降低珠江口近海水系污染物总量。最终通过河道水质的改善、河道岸线的梳理及滨水空间的开放，提升片区人居环境和投资环境。

（3）生态修复工程：配套大空港新城的建设，辅助城市功能的发挥，提升人居环境质量，打造新城生态绿轴。基于洪畅、水清，结合片区人居环境改善需求，对岸坡生态进行系统整理，以达到岸绿、景美、路畅的目的。

5.3.2 截流河综合治理工程管理组织关系

5.3.2.1 工程管理组织体系

大空港新城区截流河综合治理工程是深圳市政府全额投资工程，由深圳市水务局负责工程建设。具体建设管理工作由深圳市水务工程建设管理中心负责。深圳市水务工程建设管理中心是市水务局直属单位，在市水务局的领导下，统筹设计、施工等各方参建力量，对工程项目组织管理，承担具体建设任务。工程项目的管理组织是根据项目管理目标，通过科学设计而建立组织实体。该实体应当为由一定的领导体制、部门设置、层次划分、职责分工、规章制度和信息系统等构成的有机整体。以一个合理有效的组织结构为框架所形成的权力系统、责任系统、利益系统、信息系统，是实施工程项目管理及实现最终目标的组织保证。

为有效组织工程管理，市水务工程建设管理中心成立专门项目部，选定项目负责人、组配项目管理团队。项目负责人和项目管理团队依据上述组织实体所赋予的权力，在工程项目管理中，对所需资源进行合理配置，协调内部、外部及各方之间的关系，发挥各职能部门的能动作用，确保信息畅通，推进项目目标的优化，实现全部管理活动。

5.3.2.2　现场协调主要事项

（1）空港新城启动区综合管廊及道路一体化工程

空港新城启动区综合管廊及道路一体化工程（图 5.3-2）周边道路、桥梁及管廊施工基本在 2016 年底，2017 年初陆续开工，部分交叉和本工程同步施工，需协调各工程施工交叉面，与截流河交叉桥梁和道路的情况如表 5.3-2、表 5.3-3 所示。该片区内的水利和市政工程是统筹实施的。秉承先下后上的基本原则按顺序施工，截流河施工应不影响道路使用，按照先下后上，分段实施，同步进行的建设的原则组织施工。

图 5.3-2　空港新城启动区综合管廊及道路一体化工程

与截流河交叉桥梁汇总列表　　　　　　　　　　　　　　　　　　表 5.3-2

序号	路名	桥梁位置（桩号）	桥长（m）	桥宽（m）
1	荣安路	J0+600	120.0	32.0
2	新沙路西延段	J1+200	120.0	50.0
3	万乐路西延段	J1+750	130.0	32.0
4	沙井南环路西延段	J2+400	120.0	70.0
5	沙福路西延段	J3+550	140.0	50.0
6	凤塘大道西延段	J4+300	120.0	60.0
7	景芳路西延段	J4+800	140	40.0
8	和秀西路西延段	J5+280	126	32.0
9	桥和路西延段	J5+700	140	40.0

续表

序号	路名	桥梁位置（桩号）	桥长（m）	桥宽（m）
10	展览大道	J6+100	120	50.0
11	海滨大道	J6+370	180	58.0
12	海云路桥 1	北连通渠入口	60	40.0
13	海云路桥 2	南连通渠入口	40	40.0
14	海滨大道桥 1	北连通渠入口	60	60.0
15	海滨大道桥 2	南连通渠入口	40	60.0

与截流河交叉管廊汇总列表   表 5.3-3

序号	路名	位置（桩号）	管廊长（m）	管廊宽（m）
1	南环路西延段	J2+400	140	12
2	沙福路西延段	J3+550	140	5.5
3	凤塘大道西延段	J4+300	140	8.7
4	桥和路西延段	J5+700	140	7.7
5	展览大道	J6+100	140	16.6
6	海云路管廊 1	南连通渠入口	65	9.4
7	海滨大道管廊 1	南连通渠出口	45	9.8
8	海滨大道管廊 2	北连通渠出口	60	9.8

1）跨河道桥梁建设，基本按照河道、污水箱涵先施工，再施工桥梁的顺序进行。

2）管廊建设：共 8 条综合管廊，3 条与截流河平行，5 条与截流交叉，因综合管廊高程低，需提前开挖埋设。管廊位置与截流河交叉位置挡墙结构设计采用悬臂式挡墙基础，避免采用灌注桩基础与管理交叉处冲突，管廊先开挖施工，管廊顶部回填采用水泥石粉渣等换填处理，必须满足截流河挡墙基础承载力及稳定要求。

（2）轨道交通 20 号线

轨道 20 号线在截流河南段穿截流河河底及南连通渠底，穿截流河位置地铁隧道顶高程在 –14.0m 左右，穿南连通渠位置在 –13.5m 左右。地铁本身对截流河施工影响不大，主要是需要考虑截流河后期施工对地铁安全的影响，在此两处位置，截流河地基处理及支护采用搅拌桩工艺，避免采用灌注桩和预制桩，影响地铁线路安全。

（3）与周边道路

截流河主体河道与海云路及民乐路平行，河道施工范围红线与道路红线是衔接的，主要是绿化带，与路衔接。道路与截流河施工工期基本一致，因此道路或河道施工顺序对该部分有一定影响，如果是公司先施工，由于靠近道路未绿化带，靠近路侧地面标高未达到设计标高时，需要考虑绿化带填土方量等。如果道路先施工，施工需要考虑对道路的沉降、稳定影响。根据道路设计断面及地基处理复核其安全性，并对道路部门提出相应要求。因此，一并考虑此种情况，应组织双方设计部门衔接。

（4）高压电塔

大空港截流河北段规划海滨大道与荣安路桥之间，有一座高压塔，为220kV奋琶甲线N50、奋琶乙线N50、象创甲线N86、象创乙线N85（4回路同塔）杆塔，该塔位于拟建截流河河道中间，河道修建后对高压塔有一定的影响。由于该高压电塔供电覆盖范围很大，公司一方面与当地供电部门一直保持密切沟通，一方面及时上报市水务局，提请相关领导共同研究解决。

5.3.3 截流河综合治理工程总体设计管理

5.3.3.1 工程设计总体方案

（1）工程治理策略

截流河综合整治工程体系是在水系总体布局的基础上，充分利用新建和改造河道，统筹考虑片区的防洪、治涝、防潮、水质控制和生态景观工程体系，力图实现水利工程与土地利用综合效益最优化。本次总体治理工程体系规划的策略包括：

1）充分发挥截流河的行洪和调蓄能力

通过截流河的离岛式形态，缩短了现状各河涌的排水长度，增强各河涌行洪能力，因此应充分发挥截流河及其附属水系的受纳功能。通过闸、泵等工程措施，利用截流河水系在低水位时具备的较大调蓄容量，使规划区域尤其是旧城区内的雨水最大限度地实现重力流自排，发挥排水管渠效率，有效降低旧城区洪涝风险。

2）统筹工程布局，结合近远期目标分期实施治理

本次规划范围内外旧城区的河道行洪能力、管渠建设、截治污措施等严重滞后，导致了较为严重的内涝及水污染问题。由于旧城区河道、污水系统现状与规划状况存在差距、与片区发展要求之间存在脱节，进行大范围的河道治理、管渠改造等工程需结合城市旧改进行，因此本次治理工程体系既要遵循相关上层规划要求，突破常规创新发展，保证新城区近期防洪排涝安全、水环境达标；也应尊重现实，针对旧城区治理提出合理的近远期目标，分期实施。

3）充分利用海洋对水环境的改善作用

片区的水环境改善手段除考虑利用必要的措施收集漏排污水外，对于近期进入河道中的雨污合流水，可充分利用海洋自身的稀释清洁作用，通过环状水系特性结合珠江口自然潮汐动力，增强水体循环能力，既能保证规划区域水环境达标且不影响近岸水质，又可以节省工程总体上的投入。

4）体现水闸、泵站等多功能目标

对于拟建的水闸、泵站等工程，综合考虑其在防洪、防潮、治涝、水质控制等方面的多功能目标，提高工程投资的经济效益。

5）贯彻海绵城市开发理念

无论在水利工程的建设中，还是在市政设施的建设改造中，应贯彻海绵城市的开发理念，尽量在源头、中端控制径流总量及径流污染量，减少末端水系承受的径流和污染负荷。

6）生态景观与规划及周边环境相匹配

大空港规划区的生态景观工程治理不仅应满足城市规划对片区环境的需求，与空港服务及商贸会展的定位相匹配，还应因地制宜，结合滨海、湿地等特性进行开发建设。

7）在工程管理中应用信息自动化技术

新建的水利设施例如闸、泵等可通过统一的调度中心实现自动化控制，加强科技对水利工程实际效力的提升，满足未来水系管理在复杂工况下的调度的需求。

（2）防洪（潮）治涝工程总体方案

通过建设截流河及南北连通渠环状水系，将从德丰围涌至四兴涌的现状 9 条河涌进行整合，将旧城区和新城区分隔，有利于新城区进行离岛式开发建设。以截流河为主的环状水系在空港防洪（潮）治涝工程体系中将主要承担泄截流河以东片区排水的功能，在截流河西侧分别设置连通截流河和珠江口的北连通渠和南连通渠，增加截流河与珠江口的洪水排泄通路，既有利于新城区独立统筹市政排水体系，又有利于旧城区易涝问题的改善。

①防洪工程体系：防洪工程提出对截流河、北连通渠（下涌）、南连通渠西海堤以内部分进行综合治理，共计治理河长 8.8km，其中截流河 6.4km、南北连通渠各 1.2km。河道综合治理工程在满足河道防洪标准的同时，结合两岸的用地，在治理方案上结合周边用地属性、周边居民的需求、河流生态理念，针对不同的河段、不同区域采用不同的治理措施，在河道两岸进行滨河环境改善工程，将有利于沿线景观资源的整合，贯通山海城联系，构建完善的旅游系统，更有利于打造环水绕城的空间格局，营造滨海城市特色。

②防潮工程体系：在截流河南、北出口及南、北连通渠出口分别设置挡潮闸，4 座挡潮闸与现状西海堤一起，组成了本片区封闭的防潮工程体系。

③治涝工程体系：流域总体的治理体系应由源头调蓄、管网收集排水、河道排水等组成，河道排水是治涝体系的末端。本次设计充分利用截流河水系的调蓄能力和连通性，通过研究现状河道水面线、现场调查和地形高程分布以及现状排水管网等基本情况，并且对现状易涝区分布及受涝原因进行分析，选择采用北片区集中治涝方案。即在截流河北段和二涌与沙福河河口间设置节制水闸，使高、低水分离，在截流河北出口设置集中抽排泵站，将北片区雨水排入截流河封闭区域进行集中抽排。南片区整体地势较高，具备自排调整，故南片区来水通过截流河南段及南连通渠自排出海。

（3）防洪工程方案

以《深圳市大空港水系布局研究及河理规划》中混合式水系布局方案为基础，各整治河道的位置、走向、尺寸、堤顶高程等要素需结合区域定位、开发现状、土地利用规划等进行相应调整，不仅要满足区域的防洪安全，还应考虑城市水环境、水休闲、水文化、水景观等多种需求。本次河道治理总长度为 8.8km，截流河治理长度 6.4km，全长均为新开挖河道。北连通渠治理长度 1.2km，南连通渠治理长度 1.2km。

在截流河水系布局中，截流河中节制闸以北至北节制闸段为排涝工况，采用 50 年一遇的排涝标准，北片区排涝工况时，先关闭中节制闸、北连通渠出口的节制闸和截流河北出口节制闸，通过截流河北集中排涝泵站进行抽排。故北片区采用排涝方案来确定河道的水位、堤顶高程及方案。

（4）水质保障工程方案

位于本片区流域范围内的雨污分流管网项目共有 6 个，该 6 个雨污分流工程计划完工时间基本均在 2018 年底前，其总体设计思路及实施后效果分析如下。

总体设计思路

1）新村区域：通过完善或改造现有管网，实现雨污分流。

2）城市更新区：通过新建雨污管网，实现雨污分流。

3）棚屋区域：保持现状自然排放，后期结合城市建设实现雨污分流。

4）旧村区域：保持合流制，并在合流管出口处设置截流倍数 $n_0=2.0$ 的污水截流井；远期结合旧村改造实现雨污分流。

5）工厂区域：具备接驳或改造条件的厂区，通过接驳或改造实现雨污分流；不具备改造条件的，近期设置截流倍数 $n_0=0.0$ 或 1.0 的污水总口截流管至厂区外，下阶段或远期由区政府立法督促企业限期进行雨污分流整改。

5.3.3.2 工程设计关键技术

（1）防洪（潮）排涝工程运行调度

防洪（潮）排涝工程运行调度如图 5.3-3 所示。

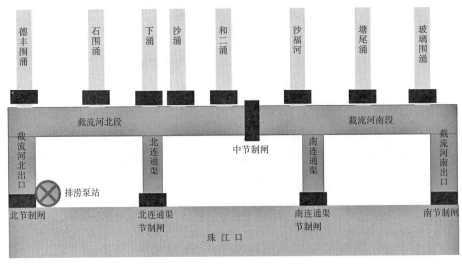

图 5.3-3 防洪（潮）排涝工程运行调度示意图

本工程防洪（潮）排涝主要包括防潮、防洪、排涝三大体系，各体系组成包括截流河、南北连通渠、挡潮闸、节制闸、排洪闸（截污闸）、排涝泵站及上游各支流等。工程主要分为正常蓄水工况、挡潮工况、排洪排涝工况（分小雨工况、大雨工况）。

1）正常蓄水工况

根据竖向标高分析及景观水位要求，确定的常水位为1.50m，在未下雨工况，4个出口的挡潮闸（1～4号）关闭挡水，潮位低于1.50m时，拦蓄内河水位，维持常水位1.50m，潮位高于1.50m，挡潮外潮，维持内河水位1.50m。

2）挡潮工况

截流河南北出口及南北连通渠出口共4座挡潮闸，在外潮位高于内水位工况下，关闭挡潮闸挡外江潮位。设计挡潮标准为200年一遇，设计高潮位3.46m，只有内河水位没有高于3.46m，均可以关闸挡潮。

3）排洪排涝（小雨工况）

遇到小雨工况，截流河上游支流未溢流情况下，截流河主要排西岸新建区域雨水。中节制闸（5号闸）以南自排区域，在低潮位工况下，适当开启南闸（4号闸）或南连通渠闸（3号闸），将雨水排除，并维持水位在1.50m左右，低于1.50m后，如降雨减小并停止，关闸蓄水；在高潮位工况下，拦蓄内河降雨，并在水位高于潮位时适当开闸排水。中节制闸以北排涝区，在低潮位工况下，适当开启北闸（1号闸）或北连通渠闸（2号闸），将雨水排除，并维持水位在1.50m左右，低于1.50m后，如降雨减小并停止，关闸蓄水；在高潮位工况下，逐步开启排涝泵站降水，水位低于1.50m后，逐步关机，维持水位在1.50m左右。

4）排洪排涝（大雨工况）

遇到大雨工况，截流河上游支流已经溢流情况下，截污闸全部开启（6～13号闸），截流河主要排上游区域雨水。中节制闸以南自排区域，开启南闸和南连通渠闸，将雨水排除，如降雨减小并停止，潮位低于1.50m，关闸蓄水；如潮位高于1.50m，待潮位下降后关闭各水闸。中节制闸以北排涝区，在低潮位工况下，开启北闸和北连通渠闸，将雨水排除，潮位高于1.50m开启全部开启，将内河水位迅速降低到0.50m，如此时下雨仍较多，维持水位不低于0.50m运行泵站，水位如持续上升，维持泵站全开运行，此时水位持续上升，如与设计标准洪水，水位最大到2.05m，待大雨过后再逐步关闭泵站，并降低水位在1.50m，并维持在1.50m左右，待降雨停止后，关闸蓄水到1.50m。

（2）大空港新城区截流河水质保障系统及运行调度原理

1）污染转输系统

截流河已建成且支流整治已完成的工况下，需通过各支流与截流河交汇处新建河口闸的调度，为各支流创造低水位截流条件，防止潮水倒灌由支流截污管进入截流河转输箱涵或市政污水干管，调度示意如图5.3-4所示。

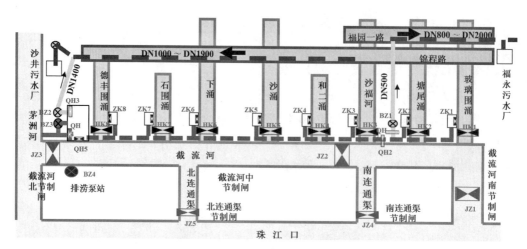

图 5.3-4　水质保障系统调度示意图

①晴天工况

各支流漏排污水经沿河截污系统截流、转输后，根据市政污水系统运行水位情况，灵活调度其转输出路。

（a）若市政污水系统按照设计工况低水位运行

各支流沿河截污管收集的漏排污水分段接入现状或雨污分流工程拟建成的污水干管，分别至沙井污水处理厂或福永污水处理厂处理。

（b）若市政污水系统未按设计工况低水位运行

各支流沿河截污管收集的漏排污水接入各支流河口总口截流设施，经截流河转输箱涵转输后，沙福河以南收集的污水经南片区污水泵站提升至福永污水处理厂处理；沙福河以北收集的污水经北片区污水泵站提升至沙井污水处理厂处理。

②小雨工况

各支流沿河截污管收集的雨污混流水经河口总口设施后进入截流河转输箱涵；根据污水处理厂可受纳能力，将沙福河以南收集的部分雨污混流水经南片区污水泵站提升至福永污水处理厂处理；沙福河以北收集的部分污水经北片区污水泵站提升至沙井污水处理厂处理；超出污水处理厂受纳能力的雨污混流水则经截流河转输箱涵转输至北片区，由检修排水泵站抽排至截流河北节制闸下游。

③大雨工况

当沙福河以南（含沙福河）支流水位大于等于 2.20m、沙福河以北支流水位大于等于 2.00m 时，各支流进入排洪状态，各支流总口截流设施进水闸关闭，洪水经各支流进入截流河。

④雨后工况

当各支流水位下降至 1.50m 时，各支流河口闸关闭、总口截流设施进水闸开启，利用各支流河道内蓄积的雨水对截流箱涵内沉积泥砂进行冲淤；此时南北污水泵站仍暂停运行，冲淤泥水通过检修排水泵站抽排至截流河北节制闸下游；当各支流水位下降至 0.0m 时，恢复旱季运行工况。

应急污染事故工况下主要针对截流河已建成且支流整治已完成的工况。

（a）各支流发生污染事故的工况

该工况下利用各支流河口关闭的水闸，阻挡污染向截流河扩散，同时开启各支流总口截流设施进水闸，将各支流污染水体截流至截流河转输箱涵，经南、北污水泵站分别提升至沙井污水处理厂或福永污水处理厂处理。

（b）截流河发生污染事故的工况

该工况下，截流河通过调度南节制闸，引调珠江口清洁海水进入截流河；启动北片区排涝泵站，将水质变差水体强排至北节制闸下游，并恢复至南节制闸引调清洁海水的工况。

2）生态补水系统

①各支流

该工况下，沙福河以南 2 条支流利用福永污水厂尾水补水，沙福河以北（含沙福河）6 条支流利用沙井污水厂尾水补水，并控制景观水位 0.5m。当各支流补水水体水质变差时，根据截流河转输箱涵内污水情况、截流河水体调度情况，灵活调度各支流补水水体转输出路。

（a）若截流河转输箱涵需承担各支流旱季污水转输功能，则各支流补水水体结合截流河景观水体调度一起交换至北节制闸下游。

（b）若截流河转输箱涵无须承担各支流旱季污水转输功能，则各支流补水水体可考虑通过各支流总口截流设施进水闸进入截流河转输箱涵，并通过末端检修排水泵站提升至北节制闸下游。

②截流河

该工况下，截流河通过调度南节制闸，引调珠江口清洁海水进入截流河，并控制景观水位 1.5m；在截流河水体变差时，调度北节制闸及北片区排涝泵站，将水质变差水体交换至北节制闸下游，并恢复至南节制闸引调清洁海水的工况。

5.3.3.3 BIM 技术在工程设计中的应用

（1）本项目 BIM 技术应用背景

2016 年 10 月，深圳市宝安区大空港新城规划建设管理办公室编制了《深圳大空港新城建筑工程 BIM 交付标准（初稿）》和《深圳大空港新城建设工程各阶段 BIM 实施指引（初稿）》，要求深圳大空港新城地区所有建筑工程类项目（包括公共建筑、居住建筑、仓储建筑、古建筑、地下建筑等）应在符合国家现行有关标准规定的前提下遵循该标准，并根据实际内容进行调整和细化，针对相关建筑工程（不含水务），在各阶段的建模精度、原则、工具和交付要求和工作流程做了较为详细的规定。这为项目 BIM 技术的应用提供了政策和标准依据。

（2）BIM 技术应用概况

由于本项目尚需提供 AutoCAD 版二维图纸，综合考虑模型图纸对接、价格、操作等因素进行比选后，本项目采用 Autodesk 平台进行 BIM 设计。水工、建筑等采用 Revit，河道设计、土方开挖采用 Civil3D，金结采用 Inventor，模型整合采用 Infraworks 及 Navisworks，水力计算用 Mike21。利用多种 BIM 软件，建立项目地形地质模型、河道模型及水工建筑物模型，并进行整合，实现正向设计制图、设计计算、碰撞检查、三维展示、漫游模拟、BIM+GIS、BIM+VR 等综合应用，为后期的施工和运维智慧化管理提供了重要的基础数据。

（3）BIM 应用的技术路线

设计人员完成的项目 BIM 设计成果，首先交由 BIM 技术主管进行建模校审，包括但不限于碰撞检查。不合格的直接退回设计人员修改，直到合格。修正后的项目 BIM 设计成果交由各专业的工程技术主管进行校审（传统的校核、审查、审核等流程），不合格的直接退回设计人员修改，直到合格。其中，钢筋 BIM 模型在结构 BIM 模型确认后启动，校审流程相同但时序后移。

成果经校审确认后，设计人员对项目 BIM 设计成果进行剖切，转化为二维 AutoCAD 图纸并出图，同时，运用相关 BIM 软件生成展示视频。

（4）BIM 技术应用内容

1）BIM 建模

与一般建筑工程相比，河道水环境综合治理工程在布置形式、专业配合等方面区别明显，按布置形式分，有点状工程（如泵站、水闸等），有线状工程（如箱涵、河道等），有面状工程（如调蓄池、绿地等）；按专业配合分，需测绘、地质、水工、岩土、金结、电气、给水排水、园林景观等共同完成。不同专业、不同分项工程各具特点，对建模软件的要求不尽相同。因此，三维建模需要区别对待、分类应用，再将各专业、各分项的 BIM 设计成果有效汇总。

为确保不同软件间的正确衔接，本项目三维建模时，各专业、各分项均采用相同的坐标系、高程系统和度量单位，建模精度不低于《深圳大空港新城建筑工程 BIM 交付标准（初稿）》的规定。

①地形地质建模

地形建模利用测量基础数据，按照 Autodesk 建模软件的要求进行有关前处理后，直接生成初始曲面，经奇异点筛查排除后，更新形成三维地形曲面。测绘人员和工程设计人员可任意剖切该三维地形曲面，生成二维地形断面，并可进行地形复核和校审。当生成的三维地形曲面模型需要修改时，可通过修改原始输入的测量数据进行修正。

地质模型基于三维钻孔数据资料，利用 Autodesk 建模软件生成每个地层的顶、底曲面，再由顶、底曲面生成三维实体；精度可满足设计要求，建模后数据端口与工程设计兼容。生成的三维实体可任意切割剖面，通过生成的剖面进行校审。当生成的三维实体模型需要修改时，可通过修改钻孔数据或推测的虚拟钻孔数据进行修正。

②工程建模

本项目涉及的工程专业多、内容多，BIM 建模内容包括河道、水闸、泵站、截流井、调蓄池、金属结构和电气设备等。

（a）河道

在河道的 BIM 设计过程中，首先使用 Autodesk Civil 3D 软件对河道进行基础建模及定位，并通过模型生成了河道纵横断面图纸（图 5.3-5）；在模型的后续设计细化过程中，通过建模软件对河道的细部进行了模拟，提升了模型的精细度，并采用模型展示软件汇总设计成果，更直观地展现河道效果。建模

图 5.3-5　截流河干流河道模型

过程中，需要对河道的各部分模型进行分步处理和维护，添加模型信息，制作相关构件和部件，开发相关模块，部分模型还需要采用可视化编程的方式生成。

（b）建（构）筑物

水闸、泵站、截流井、调蓄池等建（构）筑物，采用常规 Autodesk Revit 软件进行结构建模，并生成相关联的结构图纸。针对部分异形结构，开发相应的族模块。

本项目采用 BIM 建模的建（构）筑物包括集中排涝泵站，北节制闸、中节制闸、北连通渠水闸等 8 座截污闸和截流井，建模精度不低于初步设计阶段要求（图 5.3-6）。水闸建模内容包含闸室段、上下游挡墙、防冲槽等各水工结构的精确信息，并模拟了两孔闸门及三孔闸门的模型情况。泵站建模内容包括了沉砂池段、前池段、泵房段等各水工结构的精确信息。采用多人协同的方式建模，并生成水工结构的相关图纸。

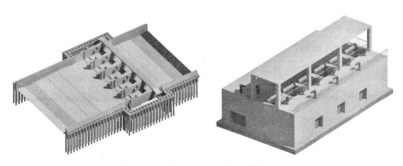

图 5.3-6　截流河建（构）筑物模型

（c）金属结构

针对水利工程金属结构的特点，采用 BIM 软件进行建模，能够实现随处剖切三维模型，可清晰观察内部结构，设计、施工、管理各方均可直观掌握项目信息。同时，也可利用三维模型直接创建工程图，实现三维图与二维图结合，准确表达结构形式。

本项目 BIM 设计的金属结构部分主要包括：5 座节制闸、8 座截污闸和排涝泵站的进口检修闸门、出口检修闸门和事故闸门。

同时结合本项目金属结构设计需要，针对水利水电工程水工金属结构中常用的上翻式旋转钢闸门特点，运用 BIM 软件参数化设计功能，编制了一套上翻式钢闸门的参数化设计程序并在本项目中直接运用，如图 5.3-7 所示，即为截流河闸门模型。

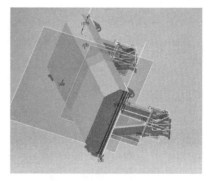

图 5.3-7　截流河闸门模型

（d）电气

电气部分与水工等专业进行协同设计建模，强、弱电线槽及其他电气设备可与相关专业的模型进行碰撞检查，设计人员可通过模型直观判断布置的合理性。电气三维建模完成后，直接创建部分工程图，实现三维图与二维图结合，准确表达设计意图。

本项目 BIM 设计的电气部分主要包括：桥架（强、弱电线槽）、变压器、配电箱、控制柜等，主要在下阶段施工图设计过程中进行建模应用和出图。电气系统图、流程图等不适宜应用 BIM 技术的设计内容仍以传统二维 AutoCAD 方式设计和制图。

③钢筋建模

钢筋图是施工图阶段最重要的、最繁琐的设计图纸内容之一。经综合比较 Autodesk 钢筋模块和其他的水工专业钢筋建模软件，本项目在下阶段施工图设计过程中，将采用更切合水务工程异形构件使用的一款水工专业钢筋建模软件进行建模。

经过结构计算确定钢筋配筋方案后，将前述水工模型导入钢筋建模软件后，在三维视图中定义钢筋布置面，设定保护层、布置方式、钢筋的直径和间距等各类参数后，即可建成完整的三维钢筋模型。设计人员根据二维图纸需要，选定任意的剖切面进行剖切后可立即生成传统 AutoCAD 二维钢筋图纸，图纸包括标注清晰的平纵横剖面以及钢筋表和材料表等设计信息。钢筋模型的钢筋信息变动后，可即时更新 AutoCAD 二维钢筋图纸。钢筋模型及图纸如图 5.3-8 所示。

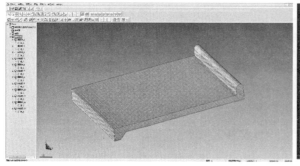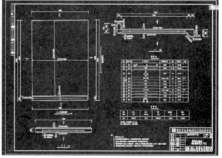

图 5.3-8　钢筋模型及图纸

2）辅助设计

①辅助方案优化

在规划设计过程中，运用 BIM 技术进行三维设计，贯彻"空间均衡"、可交互式的全新水务规划设计理念，为更加合理、美观、协调的工程布局提供技术支持。相比传统的二维设计，三维建模设计更为直观方便，不仅能查找出二维设计中可能出现的碰撞错误等，避免方案中的人为失误，还能将工程整体构造、运行过程可视化，有助于设计方案的全局思考，对设计方案的优化比选起到重要的辅助作用。

大空港截流河项目涉及专业多、分项工程多，专业之间、分项工程之间的衔接设计量大，容易造成错漏碰缺。BIM 设计采用协同设计方式，各专业设计人员通过更高效、更直观的方式进行衔接和协调，河道治理项目中常见的景观专业断面形式和水工专业缺少渐变衔接、专业间设计高程不匹配、闸泵等建（构）筑物与河道的布置不匹配等问题都在设计过程中得到解决，相应的设计方案及时得到优化。

②辅助有关计算

（a）工程量计算

Autodesk 建模软件可进行三维模型工程量统计，具有自动统计、自动关联、计算准确等优势。各类建（构）筑物，可由软件自动生成工程量明细表；河道工程根据需要由软件自动按断面法计算或调用二次开发的程序直接计算实体工程量。

（b）协助结构计算

采用传统方式进行结构计算时，需提取结构的体积、尺寸等特征参数作为基础数据。本项目异形水工结构较多，结构的特征参数提取往往较繁琐，且方案调整后重新提取较为费时。在调蓄池建模过程中，根据每个构件、模块包含的建筑信息，采用分模块、分类别、分区域、分高程地对工程各部分进行体积、质量等信息的自动统计，既实现了工程量的快速统计，也为建筑物结构稳定计算提供数据支持，大大提高了计算效率。

3）成果展示

结合 Autodesk 系列 BIM 平台软件项目特点，成果展示采用模型展示、视频展示和交互展示三种方式。

①模型展示

本项目运用 Autodesk 模型展示软件将 AutoCAD 和 Autodesk 建模软件创建的设计数据，与来自其他设计工具的几何图形和信息相结合，将各专业的模型成果数据导入，作为整体的三维项目。各专业的坐标、高程和度量单位均相同，故各专业模型的空间关系准确、直观，且几何尺寸均可直接从该软件获取。

②视频展示

视频展示时，项目整体模型通过建模软件导出指定格式文件，导入视频制作软件，对模型进行材质赋予、光线调节和内容库（水、动物、植物、街道、地表等）添加后，创建虚拟现实环境，然后通过 GPU 高速渲染方式，按照指定的巡航路线生成高清电影，可在普通电脑端播放展示。

③交互展示

BIM VR 是 BIM 技术与 VR 技术的融合体，基于虚拟现实引擎技术承载 BIM 模型及其数据，并利用虚拟现实引擎的特性实现各种 BIM 应用。本项目将建模软件的模型导入虚拟交互软件，使得模型的显示效果和浏览方式变成 VR 方式，类似于游戏方式，实现友好的人机交互，并可进行采光、日照、净高等分析。在此环境里，完整保留 BIM 模型的属性信息，既得到良好可视化效果，又保留完整 BIM 信息。

（5）BIM 技术应用总结

实践证明，河道综合治理工程采用 BIM 设计可以有效提升项目成果品质，改善项目管理方式，提高项目设计效率，增加项目经济效益，具体体现在以下几个方面：

1）总结出河道综合治理工程 BIM 应用方法。

2）基于 BIM 的设计计算更加高效。

3）协同设计提高专业间的协作效率。

4）BIM 技术助力设计提质增效。

5）BIM 标准化保障工作有序开展。

6）BIM 技术跨界应用前景可期。

BIM 作为河道综合治理工程信息化、智慧化建设的发展方向，结合了协同设计、虚拟现实、数据平台等先进技术，必将给河道综合治理工程行业带来一场巨大的变革。

5.3.4 截流河综合治理工程施工管理

5.3.4.1 施工前期策划

（1）项目部的建立

为确保"安全、优质、高效"地完成本工程施工，成立"大空港新城区截流河综合治理工程项目部"（以下简称项目部），结合项目特点和现场实际情况，本项目实行扁平化管理，采用"项目部→工区→专业作业队"三级管理模式。项目部是项目各项管理目标的责任主体；工区负责本工区内工程的施工组织与协调、管理；作业队为工程实施主体。《项目组织机构图》如图 5.3-9 所示。

（2）管理措施与方法

截流河项目在实施过程中采用事先管理和重点管理的方法。事先管理即是管理工作有一定的前瞻性，提前预估容易出现的问题，采取措施进行解决，从而避免过程中处理问题及事后想办法解决问题，使工程顺利推进。重点管理对于工程目标实现会产生决定性或者较大影响的环节及问题，一定要投入最大的精力，采取措施从全方位进行管理控制，从而保证最基本的工程目标实现。

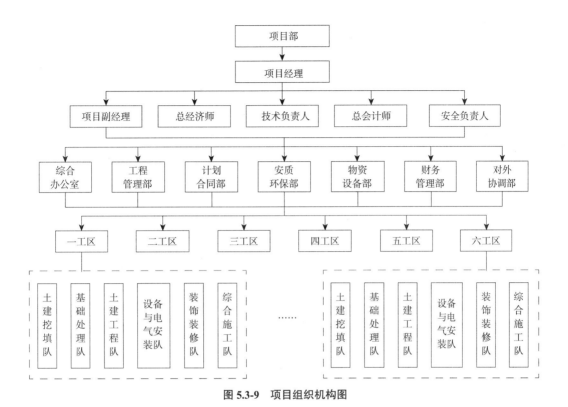

图 5.3-9 项目组织机构图

事先管理与重点管理都需要相当的经验，首先提前分析并确定作为事先管理与重点管理的环节及问题。以对工程阶段的管理为例，我们可以将全工程的分部、分项、工序进行梳理，选取功能重要的、技术复杂的、施工工艺复杂的、无可靠施工经验的、以往出现问题多的，涉及造价较大的一些环节和问题作为事先管理与重点管理的对象，采取措施进行控制。

项目为了防止目标偏离和有效地解决问题，采用了组织措施、技术措施、经济措施、管理措施等方式进行有效控制。

①组织措施，建立项目管理制度：项目的管理人员与作业班组较多，因此制定项目管理制度，以保证工程与管理工作的有序进展。制度既是对作业班组的管理方法与手段，又能促进项目的管理。制度涵盖进度管理，支付管理、质量管理、安全文明管理、沟通协调等方面。

②技术措施，优化设计、采用技术措施防止质量问题：采用景观挡墙一体化钢模板，优化传统施工方式，使景观图案与挡墙完全贴合，避免景观图案脱落。

③经济措施，采用激励措施使管理人员及作业班组提高对自身的要求。充分调动管理人员及作业班组的积极性，使作业班组从被动变接受，转向主动去做。

④管理措施，制定详细的工程网络施工计划：依据工程偏差，调整管理方法，管理工程中强化合同管理，及时纠偏。对外协调管理，制定对外协调管理制度，积极与交叉施工

单位等沟通做到合作双赢，最终达成项目目标。

5.3.4.2　施工中的关键技术

（1）软土地层PRC800管桩围护结构施工主要技术

1）施工准备

管桩桩节长短不一，搭配灵活，根据现场实际情况调整桩节长度，节约用桩量。

管桩成桩长度不受施工机械限制，可连续循环作业。管桩为成品，运至施工现场便可连续施工，受外界因素影响小。

2）施工工艺流程及操作要点

①工艺流程

工艺流程如图5.3-10所示。

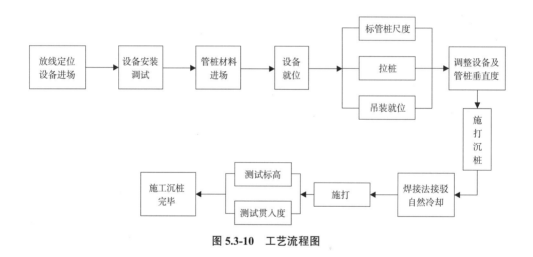

图5.3-10　工艺流程图

②操作要点

（a）建立测量控制网，对桩位精准测放。

（b）上部桩身绑两道钢丝绳，下部用吊钩固定，吊起管桩置于桩帽中，使桩身垂直。

（c）打桩应"重锤低击""低提重打"，现场根据实际情况进行调整。

（d）焊接时先在坡口圆周上对称点焊，待上下桩节固定后拆除导向箍再分层对称施焊。

（e）送桩时送桩器的轴线要与桩身相吻合，通过现场的水准仪跟踪观测，准确地将送桩送至设计标高。

3）质量控制

①打桩前，按设计要求进行桩定位放线，确定桩位。

②桩的吊立定位利用桩架附设的起重钩吊桩就位，并用桩架上夹或落下桩锤及桩帽固定位置。

③根据基础的设计标高，宜先深后浅，先长后短，以使土层挤密均匀。

④接桩时，管桩的桩头宜高出地面 0.5 ~ 1.0m。接桩时上下节桩段应保持对直，错位偏差不宜大于 2mm。

（2）深厚淤泥层真空联合堆载预压处理技术

1）施工准备

场地内在原河道区域先行实施围堰，围堰内河水采用抽水机抽干。晾晒时间至少 7d，使表面产生明显的开裂，场地晾晒之后，用挖掘机、推土机进行场地清理、整平，清除局部的石块、木头等杂物。

2）施工工艺流程及操作要点

①工艺流程

工艺流程如图 5.3-11 所示。

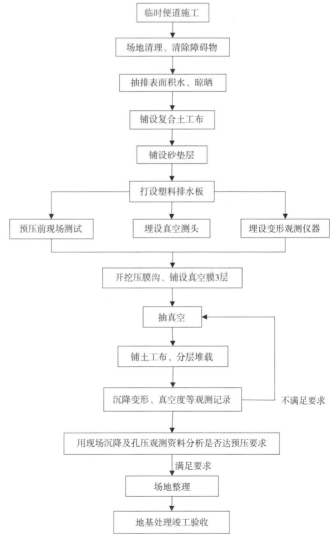

图 5.3-11　真空联合堆载预压施工流程图

②操作要点

（a）土工布采用双排线折叠缝合法连接，接缝处缝合总宽度为30cm。土工布的铺设方向与其上第一层填料的推进方向相一致，并超前30m左右。

（b）砂垫层在施工时候控制好填筑速率，以保证场地以及边界的稳定性。铺设厚度保证不小于设计厚度，抽检合格率大于95%，砂垫层的质量及厚度检测频率为2000m²，随机检测3个点。

（c）塑料板打设顺序包括：定位；通过导管将塑料板与桩尖连接贴管靴，并对准桩位；插板并在砂面以上顶面120cm以上剪断。施工过程中做好每根插板长度、孔深等现场记录。

（d）真空主管和真空支管纵横向布置，真空支滤管采用软式透水管，管径50mm，支管铺设间距为3.0m，即每3个排水板连接在支管上。主管采用PVC管，管径不小于90mm，主管两头连接真空射流泵，每1000m²布置一台真空泵。

（e）密封膜的面积需要大于加固场地面积和密封沟面积之和；密封沟深入淤泥至少50cm，如有渗透性高的夹层，将夹层挖除并回填30～50cm厚的软黏土；沟的表面顺滑，密封膜铺在沟的表面后回填土料，土料中不得有块石杂物等尖利物品。

（f）真空预压区边界存在填土的区域根据设计图纸为黏土搅拌桩密封帷幕对填土层进行封闭。桩底以进入淤泥层1.0m为准。若存在透水层的，还需穿透水层底标高以下1.0m。

（g）抽真空设备采用射流式真空装置。当膜下真空度达到−80kPa后，在真空膜上进行填土堆载。当软土按实测沉降曲线推算固结度不小于90%及实测地面沉降速率连续10d平均沉降量不大于2mm/d时，堆载结束。

③软基处理监测

堆土加载期间，每天观测一次。施工间歇期及满载预压期间，每2～3天观测一次，随沉降量的减小，观测间隔时间可适当延长。真空联合堆载预压结束一周后结束观测。

（a）浅层沉降板观测

施工分区面积较大，每个真空施工区域密封膜之上布置5块浅层沉降板，分别在分区的角点附近和中心点附近布置，监测淤泥顶面以下总沉降量随时间的变化。

（b）孔隙水压力监测

在插板后埋设，每孔布置三个探头，分别布置在淤泥层顶面下1.0m，淤泥层中部及淤泥层底板上1.0m左右。

（c）真空度监测

分别在分区的角点附近和中心点附近布置真空测头。

（d）边桩水平位移监测

在填筑施工过程中布置边桩对周边进行水平位移观测点，沿场地四周填土边坡坡底按50～100m布置。

（e）测斜管监测

在真空预压施工前在围堰顶范围内埋设测斜仪，主要观测土体不同深度水平位移情况，根据位移和时间的变化曲线分析土体稳定性。测斜仪安装后，立即观测并记录初读数。侧向位移速率不大于 5mm/d。

（f）地下水位观测

本次在软基处理外围布置 3 个地下水位观测孔，孔深 10m，通过观测施工过程中的水位变化，用来配合孔隙水压力观测。

5.3.4.3　BIM 技术在工程施工中的应用

（1）设计施工一体化应用

创新性地把 Civil 3D 软件应用到了生态景观河道的设计施工中，基于独立开发的 Civil 3D 部件库和二次开发插件集，建立河道模型，实现三维出图和水文特性分析，模型又同时用于设计阶段的概算工程量统计，在施工阶段，又在此基础上进一步生成 6.37km 的截流河地形曲面，从而计算出不同土质层的工程量，实现同一数据模型（图 5.3-12），设计施工一体化应用，大大提高了土方概算、预算、结算的速度和精确度，实现全过程成本控制。

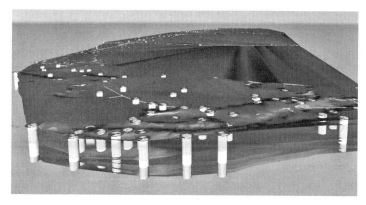

图 5.3-12　Civil 3D 地形处理

（2）可视化交底

改变传统技术交底模式，从枯燥的文字描述和想象来理解方案，变成灵活、立体、直观的进行技术交底，从而保证施工质量。

利用 BIM 技术，将截流河箱涵、支护桩、站泵机电设备安装等关键施工工艺等复杂方案制作成三维可视化视频，创建闸泵站等复杂结构三维模型，可以更清楚地看到施工交叉干扰、施工工序，成型效果等，对内交流分析，对外沟通协调展示一目了然，将沟通交流过程中的信息损失降至最低，大大提高了工作效率（图 5.3-13）。

图 5.3-13　闸门安装调试

（3）工程量精算

传统工程量计算基本依赖于手算，对于复杂结构，人工算不仅耗费时间长，而且难以保证精确度。

现利用 Revit 明细表、广联达土建、广联达安装等软件协同，快速创建模型，快速输出工程量，并关联清单及定额，可快速统计和查询各专业工程量。且工程与清单定额协同，有利于对工程量材料的管控，进而对结算又有一定的控制作用，如图 5.3-14 所示。

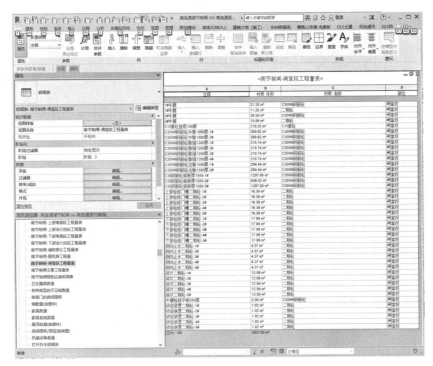

图 5.3-14　工程量精算

（4）施工信息化管理

基于 BS 架构，搭建水利工程 BIM 轻量化平台，如图 5.3-15 所示。对本工程模型按照工筹进行区段和构件拆分，做到安全、质量、进度、物资等全过程信息化管理。将进度、质量、安全等管理问题可视化，并与可视化的施工组织设计进行对比、分析、纠偏；通过 BIM 可视化展开安全教育、危险源识别及预防预控，指定针对性应急措施。通过重要工序的三维模拟，对进场施工人员进行安全问题交底。现场管理人员发现质量安全问题后，可通过移动端进行管理。数据信息将同步上传，通过云平台大数据处理，实现对项目质量、安全的精细化管理，极大改善了质量通病及问题滞留等状况。

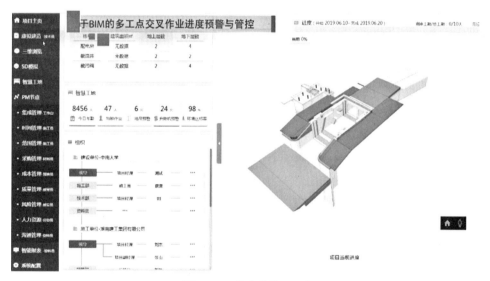

图 5.3-15　信息化管理平台

5.4　综合管廊及道路一体化工程

5.4.1　工程概况

空港新城启动区综合管廊及道路一体化工程（以下简称"一体化工程"）位于深圳市宝安区福海街道、沙井街道，为深圳市国际会展片区重要的市政保障工程，本工程概算总投资为 858769.94 万元。包含 19 条市政道路，其中 7 条道路设置综合管廊，道路总长度为 25.3km，综合管廊总长度为 10.315km。主要建设内容包括道路工程、交通工程、桥涵工程、岩土工程、给水排水工程、照明工程、通信工程、综合管廊工程、海绵城市工程等。

（1）一体化工程进度管理目标

以保障国际会展中心运营的交通、通信、通水、排水的需求为第一目标。

（2）一体化工程质量管理目标

达到国家现行施工质量验收规范要求，分项、分部工程合格率 100%，单位工程质量达到合格。相关工程争创国家级"鲁班奖"。

（3）一体化工程安全管理目标

控制职业危害，杜绝职业病发生，杜绝重大安全、机械、险肇事故，重伤和死亡事故为零，年负伤率小于1.5‰。争创深圳市、广东省安全文明施工示范工地。

（4）一体化工程成本管理目标

总投资控制在工程概算建设总投资858769.94万元。

（5）一体化工程文明施工管理目标

严格按照《深圳市建设工程安全文明施工标准》实施标准化管理，争创AAA级安全文明标准化工地。

（6）一体化工程绿色施工目标

无重大环境污染事故，污水、噪声、烟尘排放达标；最大限度地减少运输遗撒、扬尘，严格控制化学危险品及油品的泄露，对有毒有害废弃物进行分类管理提高回收利用率；节约能源、资源，建筑材料有害物质限量达标。争创全国建筑绿色施工示范工地。

（7）一体化工程科技创新目标

大力推广新技术、新工艺、新材料、新设备在工程中的运用。

（8）一体化工程资料管理目标

工程资料实行信息化管理，确保工程资料的真实性、时效性，与工程保持同步，满足档案馆的入档要求。

5.4.2 一体化工程管理体系

5.4.2.1 一体化工程采用EPC工程总承包管理模式

（1）EPC合同模式是一种快速跟进方式（阶段发包方式）的管理模式，与过去那种等设计图纸全部完成之后再进行招标的传统的连续建设模式不同，在初步设计方案确定后，随着设计工作的进展，完成一部分分项工程的设计后，即对这一部分分项工程组织招标，进行施工，快速跟进模式的最大优点就是可以大大缩短工程周期，可以比较早地取得工程社会效益。一方面整个工程可以提前投产，另一方面减少了由于通货膨胀等不利因素造成的影响。EPC合同模式下承包商对设计、采购和施工进行总承包，在项目初期和设计时就考虑到采购和施工的影响，避免了设计和采购、施工的矛盾，减少了由于设计错误、疏忽引起的变更，缩短工期。

（2）EPC模式的总承包商在设计的早期阶段就介入项目，因此能够把施工方法、降低成本、缩短工期、设计同施工方面的知识、专业技能和经验总结起来体现在设计文件之中。其次，承包商在设计阶段就对施工阶段可能遇到的问题有所准备，使得许多问题在开工之前就提前预案，及时避免或尽快得到解决，再者，设计和施工人员在设计阶段就有了许多接触和交流意见的机会，当项目进入施工阶段，遇到问题时，解决起来自然也就快得多。

（3）工程总承包能有效地控制建设周期和工程质量：EPC 模式的工程总承包项目可以实现设计、采购、施工、试运行全过程的质量控制，能够在很大程度上消除质量的不稳定因素，在设计阶段就积极引用新技术、新工艺，便于施工操作的进行。EPC 模式可以最大限度地在施工前发现图纸存在的问题，有利于保证工程质量和缩短建设周期。

5.4.2.2 一体化工程监督管理

1. 一体化工程质量控制

由于本工程的专业工种多、工作内容多、工期较紧，具有施工强度高、作业面多、组织协调工作量大等特点。为此，本项目投标划分为五个监理标段，每个标段由相应中标监理公司组建了人数合理的监理班子，各标段设总监、总监代表及诸多专业监理小组，实行总监负责下的岗位责任制，总监、总监代表、专业监理工程师、监理员分级负责，责任层层落实。

监理班子职称结构和专业监理人员配备合理，实行老、中、青相结合，每个重要专业均有高级工程师技术把关，中、青年工程师可进行现场旁站监理，完全可以对工程实施全方位、全天候、全过程监理。

每季度进行由业主单位组织第三方检查机构对项目进行检查，并对监理单位进行评比。建立激励和约束制度，对工程质量精益求精。

2. 一体化工程安全文明管理

施工安全过程控制：

（1）合理运用安全施工控制的四方面监理措施，如表 5.4-1 所示。

安全施工控制的四方面监理措施　　　　　　　　　　　　　　表 5.4-1

措施类别	详细措施
1. 组织措施	（1）项目部全员参加，总监负责； （2）专业监理工程师经常检查安全施工落实情况； （3）定期召开安全专题会议
2. 经济措施	（1）监理内部实行安全责任制，奖惩分明，把安全施工监督列入奖惩条款； （2）严格进行安全施工的检查，对安全措施达不到要求的，要责令整改，并处以相应的处罚； （3）将安全达标情况，作为工程进度款的付款条件之一
3. 技术措施	（1）审查施工组织设计，检查安全技术措施是否满足安全施工的要求； （2）适当采用新技术为安全施工服务； （3）定期写出安全生产的报告提交业主
4. 合同措施	（1）在合同中明确规定因承包商安全施工的问题引起安全事故，造成业主的经济损失的要向业主进行赔偿； （2）对照合同规定，督促承包商严格履行安全生产合同条款； （3）与承包商签订合同时，要明确施工期的安全施工总目标；明确安全责任范围，制定安全施工的奖罚条款

（2）施工安全应急救援预案。

合理运用安全文明施工控制的四方面监理措施，如表 5.4-2 所示。

安全文明施工控制的四方面监理措施　　　　　　　　　　表 5.4-2

措施类别	详细措施
1. 组织措施	（1）项目部全员参加，总监负责； （2）专业监理工程师经常检查文明施工落实情况； （3）定期召开安全文明专题会议
2. 经济措施	（1）监理内部实行文明责任制，奖惩分明，把文明施工监督列入奖惩条款； （2）严格进行文明施工检查，对文明施工措施达不到要求的，要责令整改，并处以相应的处罚；将文明施工达标情况，作为工程进度款的付款条件之一
3. 技术措施	（1）审查施工组织设计，检查文明施工技术措施是否满足文明施工的要求； （2）适当采用新技术为文明施工服务； （3）定期写出文明生产的报告提交业主
4. 合同措施	（1）在合同中明确规定因承包商文明施工的问题造成业主经济损失的要向业主进行赔偿； （2）对照合同规定，督促承包商严格履行文明施工合同条款； （3）与承包商签订合同时，要明确施工期的文明施工总目标；明确文明施工责任范围，制定文明施工的奖罚条款

（3）文明施工控制的监理重点，如表 5.4-3 所示。

文明施工控制的监理重点及考核要求　　　　　　　　　　表 5.4-3

监理重点	考核要求
文明施工与环境保护	施工现场打围作业完整，总平面布置合理，设施设备、材料等按总平面布置图规定设置堆放
	市政工地大门采用防锈铁花大门，"五牌一图"设置规范，监督电话和管理人员照片齐全
	保洁人员和大门守卫人员到位
	现场裸露地面要进行绿化或覆盖，场内不积水，道路畅通
	砂浆搅拌棚按规定设置
	消防器材配置合理，符合消防要求
	食堂操作间、售卖间、储藏间应分设，墙面贴砖高度不低于 1.8m，地面硬化、设置机械排风措施
	宿舍搭设材质符合要求，墙面设置可开启式窗户，宿舍内人数不超过 12 人且为不超过 2 层单人铁架床，配备生活柜
	工地应设简易浴室，保证供水，保持整洁
	施工现场必须修建符合卫生标准水冲式厕所，设专人管理，地面应采用混凝土或地砖硬化，墙面 1.8m 以下贴瓷砖
	生活垃圾必须按卫生要求随时清运或按卫生要求妥善处理
沟槽	按规定编制施工方案并通过审批和专家咨询
	基坑或沟槽临边应采取临边防护措施
	坑槽开挖设置安全边坡应符合安全要求
	基坑施工应设置有效排水措施
	设置的上下专用通道应符合要求
	按规定进行沉降观测和基坑支护变形监测

续表

监理重点	考核要求
模板工程	按规定编制施工方案并经审批、咨询
	支撑系统应符合设计要求,现浇混凝土模板的支撑系统应有设计计算,支撑模板的立柱材料应符合设计、规范要求
	在模板上运输混凝土应设走道垫板,作业面孔洞及临边有防护措施
	立杆基础平整、夯实并设置通长木垫板、底座,扫地杆设置完整
	脚手架外侧设置密目式安全网进行封闭
	扣件、钢管规格及材质符合要求
安全防护	正确使用安全帽、安全带
	安全网规格、材质符合要求
	水平网兜设应符合要求
	"四口"应设置工具式防护设施,且防护严密
	"临边"应设置防护,且防护严密
机械设备和施工机具	作业人员持证上岗,设备日常保养有记录
	安全装置齐全,安全防护到位
	防护棚的设置符合安全要求
施工用电	外电防护措施有效
	配电线路无破损,符合规范规定,线路过道有保护
	危险场所、手持照明灯应使用安全电压,线路及灯具安装应符合要求
	施工用电应符合"三相五线"、三级配电、两级保护
	开关箱、电器元件安装应符合要求

5.4.3 综合管廊及市政道路一体化平行设计的技术论证

5.4.3.1 城市综合工程的全专业集成设计论述

本项目位于深圳宝安区空港新城,位于珠江口东岸,处于广深经济带核心位置,居于珠三角区域发展脊梁与沿海功能拓展带的交汇点,是未来深圳经济和城市发展新的重要区域,对于深圳实现有质量、内涵式发展,提升城市功能、经济功能和长远竞争力具有重要作用,是珠江口环形经济圈的战略制高点。国际会展中心定位更是直指深圳新地标,城市新封面,会展面积问鼎世界之最。担负起国际会展中心片区市政保障的深圳一体化项目,包含周边 17 座桥梁,19 条市政道路及 7 条管廊,构筑了空港新城的交通及市政基础设施的命脉,作为大空港新城的城市"毛细血管",为大空港新城健康运行及交通顺畅奠定良好的基础。

深圳项目设计通过以道路、桥梁、管廊三大主体专业为先导,集合项目推进初期的高端咨询、产业规划,项目推进过程中的全专业工程设计,建立市政特有的专业信息和分析数据库,同时通过构建城市建设 BIM 技术的深度应用及项目现场建立协同体制,落地全专业协同设计的智能信息平台，把握赛迪多学科集成优势，多元融合、整合专业碎片化，更新工程模式。

以项目中重点的片区唯一交通主环线展景路为例，作为城市主干路，道路宽度 40m，设计速度 50km/h，双向六车道，全长 4.2km，含南连通渠中桥，同时其道路右幅下方管廊宽×高为 12.5m×3.9m，全长 4.1km，断面采用三、四舱布置，分别为燃气舱、综合舱、电力舱和污水舱，且道路起点处衔接会展门户、片区地标展云桥，其作为纯钢结构的变截面异形拱圈的系杆拱桥，宽 64m，采用单拱圈三面空间吊杆的单跨特大桥，造型及结构形式国内少见。因此，展景路仅是这三大主体专业就体现了其设计及建设的复杂和综合性，如按传统市政建设，三部分分开单专业设计及建设，极易造成桥梁设计、道路设计、管廊设计的单调性，三者之间不能形成有效的融合，除使用功能上的相互独立外，景观效果上也会形成脱节。

而一体化工程海景路作为包含了市政全专业设计紧密配合、协调一致的产物，在共计不少于 15 个专业 80 套图纸上，从设计初期到实施阶段均做到了专业协调，涵盖全面。首先，方案阶段从全局出发，抓大放小，功能上以道路、管廊为侧重点，景观效果以景观桥为主导，管网、基础等附属专业做好预留，同时在设计推进阶段做到及时会审、全盘复查，专业互校，最后达到市政综合工程系统化布置及合理分配。同时作为项目的先行之本，在一体化总承包项目实施过程中，项目设计团队充分挖掘公司自身具备的设计优势，发挥全专业设计在总承包中的积极主动性，提前预判实施阶段的重难点工序配合、工种协作及工期协调。通过专业设计思维之间的合理碰撞及有效融合，对部分衔接设计进行减法，对功能补充做加法，对项目的建设实施提出了切实可行高效的建议及设计指导。例如，桥梁伸缩缝及路桥过渡设计，为避免过渡段路基存在路面病害的风险，充分考虑桥梁结构及道路基础独特要求，通过对地基处理、填料压实、平纵结合的严格要求及合理划分，通过不同的处理方案的比选，保证了行车安全、舒适和平稳性。管廊设计中对道路影响较大的通风口、人员出入口等节点设计，在景观设计、管网设计提前介入与协作下，结合道路平纵横三维立体空间的搭建，对管廊节点进行 BIM 建模后全专业进行设计信息的实时共享和协调。

5.4.3.2 市政综合体中多专业协同设计的技术难点

设计作为一体化工程 EPC 的技术责任主体，在全专业参与的前景下，通过高效的协调配合，对本项目进行控制成本、精准造价，缩短工期。所谓的协同设计是指各专业在设计理念、设计方案、设计进度、设计细节及设计成果的各个阶段，通过协同平台搭建，完成上述设计全过程专业的交互设计。

结合本项目的特性及要求，设计团队搭建起一个以专业项目技术管理人员为基座，主要设计人为骨架，现场设计服务人员为纽带的现场项目部，作为项目设计协同平台，实现内部与远端和外部的信息共享与沟通。

除运用现场协同平台，同时以公司自主研发的移动办公平台——轻推及交付平台——

工程数字化交付为辅助，使整个项目独特的协同平台建立起有效消除信息"孤岛"现象，将项目信息、设计资源、设计推进等统一集成到现场协调平台上。

本项目通过增强项目现场信息获取能力，各成员根据自身角色不同，从平台获取和传输信息的过程中，贯彻现场作为协调管理及信息发布和落实的主体理念，对平台信息进行统一管理，并由各成员进行更新、传递和最终检验。现场人员进行信息收集、处理、发布的先导工作，成员进行信息分析、细化、落地的深化工作，建立主次联动体系，落实多层次协同管理系统驱动。

5.4.3.3 钢箱梁系杆拱桥的设计关键技术难点

自本项目全面启动以来，桥梁方案一直是重中之重。整个项目共计 24 座桥梁，其中截流河上 12 座桥梁为匹配国际会展中心景观要求，在市领导及业主高标准要求下，前后进行近十套桥梁方案设计及百个桥型方案的比选，最终确定桥梁的桥型方案。除国际方案竞赛的桥梁外，其余以功能为主的桥梁，均采用现代、简洁、轻盈、流线的三跨预应力混凝土变截面混凝土梁桥，跨径大小根据河道宽度有调整，主跨跨径在 50 ~ 65m。桥梁梁底高程均高于 4.85m，河道常水位 1.5 及洪峰水位 0.5m。

其中的展览大道、凤塘大道西延段及沙井南环路西延段三条主干路跨截流河的桥梁分布于国际会展中心的核心位置，为提升城市景观品质，市领导提出"邀请国际大师操刀，创造百年桥梁经典"的指示。经过会议确定，由一体化工程以总承包的形式，组织实施桥梁概念方案国际竞赛。评选出 UNstudio 景观桥梁概念方案应用标志性几何造型、灯光，用颜色营造个性特征，将片区拟作时间表盘，塑造桥设计系列形象，建立河岸的生动延伸；同时尊重人行感受，讲求车行、慢行、人行的轻度交织的人文设计概念，体现片区的国际定位，形成片区的创造性符号。本次三座景观桥根据结构形式均采用钢结构梁拱组合，因此在设计上结合三座桥梁设计成果总结三个重难点及设计方案如下：

（1）难点：主拱采用异形分叉双拱，且向外倾斜

对策：由于主拱横向外倾，且倾角大，拱根弯矩极大。为控制主拱受力，采取了两项措施，一是减小吊杆张拉力，让主梁平面内与平面外充分受力，以减小主拱弯矩；二是在拱脚设置多道横隔板，分担拱脚受力。

（2）难点：异形三维空间结构，表述困难

对策：方案设计阶段采用 Rhino 软件，建立空间模型，准确表达方案结构；施工图阶段采用 Revit，正向设计，准确绘制空间节点；施工阶段采用 Tekla 软件，进行钢结构详图设计，直接对接工厂数字化下料并拼装。

（3）难点：钢结构桥梁路面铺装耐久性问题

对策：采用浇筑式沥青。材料具有密水性好、耐久性优、疲劳抗裂性能和随从变形能力好、整体性强、不会出现由于碾压所带来的病害等结构特点，决定其除拥有沥青混凝土性能之外，还具有不同于普通碾压沥青混凝土的特性，而这些性能优势恰恰适应了桥面铺

装等一些特殊铺装工程的使用要求。

5.4.3.4 预制装配式技术在一体化工程中的应用与技术优势

结合国家大力发展预制装配式混凝土建筑，深圳市也积极响应国家号召推广装配式项目，应国家及省市政策，根据桥和路管廊特点，一体化工程在桥和路西延段综合管廊设计中采用预制装配式结构技术。

桥和路西延段综合管廊沿桥和路由西北向东南呈 L 形走向，起于海云路综合管廊，跨越规划截流河，止于福园二路交叉口，管廊全长 375.35m。

桥和路西延段综合管廊为三舱结构，分别为燃气舱、综合舱和电力舱。燃气舱内布置 1 根 DN300 燃气管，内净空尺寸 1.90m×3.80m；综合舱内布置 1 根 DN800 给水管、1 根 DN300 直饮水管、40 回 10kV 电力电缆及四层通信桥架，内净空尺寸 4.0m×3.8m；电力舱内布置 4 回 110kV，内净空尺寸 2.8m×3.8m。具体如图 5.4-1 所示。

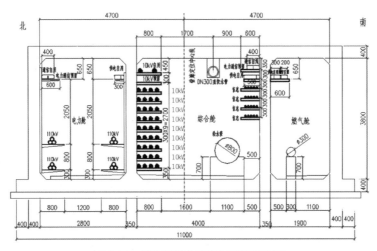

图 5.4-1　桥和路综合管廊标准横断面图

桥和路管廊为三舱断面，管廊宽度 10.2m，体积较大，管廊自重 35.6t/m，采用节段式预制管廊在深基坑周边进行运输和全截面拼装困难，且接缝较多导致接头渗漏水隐患点多，因此在本次设计采用预制装配叠合板式混凝土结构。该管廊框体结构的叠合板竖墙与预制板加现浇混凝土顶板现浇连接；叠合板宽 2～3m，板间拼装缝内设置暗柱拉结，同时设遇水膨胀止水胶条；竖墙与预制板加现浇混凝土底板连接处设镀锌钢板止水带；叠合框体纵向每 30m 左右设一道变形缝，缝间设橡胶止水带止水；采用叠合板的外侧墙及中隔墙，使用自密微膨胀无收缩细石混凝土浇筑；通过上述细部构造措施，达到现浇拼接接头从而减少防渗概率，同时使得管廊主体结构纵向整体刚度得以连续，从而满足正常受力、施工质量控制及防渗要求。为适应该段管廊地质条件变化和入河底高差变化，采用水泥搅拌桩进行复合地基基础处理；预制管廊模板安装使用专用支撑构件，较常规模板减少材料，且可重复使用，从而满足环保要求；考虑非标预制板模具困难，在管廊出舱口等多层截面变化处设置现浇管廊。

（1）标准段预制拼装方案

本工程采用预制叠合夹心墙板和半预制底板形式，此预制方案形式与传统方式的受力基本相同。预制叠合板采用工厂预制，每块叠合板宽 2～3m，叠合板间拼装缝内设遇水膨胀止水胶条叠合板和现浇混凝土底板连接处设镀锌钢板止水带；叠合侧墙及顶板每 20～30m 设一道变形缝（与底板变形缝位置一致），变形缝设橡胶止水带止水。侧墙及中隔墙现浇混凝土采用自密混凝土浇筑，保证管廊主体结构施工质量及防渗要求。管廊预埋件要求在工厂预制叠合板时埋设。为确保管廊施工缝不漏水，在叠合板侧墙底板设一道止水钢板。其他为预制部分，其截面形式如图 5.4-2 所示。

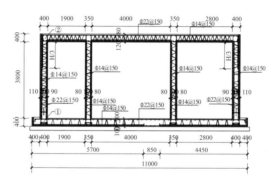

图 5.4-2　桥和路综合管廊预制装配叠合式结构标准横断面图

（2）构件连接节点方案

侧墙采用环形钢筋与底板现浇锚固，有利于结构受力。部分节点详图如图 5.4-3、图 5.4-4 所示。

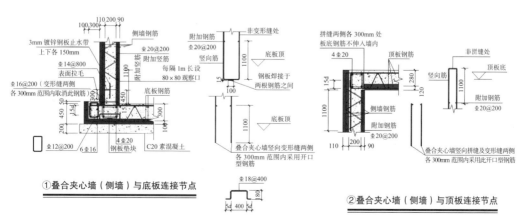

图 5.4-3　叠合夹心墙与底板连接节点图　　图 5.4-4　叠合夹心墙与顶板连接节点图

5.4.4　一体化工程施工关键技术

5.4.4.1　大跨径钢结构拱桥施工关键技术（展览大道3号桥）

（1）工程介绍

1）工程概况

展览大道位于空港新城启动区南部，海滨大道东侧，道路呈南北走向，起于海云路，起点与海云路形成平面交叉并跨越规划截流河，沿道路前进方向与重庆路西延段形成平面交叉，跨越坳劲涌与蚝业路形成平面交叉，并止于蚝业路。道路等级为城市主干路，设计速度50km/h，道路标准路幅宽度50m，双向六车道，道路全线共有桥梁2座分别跨越截流河和坳劲涌。

展览大道跨截流河特大桥桥梁起点里程K0+54.430，终点里程K0+224.430，全长170m，桥梁孔跨布置为：1m×155m，上部结构为钢纵横梁+钢箱拱组合体系。全桥桥宽62～68.894m，与河道正交，总体重量约为11229.5t，材质为Q420qD。截流河考虑浪高及壅水高后设计水位：4.35m。工程效果图如图5.4-5所示。

图 5.4-5　工程效果图

2）施工场地部署介绍

主桥为新建道路，桥位处为路面，仅A0桥台处有10m宽截流河，施工场地与城市主干道可通过施工便道相连，大型施工运输车辆可直达现场，交通便利，场地开阔，无须交通疏解。主桥下方截流河以外路面，均压实及采用混凝土硬化（图5.4-6），场地平整，承载力高。

由于整个项目工期紧，需尽可能地开展多个工作面，且尽量利用既有场地，所以在跨截流河处搭设两个钢平台，用作运输通道及吊装平台。

3）钢梁架设方式介绍

根据场地和工期，采用常规的搭设临时支架，起重机吊装的架设方式，具体如图5.4-7所示。

图 5.4-6　场地硬化图

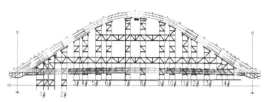

图 5.4-7　支架立面图

4）钢梁架设顺序介绍

本工程的架设顺序为：端横梁→中纵梁→主拱肋→边纵梁→车行道横梁→车行道桥面板→人行道横梁→人行道纵梁→人行道桥面板→索力安装。具体如图 5.4-8～图 5.4-11 所示。

图 5.4-8　端横梁安装图

图 5.4-9　中纵梁安装图

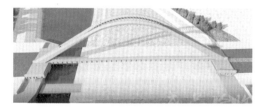

图 5.4-10　拱肋节段安装图

图 5.4-11　桥面系安装图

5）临时支架搭设介绍

①桥面系支架

桥面系共设置 5 组支架，分为 1 组中纵梁支架、2 组边纵梁支架、2 组人行道边纵梁支架。因坡度而定，不等高对称设置在纵梁接缝处，起到固定支承作用。

②拱肋支架

拱肋共设置 14 组支架，根据拱肋高度，对称设置在拱肋节段接缝，并进行纵、横桥向连接。

6）拱肋及桥面系吊装介绍

采用两台 260 履带吊，分布于拱肋节段横桥向两侧，采用先拱后桥的顺序，同时穿插

图 5.4-12　履带吊吊装图

吊装桥面系。如图 5.4-12 所示。

（2）临时支架搭设

1）拱肋支架搭设

拱肋支架采用"纵桥向钢管立柱＋立柱间联结系＋横桥向工字钢"结构支撑形式，A0 侧拱脚 1 号、2 号支架钢管立柱直接插打入截流河中，其余支架钢管立柱全部通过预埋钢板焊接支承在硬化混凝土地基上；1 号及 14 号支架钢管立柱以纵桥向 4 根、横桥向 3 根的形式布置，拱肋支撑起止位置为 S1A ～ S2；其余支架钢管立柱以纵桥向 2 根、横桥向 4 根的形式布置，设置在拱肋节间焊缝处。钢管立柱间通过剪刀撑连接，剪刀撑由［20a 与 20mm 节点板焊接组成，立柱顶设置 20mm×800mm×800mm 封板及横向工字钢，横向工字钢上布置纵向工字钢及拱肋定位底座。且为了增强支架的整体稳定性，拱肋支架之间设置纵向连接撑，使所有支架连成一片。具体操作步骤如图 5.4-13 ～图 5.4-18 所示。

图 5.4-13　拱肋支架模型图

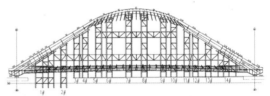

图 5.4-14　拱肋支架立面布置图

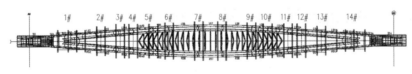

图 5.4-15　拱肋支架平面布置图

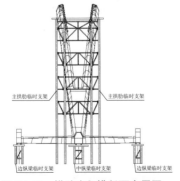

图 5.4-16　拱肋支架横断面布置图

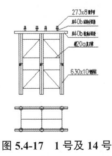

图 5.4-17　1 号及 14 号支架横断面布置图

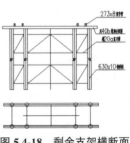

图 5.4-18　剩余支架横断面布置图

2）拱肋支架拆除

①为保证拱肋的稳定性，预留 4 号、11 号支架待张拉，13 号、15 号拉索后再进行拆除。支架最高处达 40m，管桩墩顶承重构件多，拱底净空小，拱间三角撑安装后，空间更为狭小。

考虑墩顶范围 5m 内的构件采用手拉葫芦配合卷扬机散件拆除，剩余构件采用 80t 汽车吊吊装分段拆除。卷扬机布置纵断面图如图 5.4-19 所示。

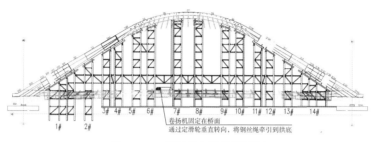

图 5.4-19　卷扬机布置纵断面图

②按照"先装后拆、后装先拆"及"纵桥向对称均衡、横桥向基本同步"的原则进行支架拆除，从跨中处下挠度最大的支架（7 号及 8 号支架）开始拆除。

由于拱底净空小，部分位置更受三角撑干涉，吊车大臂无法伸入吊装，因此支架顶部大约 5m 高范围内采用卷扬机散件拆除；剩余部分采用汽车吊分段拆除。

总体支架卸载拆除顺序为：7 号（8 号）支架→6 号（9 号）支架→5 号（10 号）支架→3 号（12 号）支架→2 号（13 号）支架→1 号（14 号）支架→4 号（11 号）支架。如图 5.4-20、图 5.4-21 所示。

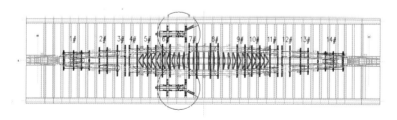

图 5.4-20　吊车站位平面图

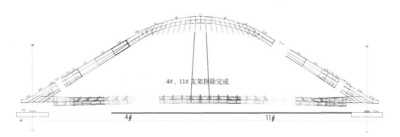

图 5.4-21　支架拆除完成图

3）桥面系支架搭设

桥面系支架采用"钢管立柱＋横桥向工字钢"结构支撑形式，支架钢管立柱全部通过预埋钢板焊接支承在硬化混凝土地基上；支架钢管立柱以纵桥向 2 根、横桥向 2 根的形式布置，设置在纵梁节间焊缝处。钢管立柱间通过剪刀撑连接，剪刀撑由［20a 与 20mm 节点板焊接组成，立柱顶设置 20mm×800mm×800mm 封板及横向工字钢，横向工字钢上布置调节管。

4）桥面系支架拆除

桥面系支架须等拉索桥面系焊接全部完成且拉索全部张拉完成后才能进行拆除，割除调节管后，进行整体拆除。

（3）大厚度板材现场焊接施工技术

1）焊接材料

①选择强度、塑性、韧性相同的焊接材料，并且焊前要进行工艺评定试验，合格后方可正式焊接，焊接材料选择低氢型焊接材料。

② CO_2 气体保护焊：选用实心焊丝打底，药芯焊丝或者埋弧焊盖面。CO_2 气体：CO_2 含量（V/V）不得低于 99.9%，水蒸气与乙醇总含量（m/m）不得高于 0.005%，并不得检出液态水。

2）焊前预热

①为减少内应力，防止裂纹，改善焊缝性能，母材焊接前必须预热。

②预热最低温度：80℃。

③T 型接头应比对接接头的预热温度高 25 ～ 50℃。

④预热方法采用火焰加热。

3）工艺参数选择

为提高过热区的塑性、韧性，采取小线能量进行焊接。根据焊接工艺评定结果，选用科学合理的焊接工艺参数。

4）焊接过程采取的措施

①由于后层对前层有消氢作用，并能改善前层焊缝和热影响区的组织，采用多层多道焊，每一焊道完工后应将焊渣清除干净并仔细检查和清除缺陷后，再进行下一层的焊接。

②每层焊缝始终端应相互错开 50mm 左右。

③层间温度必须保持与预热温度一致。

④每道焊缝一次施焊中途不可中断。

⑤焊接过程中采用边振边焊技术或锤击消除焊接应力。

在边焊边振过程中，可以延迟焊缝组织结晶，使焊缝中的 H 等有害杂质有更充足的时间逸出，从而降低焊缝金属含氢量及杂质偏析，减少裂纹及层状撕裂趋向；可使焊缝晶粒更加细化，提高焊接接头塑性和韧性，从而大大提高焊接接头的机械性能；焊缝金属在振动状态下结晶，可降低焊接应力，提高焊缝抗层状撕裂及抗疲劳能力。

⑥焊接过程要注意每道焊缝的宽深比大于 1.1。

采取合理的焊接顺序及坡口形式可降低焊缝内应力，厚板接料尽量采取对称的 X 型坡口，并且对称焊接。

5）后热

后热不仅有利于氢的逸出，还可在一定程度上降低残余应力，适当改善焊缝的组织，降低淬硬性，因此，焊后应立即将焊缝加热至 200～250℃，并且保温时间不得小于 1h。

6）外观质量控制

焊缝加强高及过渡角的圆滑过渡可适当提高接头的疲劳强度，因此：

①对焊缝内部质量在焊后 24h 按规定进行无损检测。

②对焊缝的外表面要进行磁粉探伤。

对焊缝外观进行打磨处理，不得出现加强高过高、焊缝咬边等缺陷。

（4）拱肋定位、调节及合拢段安装

1）拱肋定位、调节

拱肋支架搭设完成后，按照设计给定的标高安装拱底定位底座，拱底定位底座安装完成后，吊装拱肋节段进行预定位，此时吊机暂不松钩，待上下两个拱肋节段合拢口吻合后，测量拱肋节段的空间位置，即拱肋节段的顶面、侧面的标高与坐标，与设计对比进行调整，当偏差量较大时使用吊机进行粗调，偏差量较小时使用手拉葫芦进行微调，达到设计预定的位置后，开始焊接码板，码板焊接完成后，吊机松钩，表示拱肋节段定位、调节完成，开始进行焊接作业。

2）合拢段安装

合拢段安装较其他拱肋节段而言，须选择气温较低时进行作业，同时保证两个合拢口的接口吻合和空间位置。定位、调节的方法与其他节段基本相同。

5.4.4.2 城市地下综合管廊预制拼装施工关键技术

1. 工程简介

（1）管廊设计概况

桥和路西延段位于空港新城启动区东部，会展中心东侧，道路由西北向东南呈"L"型走向，起于海云路，跨越规划截流河，沿道路前进方向与规划锦程路（现状福园二路）形成平面交叉，为城市主干路，道路标准路幅宽度为 40m，具体如图 5.4-22 所示。

桥和路西延段综合管廊西自桥和路（GK0+013.41），东至桥和路（GK0+368.85），其中预制

图 5.4-22　桥和路管廊地理位置

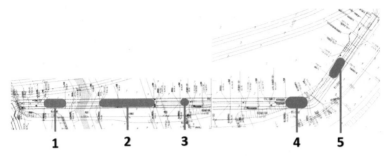

图 5.4-23　桥和路预制管廊的桩位分布图

管廊的桩位分部如图 5.4-23、表 5.4-4 所示。

桥和路预制管廊里程表　　　　　　　　　　　　表 5.4-4

序号	里程号（起）	里程号（终）	长度
1	GK0+42.48	GK0+73.48	31m
2	GK0+106	GK0+167	61m
3	GK0+196.95	GK0+206.095	10m
4	GK0+246.68	GK0+266.35	19m
5	GK0+275.24	GK0+318.61	43m

桥和路管廊为三舱形式，包含燃气舱、综合舱和电力舱三舱室形式。

燃气舱内布置 1 根 DN300 燃气管，内净空尺寸 1.90m × 3.80m。

综合舱内布置 1 根 DN800 给水管、1 根 DN300 直饮水管、40 回 10kV 电力电缆及四层通信桥架，内净空尺寸 4.0m × 3.8m。

电力舱内布置 4 回 110kV，内净空尺寸 2.8m × 3.8m。

桥和路管廊典型断面图具体如图 5.4-24 所示。

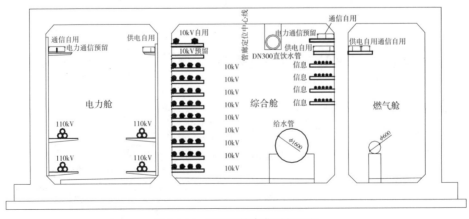

图 5.4-24　桥和路管廊典型断面图

根据桥和路典型断面以及预制构件模块化和标准化的设计要求，将施工图设计深化过程中将小环节预制管廊拆分为 1 块底板 +2 块中墙板 +2 块边墙板 +3 块顶板的拼接形式，以满足高速施工的工期要求，具体如图 5.4-25 所示。

（2）地下综合管廊预制构件制作与运输

1）底板、墙板、顶板构件生产工艺流程，具体如图 5.4-26 所示。

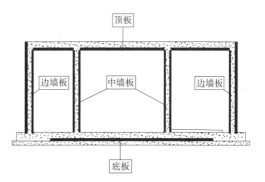

图 5.4-25　预制管廊标准断面拆分图

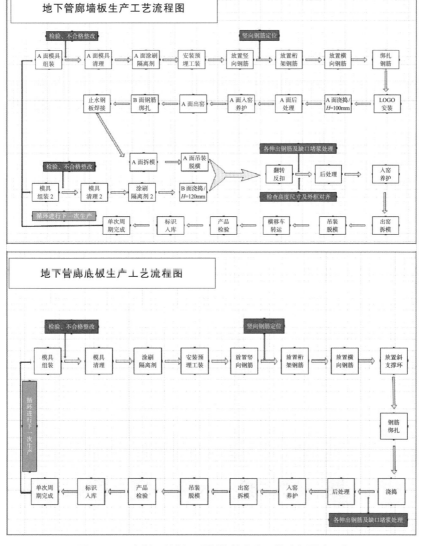

图 5.4-26　底板、墙板、顶板构件生产工艺流程图（一）

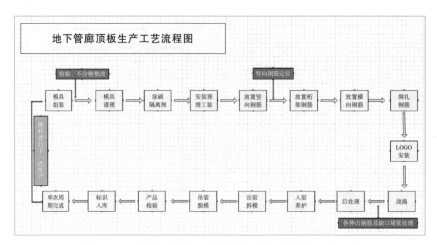

图 5.4-26 底板、墙板、顶板构件生产工艺流程图（二）

2）构件运输

①运输路线，如表 5.4-5 所示。

构件运输 6 条路线 表 5.4-5

线路	里程（km）	时速（km/h）
广州工厂（起点）至番禺大道	14.9	80
番禺大道至大涌桥	18.6	60
大涌桥至 S3 广深沿江高速	22.4	60
S3 广深沿江高速至 S3 广深沿江高速出口	1.7	80
S3 广深沿江高速出口至福园一路	1.5	60
福园一路至桥和路（终点）	0.351	60

②装车运输

（a）底板运输

管廊底板运输，每车装三块，每层使用 500mm 高木方进行垫高，使用钢丝绳进行三点固定，固定点为底板两端及中间，如图 5.4-27 所示。

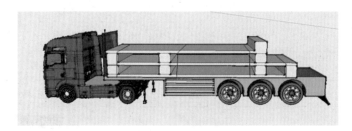

图 5.4-27 底板运输

（b）墙板运输

管廊叠合墙板必须采取不少于两点进行捆绑，且绑带必须从垫块正上方通过，每块使用橡胶块隔开保护，如图 5.4-28 所示。

（c）顶板运输

管廊顶板运输，采取每垛 6 块进行堆垛，顶板与顶板之间采取木方垫高，使用钢丝绳进行两点固定，固定点为顶板两端，如图 5.4-29 所示。

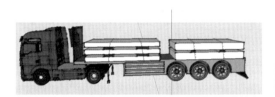

图 5.4-28　墙板运输

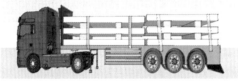

图 5.4-29　顶板运输

（3）管廊基坑开挖和支护

桥和路西延段基坑支护形式为放坡＋灌注桩咬合止水搅拌桩＋一道混凝土支撑＋一道钢支撑的形式。

桥和路西延段基坑支护桩为灌注桩＋止水帷幕搅拌桩形式，其中灌注桩 ϕ800@1200，止水帷幕搅拌桩 ϕ700@1200，两种桩型相互咬合，如图 5.4-30 所示。

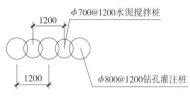

图 5.4-30　基坑支护桩结构图

第一道支撑为钢筋混凝土撑，设计顶标高为 +2.5，设计截面尺寸为 800mm × 1000mm（宽 × 高），撑间间距平均为 8m，仅有一道混凝土支撑的基坑里程号为 GK0+199–GK0+368.56，其中包含预制管廊 10m 段、19m 段及 43m 段，典型基坑断面如图 5.4-31 所示。

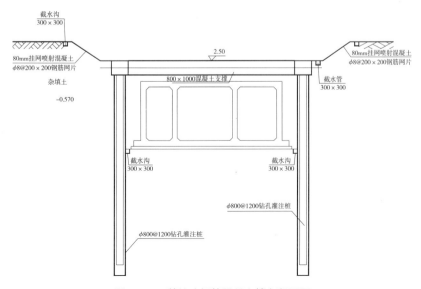

图 5.4-31　基坑（钢筋混凝土撑）断面图

第二道支撑为钢支撑，采用 $\phi609$ 钢管支撑 $+2\times I45c$ 双拼工字钢围檩，其撑间间距平均为 4m，桥和路管廊基坑支护为混凝土支撑 + 钢支撑形式的里程号为 GK0+13.41–GK0+199，典型基坑断面如图 5.4-32 所示。

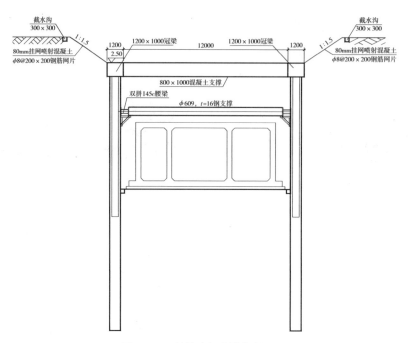

图 5.4-32 基坑（钢支撑）断面图

（4）预制构件吊装和拼接

1）总体施工工序

基坑开挖→垫层→防水→防水保护层→垫块、砂层→吊装底板→底板横向面筋铺设→吊装侧墙板→绑底板纵向面筋、放置侧墙拼缝位置钢筋笼、止水钢板焊接→浇筑底板叠合层混凝土及侧墙底以上 300mm →养护→搭设顶板支撑→吊装顶板→绑顶板面筋→浇筑侧墙及顶板混凝土→铺装外防水→回填。

流程图如图 5.4-33 ～图 5.4-35 所示。

图 5.4-33 勘查给定控制点

图 5.4-34 垫块布置图

图 5.4-35　调整砂层平整度　　　　　　　图 5.4-36　墙板吊装图

2）墙板安装

①放线，如图 5.4-36 所示。

②墙板吊放安装，具体如图 5.4-37 ～图 5.4-41 所示。

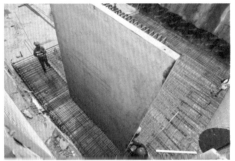

图 5.4-37　墙板位置调整　　　　　　　　图 5.4-38　墙板就位

图 5.4-39　现场斜支撑安装图

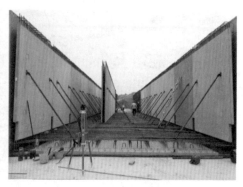

图 5.4-40　斜撑固定　　　　　　　　图 5.4-41　墙板支撑示意图

3）顶板安装

①支撑体系

预制管廊部分：外墙板安装完成后，安装叠合板下部支顶，支撑采用扣件式钢管脚手架。支顶板每块板独立设计不与现浇墙体连接。支顶上部放置可调节油托。确保能够调整。

安装支顶时从构件端部开始向中间进行加固，第一道支撑距端部 600mm，中间支撑不大于 1500mm，中间支撑起拱为 1‰ ～ 3‰。在竖向支撑的上部顶托上木龙骨 100mm × 100mm，龙骨顶标高为叠合板下标高。

水平步距为 1500mm，立杆顶部采用顶托支撑，上部托梁采用 100mm × 100mm 木枋。做扫地杆的水平杆离地高不得超过 200mm。

立杆分布以 43m 段为例，如图 5.4-42 所示。

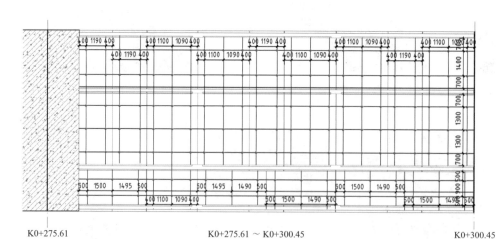

图 5.4-42　内架布置图

每种尺寸顶板板块单独设计支撑架，与墙板之间均留有 10mm 的搭台，其中电力舱顶板支架分布如图 5.4-43 所示。

综合舱立杆分布间距如图 5.4-44 所示。

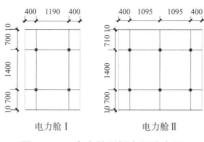

图 5.4-43　电力舱顶板支架分布图

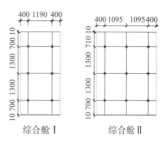

图 5.4-44　综合舱立杆分布图

燃气舱立杆分布间距如图 5.4-45、图 5.4-46 所示。

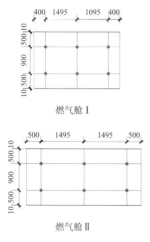

图 5.4-45　燃气舱立杆分布图

图 5.4-46　综合舱支撑架施工

②顶板吊放安装

（a）预制顶板已预埋 4 个预埋吊环供起吊安装，如图 5.4-47 所示。

（b）预制顶板吊装时，将吊钩挂与预埋吊环之上，挂点布置均匀，保证钢丝绳角度大于 45°，当把构件调离悬空 500mm 后，检查各吊点受力是否均匀、构件是否水平。构件水平、各吊点均受力后起吊至顶板面，如图 5.4-48 所示。

4）水平板及竖向板细部加强构造

①水平板细部加强构造

预制管廊底板、顶板与竖向墙板相嵌部分均使用 $\phi20$ 钢筋连通加强，使得小

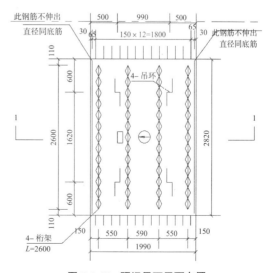

图 5.4-47　预埋吊环平面布置

环节管廊之间形成整体，抵抗不均匀沉降带来的剪切力，具体如图5.4-49所示。

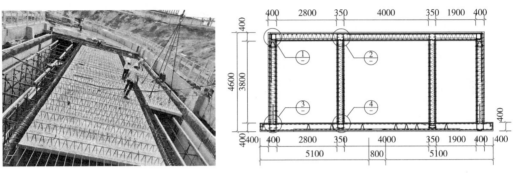

图 5.4-48　顶板吊装　　　　图 5.4-49　管廊横断面加强部位示意图

②竖向板细部加强构造

预制墙板拼缝之间都设有预制钢筋笼，如图5.4-50所示，竖向节点构造图如图5.4-51所示，横撑下部节点构造图如图5.4-52所示。

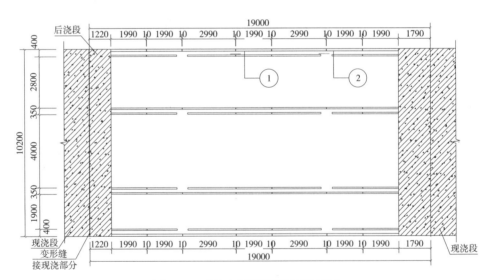

图 5.4-50　竖向加强钢筋笼平面分布图

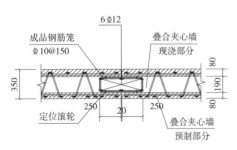 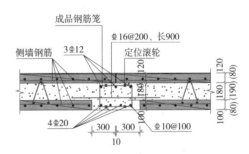

图 5.4-51　叠合墙竖向连接节点构造图　　图 5.4-52　叠合夹心墙横撑下部竖向连接节点构造图

（5）预制管廊防水施工要点

防水卷材施工工艺流程如图 5.4-53 所示。

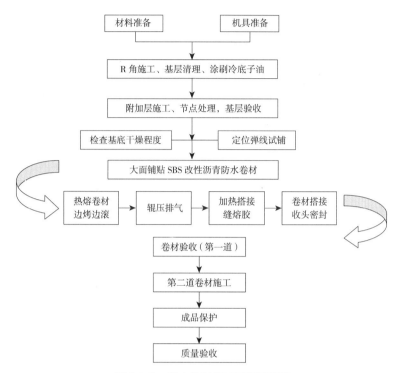

图 5.4-53　防水卷材施工工艺流程图

（6）预制管廊与现浇管廊对比效益

1）工程工期

在基坑开挖与支护体系成型、土方回填、支护体系拆除环节中，预制叠合板管廊与现浇综合管廊的施工工艺和技术要求基本相同。在综合管廊主体结构施工环节中，二者的施工工艺截然不同，导致工期差异显著。现浇城市综合管廊的廊体部分是在工地现场浇筑，需要在基坑开挖且支护成型后才开始施工。而叠合预制管廊的廊体构件大部分在工厂完成，可以根据施工安排提前进行加工，现场施工可以与其他环节施工协调安排，大大缩短总工期。廊体施工时，现浇墙板及顶板需花费大把时间在模板支撑架与模板安装上，而叠合板预制管廊墙板斜撑安装便捷，边装边撑，顶板支撑体系相对现浇管廊较为简化，省去了大部分模板安装时间。

2）工程成本

由于桥和路西延段现浇管廊部分与预制管廊部分体量不对等，且现浇部分均为异型结构，为了统一标准对比两种工法成本，此处将现浇管廊与预制管廊的工程造价归纳成每立方造价，如表 5.4-6 所示。预制管廊每立方造价约为现浇管廊每立方造价的 1.6 倍，然而从表中数据可知,现场现浇模板的施工量是预制管廊模板施工量的 86 倍,在模板支架安装上,叠合板式预制管廊占了极大优势,施工过程轻简快速。[①]

现浇与预制管廊对比　　　　　　　　　　表 5.4-6

序号	工程名称	单位	数量	单价	合价	每立方价格比
1	管廊垫层	m³	830.67	671.26	557595.54	
2	管廊底板	m³	1024.06	860.09	880783.77	
3	管廊侧墙	m³	1774.18	928.8	1647858.38	
4	管廊顶板	m³	863.56	887.36	766288.6	
5	现浇构件钢筋 HPB300 φ10 以内	t	14.188	8877.46	125953.4	
6	现浇构件钢筋 HPB300 φ10 以外	t	8.332	8877.46	73967	
7	现浇构件钢筋 HRB400E φ10 以内	t	0.064	7676.05	491.27	2154.17
8	现浇构件钢筋 HRB400E φ10 以外	t	506.095	7496.47	3793925.98	
9	垫层模板	m²	231.91	52.12	12087.15	
10	管廊侧墙模板	m²	8815.76	105.12	926712.69	
11	管廊(底)板模板	m²	372.79	96.61	36015.24	
12	管廊顶板模板	m²	2172.39	110	238962.9	
13	外脚手架	m²	15194.39	18.84	286262.31	
14	满堂脚手架	m²	10157.63	32.55	330630.86	
15	预制混凝土板	m³	329.83	6098.48	2011461.66	
16	预制混凝土墙	m³	489.38	6603.44	3231591.47	
17	后浇带(底板)	m³	574.66	899.36	516826.22	
18	后浇带(顶板、侧墙)	m³	938.21	881.75	827266.67	
19	后浇构件钢筋 φ10 内	t	6.87	6299.8	43279.63	3387.12
20	后浇构件钢筋 φ12～14	t	20.76	6185.09	128402.47	
21	后浇构件钢筋 φ16～25	t	183.13	6125.41	1121746.33	
22	后浇带模板	m²	131.2	140.64	18451.97	

3)成品质量

①传统现浇预制管廊相对于现浇管廊省去了大部分模板安装工作,墙体斜撑与顶板支撑相对简洁明了。现浇模板支撑架与预制管廊支撑架的施工区别如图 5.4-54、图 5.4-55 所示。

②预制管廊相对于传统现浇,由于预制管廊由混凝土预制板充当"模板",表观质量及构件尺寸均在厂内标准化生产严格控制,且模板接缝较少,整体观感质量较好。如图 5.4-56 所示,为现浇墙板出现的错台不平整等质量问题。如图 5.4-57 所示,为预制管廊外观质量图。

---

① 相关对比情况只作为本项目的特殊情况分析,不作为管廊数据分析的一般规律。

图 5.4-54　现浇模板支撑架施工

图 5.4-55　预制管廊支撑架施工

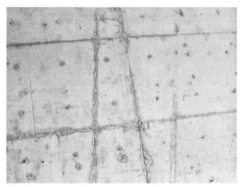

图 5.4-56　现浇墙板模板错台不平整，
对拉螺栓孔需二次处理

图 5.4-57　预制管廊墙面竖直整齐，
表面平整无错台

4）社会效应

施工过程中叠合板管廊均为标准段，异型结构叠合板化从设计难度及经济效益上考虑难以大规模推广，而现浇更加能灵活应对管廊中的出舱口、吊装口等异型结构。两者社会效应的区别如表 5.4-7 所示。

叠合板管廊和现浇管廊的社会效应　　　　　　　　　　　　　　表 5.4-7

序号	工程类别	产品质量	施工周期	结构形式	节能环保
1	叠合板管廊	标准化生产，施工误差小，整体观感程度高，受自然因素影响程度低，质量好	机械化程度高，拼装时间短，生产效率高，施工周期短	复杂结构不利于大规模生产，装配式连接，抗震性能差。施工冷缝更多，防水更是重中之重	材料损耗率低，建筑垃圾少，符合国家相关政策要求，有利于企业长期发展
2	现浇管廊	受现场施工人员职业素养程度，各施工段整体质量不一，观感度差，受自然因素影响程度高，质量差	施工工序繁琐，交叉作业多，生产效率低，施工周期长	适应于各种结构形式，整体抗震性能好	材料损耗率高，建筑垃圾多，施工噪声大，产能浪费严重，不符合国家相关政策要求，不利于企业长期发展

5.4.4.3　大跨径预应力混凝土桥梁模板支架施工关键技术

景芳路跨截流河大桥为深圳空港新城启动区综合管廊及道路一体化项目的一个子单位工程。

项目位于空港新城启动区南部，和秀西路西延段北侧，呈东西走向，起于海云路，起点与海云路形成平面交叉并向东跨越规划截流河，沿道路前进方向与锦程路形成平面交叉，并止于福园二路。

景芳路跨截流河大桥全长 150m，桥梁孔跨布置为 40m+60m+40m，上部结构为变截面连续箱梁。桥梁宽度为 40.0m。截流河考虑浪高及空水高后设计水位为 4.35m。

拟建场地属海积至冲积平原地貌，原为蚝田和鱼塘，现为宝安区土地整备场地，经人工回填整备，已无原地貌景观，地势有一定起伏。场地回填期间为 2013 ～ 2016 年，采用汽车堆填，回填之前对下部淤泥进行过堆载预应排水加固处理。

（1）软土地基满堂支架地基加固及防沉降施工

景芳路西延段跨截流河大桥横跨截流河，该桥为现浇箱梁。根据地勘以及现场实际情况，确认现状地基无法满足承载能力，需做地基处理，现地基处理方法如下。

采用地基加固方法，换填 50cm 道砟，分层压实后，级配碎石找平 20cm 后，上口的处理宽度大于全桥宽度的 1.8m/ 侧，上部再铺设 20cm 厚 C30 混凝土，并在混凝土中设置的直径 16mm HRB400 螺纹钢网片，间距 15cm，双向布置。

1）总体施工流程

支架法现浇混凝土箱梁的主要施工工艺为：地基处理→搭设支架→安装模板→堆载预压→卸载→绑扎钢筋→浇筑混凝土，主要施工工艺流程如图 5.4-58 所示。

2）地基换填处理施工

①道砟层施工

（a）换填材料采用透水性较好的碎石土料，分层（道路砟厚度不大于 25cm/ 层，找平层碎石 20cm/ 层以内）摊铺压实，最大粒径不大于填层厚度的 2/3。

（b）清淤前，首先完成复测与放线工作，

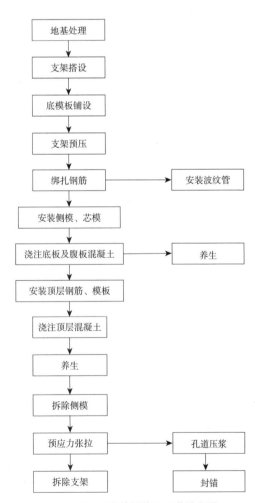

图 5.4-58　现浇箱梁施工工艺流程图

在施工范围外开挖排水沟，引排积水。

（c）因汽车无法进入清淤段运输，故采用从西侧向东侧方向分段清淤换填，分段长度不大于10m（与挖掘机作业半径相适应）。清除完成及时通知测量队和监理工程师，检测合格及进行初次回填。

（d）由于底部为粉质黏土，底部泡水后极易软化，深圳地区目前又处于多雨季节，初次回填的道砟与作业面综合考虑，一般采取先备料的方法。边开挖边回填，并分层碾压密实。

（e）清挖的土方，由土方队专业化施工，并集中堆积于指定堆场。

（f）为防止初次回填层在重载汽车不均匀碾压下，可能造成剪切破坏。在第一层、第二层的回填层上，车辆不得直接在回填层上行驶。第一层的道砟层，只采用挖掘机械行驶碾压，回填完成第二层后，才用18t振动式压路机碾压。

（g）回填压实度由碾压遍数进行控制，压实标准以石料间密实状态为判定标准，按振动压路机碾压 2～6 遍进行初步控制；现场以碾压后无明显标高差异，压实层顶面稳定，不再下沉（无轮迹）时，可判定为密实状态。填筑自检合格后报监理工程师抽检，合格签证后再填筑上一层。每填筑一层都进行测量定线，绝不准盲目施工。

②混凝土面层施工

（a）在检验合格的基层上放样，恢复中线，每15～20m 设一桩，并在路边位置也用钢筋桩进行标记、水平测量，在中线和路缘带上用明显标记标出基层的设计高，并对基层表面上的浮土杂物予以清除，并进行必要的修整。

（b）模板采用钢模板，板连接牢固、紧密，在整个长度上应紧贴在基层上，不允许漏浆，并按要求的坡度和线型安设。混合料摊铺前对模板进行全面检查，并经监理工程师认可。

（c）混凝土采用商品混凝土，铺设在整个宽度上连续进行。中途如因停工，设施工缝。混凝土板一次摊铺，铺筑厚度高出设计高程约5cm，人工摊铺时，严禁抛掷搂耙，以防离析，先用插入式振捣器振捣，后用平板式振捣器振捣。再用手牵振动梁振实、整平至少两遍。振动棒的移动间距不大于其作用半径的1.5倍，其至模板的距离应不大于振动棒作用半径的0.5倍，并避免碰撞模板和钢筋。对混合料的振捣，每一位置的持续时间，以混合料停止下沉，不再冒气泡并泛出砂浆为准，不宜过振。振捣时辅以人工找平，并随时检查模板有无下沉、变形或松动。表面整平时，选用较细的碎石混合料，严禁用纯砂浆找平。

（d）考虑到施工长度较长，现场的桥墩位置设置胀缝，并与路面中心线垂直，缝壁必须垂直。缝隙宽度必须一致；缝中不得连浆。缝隙上部应浇灌填缝料，下部设置胀缝板。

（2）桥梁模板脚手架钢支架搭设施工技术

1）支架搭设

模板支架的搭设方式为满堂红盘扣式支架，分如下几个截面布置。

底板及翼板模板支架的搭设方式采用立杆为 $\phi 60 \times 3.2$ 的 A 型承插型盘扣式钢管支架体系，而箱室内模采用 $\phi 48 \times 3.2$ 的扣件式钢管支架体系分如下几个截面布置。

在截面 E-E、F-F 间，主要为桥墩部位，以实腹段为主，满堂红支架间距选择为 60cm×60cm×150cm（纵 × 横 × 步距），翼板处按 60cm×90cm×150cm（纵 × 横 × 步距）布置，顶二层步距为 50cm 及 50cm 以内，主梁为 14 号工字钢，方向为横桥向，次梁为 10cm×10cm 方木，间距为 15cm。

在截面 D-D、G-G 处，为变截面空腹段，对于梁高大于 2.4m 部分，满堂红支架在腹板处间距：腹板范围内 60cm×60cm×150cm（纵 × 横 × 步距），顶二层步距为 50cm 及 50cm 以内，腹板范围为腹板宽 +80cm/ 侧，空腹处按 60cm×90cm×150cm（纵 × 横 × 步距），翼板处按 60cm×90cm×150cm（纵 × 横 × 步距）布置，顶二层步距为 50cm 及 50cm 以内主梁为 14 号工字钢，方向为横桥向，次梁为 10cm×10cm 方木，间距为 15cm。

对于截面 A-A、B-B、C-C、H-H 处，为变截面空腹段，梁高为 2.0～2.4m 部分，满堂红支架在腹板处间距：腹板范围内 60cm×60cm×150cm（纵 × 横 × 步距），腹板范围为腹板宽 +80cm/ 侧，空腹处按 60cm×90cm×150cm（纵 × 横 × 步距），翼板处按 60cm×90cm×150cm（纵 × 横 × 步距）布置，顶二层步距为 50cm 及 50cm 以内，主梁为 14 号工字钢，方向为横桥向，次梁为 10cm×10cm 方木，间距为 20cm。

腹板侧模板为 18mm 厚复合木胶合板，小肋为 5cm×10cm 方木竖向设置，大肋为双钢管，设置 HPB300φ14 拉杆，拉杆间距为 30cm×45cm（竖向间距 × 横向间距），距底 25cm。

桥梁箱梁内模均采用扣件式脚手架支撑体系，箱梁内模板的底模为 18mm 厚复合木胶合板，立杆为 90cm×60cm×120cm（纵 × 横 × 步距），主梁为双钢管（垂直于立杆纵向方向布置），小梁为 5cm×10cm 方木，间距为 30cm。

飘板的支架，采用立杆为 φ60×3.2 的 A 型承插型盘扣式钢管支架体系，底模为 18mm 厚复合木胶合板，支架间距设置为 60cm×90cm×150cm（纵 × 横 × 步距），主梁为 14 号工字钢，小梁为 10cm×10cm 方木纵向设置。

同时，完善支架整体稳定性措施，纵向撑，支架四周及腹板下各设置一道；横向剪刀撑，每不大于 4.5m 设置一道；水平剪刀撑，顶、底层各设置一道，中间每 4.8m 设置一道。支架应与桥墩可靠连接，底托座伸出肢长度控制 35cm，顶托座伸出肢长度控制在 50cm 以内；底层设纵、横扫地杆，距地面不大于 35cm。

①搭设要求

（a）支架搭设。

（b）测量放线。根据设计图纸位置，放出桥位中心线，腹板中心线、中横梁中心线，根据本设计的支撑间距放出每根立杆位置。

（c）底垫板铺设。根据设计立杆间距位置，铺设底垫板，垫板宽度要大于 20cm，垫板要铺设整齐、平稳，板中心在立杆中心处，确保垫板与地面密贴。

（d）保证结构和构件各部分形状尺寸，相互位置的正确。并具有足够的承载能力，刚度和稳定性，能可靠地承受施工中所产生的荷载。

（e）构造简单，装板方便，并便于钢筋的绑扎、安装，浇筑混凝土等要求。多层支撑时，上下二层的支点应在同一垂直线上，并应设底座和垫板。

（f）现浇钢筋混凝土梁、板，当跨度大于 4m，模板应起拱；当设计无具体要求时，起拱高度宜为全跨长度的 1/1000 ～ 3/1000。拼装高度为 2m 以上的竖向模板，不得站在下层模板上拼装上层模板。安装过程中应设置临时固定措施。

（g）当支架立柱成一定角度倾斜，或其支架立柱的顶表面倾斜时，应采取可靠措施确保支点稳定，支撑底脚必须有防滑移的可靠措施。

（h）模板支撑架底层纵、横向水平杆应作为扫地杆，距地面高度应小于或等于 350mm。立杆底部应设置可调托座或固定底座。

（i）模板支撑架周围有主体结构时，应设置连墙件。

（j）模板支撑架高度比应小于或等于 3；当高宽比大于 3 时，可采取扩大下部架体尺寸或采取其他构造措施。

（k）支架搭设按本模板设计，不得随意更改；要更改必须得到相关负责人的认可。

②立柱及其他杆件

（a）立柱平面布置图。

（b）搭接要求：本工程所有部位立柱接长全部采用连接套管连接，严禁搭接，接头位置要求如图 5.4-59 所示。

（c）模板支架可调托座伸出顶层水平杆的悬臂长度严禁超过 650mm，且丝杆外露长度严禁超过 400mm，可调托座插入立杆长度不得少于 150mm，如图 5.4-60 所示。

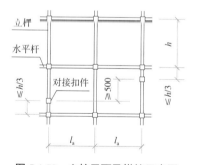

图 5.4-59　立柱平面及搭接示意图

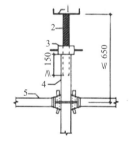

图 5.4-60　模板支架平面图

1—可调托座；2—螺杆；3—调节螺母；4—立杆；5—水平杆

（d）模板支架应根据施工方案计算得出的立杆排架尺寸选用定长的水平杆，并应根据支撑高度组合套插的立杆段、可调托座和可调底座。

③水平拉杆

每步纵横向水平杆必须通过盘扣节点连接拉通。

④剪刀撑

当搭设高度不超过 8m 的模板支架时，支架架体四周外立面向内的第一跨每层均应设置竖向斜杆，架体整体底层以及顶层均应设置竖向斜杆，并应在架体内部区域每隔 5 跨由底至顶纵、横向均设置竖向斜杆或采用扣件钢管搭设的大剪刀撑。当满堂模板支架的架体高度不超过 4 个步距时，可不设置顶层水平斜杆；当架体高度超过 4 个步距时，应设置顶层水平斜杆或扣件钢管水平剪刀撑，如图 5.4-61、图 5.4-62 所示。

⑤周边拉结

（a）竖向结构（柱）与水平结构分开浇筑，以便利用其与支撑架体连接，形成可靠整体。

（b）当支架立柱高度超过 5m 时，应在立柱周全外侧和中间有结构柱的部位，按水平间距 6 ~ 9m、竖向间距 2 ~ 3m 与建筑结构设置一个固结点。

（c）用抱柱的方式（如连墙件），如图 5.4-63 所示，以提高整体稳定性和提高抵抗侧向变形的能力。

⑥支模架不符合模数处理方式

（a）模数不匹配时，在板的位置设置调节跨。

（b）调节跨应设置在板下承受荷载较小部位。用普通扣件钢管每步拉结成整体。

（c）水平杆向两端延伸至少扣接 2 根定型支架的立杆。

2）模板安装

①主梁安装：主楞采用 14 号工字钢作主梁，直接搁在支架顶端的顶托上。安装时接长部分不能悬空，要搁在顶托上。如钢管不够长时，可在两顶托上再增设一根同样大小的钢管作搭接用，搭接错开布置。主楞的高度及水平度可以根据箱梁的坡度进行调整。安装要平稳，顶托与木枋密贴无空隙。

②次楞木枋安装：次楞木用 100mm×100mm×2000mm 方木作次楞，间距布置：在梁高大于 2.4m 的空腹段与实腹段，间距均为 150mm，在梁高小于 2.4m 的空腹段，间距均为 200mm，直接搁在主楞上，单根木方料长度必须大于 1.7m，达到三跨连续梁的要求，安装时注意搭在主楞上两头伸长部分小于 100mm，长度一致、平整、不悬空。

③模板安装：模板用 1220mm×2440mm×18mm 大块竹夹板，并用小钉固定于次楞上，底模宽度比箱梁底两边各宽 20cm，用木方固定侧模用。为了美观，底模板布置要有规律

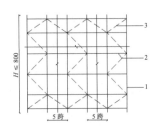

图 5.4-61 满堂架高度不大于 8m 斜杆设置立面

1—立杆；2—水平杆；3—斜杆

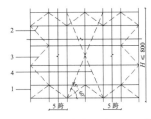

图 5.4-62 满堂架高度不大于 8m 剪刀撑设置立面图

1—立杆；2—水平杆；3—斜杆；4—扣件钢管剪刀撑

图 5.4-63 抱柱施工图

进行。箱梁底面有弧线，装模时按弧线要求进行安装。

④侧模板安装：底模安装好之后，直接把侧模边线放在底模板面上，用墨线弹出来，用 50mm×100mm 直木枋沿墨线外 20mm 钉一通长木枋条，用作固定侧模及防止侧模向外扩张。侧模用 18mm 厚大块木夹板。外侧小肋每隔 300mm 用 50mm×100mm 直木枋作支撑，大肋用双钢管，间距为 450mm 一道。设置 HPBϕ14 拉杆固定。

⑤内模安装：内模侧壁、顶面模板采用胶合板。箱梁底板及腹板钢筋绑扎完毕，经验收合格后，开始进行内箱侧模板安装。在第一次混凝土浇筑和养护一定时间后，开始安装箱梁内顶板模板，安装时随时测量模板顶标高，以控制顶板混凝土厚度；并保证支撑牢固。为保证内模的稳定性，每隔 2m 用拉筋将内模与梁体钢筋相连，内模板缝之间贴止浆条，对内模的接头和接缝有缺陷的必须用彩条布包裹，防止在浇筑混凝土过程中灰浆渗入内模造漏浆，内模在端头必须用三角撑加固。完成底腹板混凝土浇筑后，安装内模顶块时，在每个箱室的跨中预留 1.0m×1.0m 工作孔，便于拆除内模和检查室内混凝土施工质量。完成顶板浇筑后，对工作孔四周混凝土进行凿毛处理，最后采用吊模方式进行工作孔混凝土浇筑。

内箱侧模调整时，注意混凝土标高及钢筋保护层的控制。

箱梁中的各种预埋件在模板安装时一并埋设，并采取可靠的稳固措施，确保其安装位置准确。

3）支撑体系的施工检查验收[①]

（3）模板支架堆载预压施工

当底模板安装完毕之后，进行支架预压，预压根据箱梁受力情况进行加载，加载重量按恒载重的 120% 进行。

支架预压采用混凝土块和砂袋两种材料对支架进行预压，其中混凝土块尺寸 1m×1m×1m，每块重 2.4t，砂采用定制的吨包袋，用小型挖机装袋，每袋重 1.5t。

为了控制支架顶变形，在加载前，对底模板进行测量，标好控制点，用红油漆做好编号，标明标高。在每跨的跨中布置三个点，各墩柱处设三个点，进行控制测量。边加载边观察，特别是支架下部，当加载到 50% 时进行观测一次，当加载到 70% 又观测一次，当加载到 100% 时再观测一次。当全部加载完毕 72h 后可以卸载，如有沉降时，绘出沉降曲线图。卸载后全部进行检查测量，整理预压结果，供调整标高及预留拱度用。

预压荷载按梁体重量的 120% 进行加载，按梁体的大致等效荷载进行布载。

施工预压前对加载材料数量进行确定，并提前运至施工现场存放，砂袋需用篷布覆盖，以防雨天淋湿，并在吊装前对砂袋重量进行称量。

装运设备、提升设备的进场和调试。预压期间注意天气预报，有超过六级大风时，停

---

① 选自《建筑施工碗扣式钢管脚手架安全技术规范》JGJ 166—2016。

止施工，雨天需注意覆盖，以防超重。

箱梁底模安装完成。测量仪器的校验和签订等准备工作，并在底模和下部支架顶端及支架基础上按要求布设观测点，观测点记号可用红色油漆作标记，为保证观测精确，在加载时应对布置的观测点进行避让和保护。

5.4.5 一体化工程技术创新点

5.4.5.1 地下综合管廊滑动模板施工工法

深圳空港新城启动区综合管廊及道路一体化工程，在建管廊长度 10.315km，为多舱结构（最大截面 15m，为四舱室），本工程综合管廊主体施工运用了滑动模板技术，经测算采用该技术使综合管廊标准段主体施工压缩到 5 天，与传统模板施工方式相比每个标准段施工节省工期 4 天，同时滑动模板采用的工厂定制装配式，质量可靠，浇筑混凝土可达到清水混凝土效果，且极大提高了模板重复使用率，做到降低人工消耗、板材损耗，提高混凝土施工质量目的，取得了良好的经济效益和利润创收，为综合管廊建设总结出宝贵施工经验和技术创新。

（1）施工工法特点及工艺原理

1）工法特点

①滑动模板经专业计算后，并由专家论证组织研讨，具有刚度大、整体性好，质量可靠等优点。这种滑模施工工艺是由拼装模板、内支撑、快拆体系三部分组成，综合管廊内支模搭设简单、节省支撑材料等特点，从而解决了综合管廊内模安装、浇筑后快速拆卸的难题，在加快进度、提高产量、保证安全和降低成本等方面效果十分显著。

②滑动模板安装工艺简单、劳动力低，其模板面层平整度高，垂直度控制简易，挠度小不易变形、拆卸及材料周转方便，模板重复使用率高。

③标准段滑动模板均为整块 18mm 进口覆膜胶合板拼装而成，模板安装速度快，浇筑后混凝土表观质量满足清水混凝土要求，且对拉螺杆孔洞少，无需对结构二次修补粉饰。具体操作如图 5.4-64 所示。

2）适用范围

适用于地下综合管廊建设（现浇结构），尤其是多舱室综合管廊建设应用效果明显。

3）工艺原理

综合管廊滑动模板通过预先拼装，采用进口覆膜胶合板、木工字梁、槽钢背楞、木梁连接爪、移动装置、可调底座等构件组成，将管廊侧墙和部分顶板预先拼装好，形成两个"L"形整体模板支撑体系和一个顶板独立支撑体系，然后将预先拼装好的模板整体吊运至基坑内，进行管廊模板对拼，对拼时对侧墙模板下部预先安装滑轮，为后期材料周转提供方便。

图 5.4-64　滑动模板安装

　　模板内支撑立杆分两节组装，上节立杆按照固定长度进行洞口预留，保证立杆组装完，采用 90° 钢栓在一定范围内锁定立杆高度。下节立杆上部设置螺纹微调长度，可使整体内排架搭设完成后进行高度微调，做到整段标准节均在一个水平标高上。

　　综合管廊顶板混凝土浇筑完成后达到一定强度，内支撑立杆下部增设临时滑轮，同时内支撑立杆通过横杆与侧墙滑模连接固定，拆模时模板整体框架通过人工推运可快速周转到下一施工段，达到缩短施工工期和降低材料消耗的目的。具体操作如图 5.4-65 所示。

图 5.4-65　滑动模板支撑图

（2）施工工艺流程

滑动模板施工工艺流程见图5.4-66。

（3）效益分析

1）经济效益：本工法在传统施工工艺的基础上简化了人工安装模板及搭设内支撑排架的工序，大大缩短了模板安装时间，同时本工法在模板材料周转过程中，通过模板自带滑动体系进行运送节约了管理费、人工费、机械费等成本，达到经济效益显著的目的。

2）社会效益：综合管廊滑动模板采用模板整体拼装技术和模板滑动周转技术，在提高模板使用次数，降低模板废材数量。采用模板滑动技术，减低模板材料周转综合费用，为整个项目缩短了工期，节约材料资源，也利于环保，为企业在深圳当地树立了良好形象。

3）技术效益：在模板拼装、模板周转施工的基础上积累了丰富的综合管廊滑动模板施工技术，增加了处理措施经验，完成了实用新型专利1项（图5.4-67），发明专利1项（图5.4-68），形成了简便、可行的施工方法。

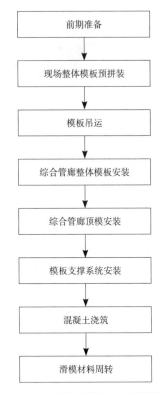

图 5.4-66　滑动模板施工工艺流程图

图 5.4-67　实用新型专利证书

图 5.4-68　国家颁布的专利证明文件

（4）应用实例

深圳市空港新城启动区综合管廊及道路一体化工程因各路段市政需求量不同，使相关路段综合管廊结构尺寸及设舱要求均不相同，因该工程管廊总长度达 16.92km，且施工工期较短，对此在满足质量要求的前提下，提高综合管廊施工速度成为本项目需要解决的重点问题，对此项目在综合考虑下，决定对本管廊工程采用新型模板施工工艺——滑动模板，舱体侧墙和顶板均使用预拼装进口覆膜胶合板，在侧墙及顶板模板竖向支撑下部增设临时滑动装置，使拆模后侧墙与部分顶板形成一个整体，通过滑动装置，可快速运送到下一施工段，而局部顶板因混凝土强度尚未达到拆模要求，预留单独养护支撑体系进行竖向支撑，使其形成模板早拆体系，达到节约工期、减少人工消耗、降低施工成本等综合效果。

5.4.5.2　智慧管廊的应用

空港新城综合管廊的运维管控一直是综合管廊设计的重要关注点。智慧管廊是基于当前的计算机网络技术、物联网技术、无线通信技术、实时数据库技术、大数据等先进技术手段，开发包含管廊设施部件和事件管理的信息化、网络化、空间可视化、智能化等功能的综合管廊管控系统。智慧管廊采用模块化设计，既满足当前阶段的运维需求，也为未来扩展的需求提供灵活、点菜式的功能配置服务。

综合管廊智慧管控系统以智慧集中管控平台为基础，配套建设 GIS 地理信息系统，并在综合管廊配置自动巡检机器人，具备信息化、网络化、空间可视化、智慧化等特征，通过覆盖数据采集、传输、存储、处理、分析、管理等完整数据生命周期链，实现对综合管廊的智能监控、决策支持、应急处理、巡检管理、设备资产管理、设计档案管理、基础信息管理等功能。

空港新城启动区综合管廊包括：展览大道综合管廊、海云路综合管廊、南环路综合管廊、沙福路综合管廊、凤塘大道综合管廊、重庆路综合管廊、桥和路综合管廊。综合管廊智慧集中管控系统对以上综合管廊的各个子系统进行集成，具有数据通信、信息采集和综合处理等功能，并可与深圳市综合管廊管控中心平台以及各入廊管线配套监控系统进行通信。

综合管廊智慧管控系统具有监控范围广、监控设备多、信息量大的特点，包含环境与附属设备监控系统、预警与报警系统、安防系统、通信系统等多个子系统，每个子系统下覆盖运维各功能要求。为保证综合管廊运维安全以及信息集中管控的需求，系统应具备以下几个特点。

（1）完整性

将整个管廊的环境监控、视频监控、消防系统、电气监控、通信系统等进行有效集成及信息交互，完全满足《城市综合管廊工程技术规范》中有关统一监控平台的技术要求。同时考虑和城市管理的全面外部接口，包括从权属单位、市政部门到政府相应管理部门的接口设计预留，确保管廊安全有序运行。

（2）安全及可靠性

通过设置冗余系统（数据存储、网络传输）和选用成熟稳定可靠的设备，确保系统运行的可靠性。

通过环境监测系统、安防系统、通信系统等各系统之间的联动，提高安全防护等级。

同时本系统通过防火墙访问控制、综合日志审计等构建完善的信息安全系统。

（3）先进性

系统采用了应用计算机网络技术、物联网技术、地理信息技术、巡检机器人等先进技术，实现了对综合管廊的在线集中监控和运行管理。

（4）开放性

系统设计中充分考虑和第三方产品及系统的连接，保证系统数据接口的开放性和标准化；充分考虑未来管廊建设需要，保证系统可扩展性和技术可更新。

5.4.5.3 BIM 技术在管廊建设全寿命周期的应用

空港新城综合管廊的设计标准较高、施工体量大、周期长，项目实现了 BIM 技术综合管廊设计、施工全过程应用，能够通过方案模拟、深化设计、管线综合、资源配置、进度优化等，提前避免因设计的错误导致施工返工，能够取得良好的经济，工期效益。

从综合管廊的全生命周期来看，BIM 的应用提高了空港新城综合管廊设计、施工、运营维护的科学技术水平。在设计前期 BIM 建立一整套项目管理的管廊信息平台，有助于控制整个工程项目的进度、成本、风险、品质；在项目的设计阶段，BIM 有力的协同参与设计的各个专业工作，通过三维的界面协调各个专业的配合，有效地避免专业之间的错、漏、碰、缺；进入工程施工阶段，借助 BIM 的三维模型，对施工中各种管线，构件进行模拟定位，优化排布，精确统计工程材料数量，应用 BIM 对施工场地部署、复杂结构节点等进行实景建模，对比不同的施工方案，从而优化施工顺序，完善施工部署；竣工后的 BIM 信息模型可导入智慧管廊系统，实现管廊运营管理的三维可视化，并为其他信息系统提供基础数据，从而有效地提升运维管理的效率和协调性，降低运维管理的成本和风险。

具体体现在以下几个方面。

（1）设计方案优化：在设计初步阶段，利用 BIM 技术的三维可视化的特点，可以让各参建方及工程受影响方了解沟通技术解决方案，在方案初期对原始街道、建筑及构筑物进行三维还原，为设计者进行设计方案优化提供三维可视化环境。

（2）设计质量的提升：通过三维可视化设计及碰撞检查，可以有效改善设计中存在的错漏碰缺等问题，针对综合管廊设计对多专业协同设计的要求，应用 BIM 技术建立协同设计平台系统及工作机制，以保证相关各专业的密切配合，实现设计"0"碰撞和设计碰撞原因"0"返工，提高设计质量。

（3）投资控制：传统建设模式投资成本难以控制。主要存在工程计量准确度不易把控、现场返工造成浪费难根除等问题。应用 BIM 技术，从 BIM 模型中直接提取工程量，以确保工程量统计的精细化和透明化。

（4）施工方案优化：应用 BIM 对施工场地部署、复杂结构节点等进行实景建模，对比不同的施工方案，从而优化施工顺序，完善施工部署。

（5）运营管理水平提升：BIM 技术利用三维模型为载体，把技术信息集成在模型中，再把模型组合成项目整体，完美集成了所有技术。利用三维数字化管廊信息的管理系统，通过互联网对管廊的模型和各种信息在三维空间中进行浏览、查询、统计、记录和管理。

5.4.5.4 一体化工程工作总结

（1）EPC 工作总结

与传统的施工总承包模式相比，EPC 模式的优势非常明显，借助该模式的灵活性可招到综合实力强的承包商，达到优化项目总投资和缩短总体工期的目标。但在政府 EPC 模式管理制度仍不够全面、发展还不够成熟的情况下，亟须解决三大痛点，以推动 EPC 模式的进一步发展：

1）项目总承包既要进行设计，又要进行施工，但缺少图纸、分部分项工程说明和工程量清单，如何精准确定 EPC 模式招标依据是项目成功的关键。

2）EPC 模式下委托人丧失了对设计的控制力，总承包单位在设计方案的选择和倾向上掌握了最大权限，且采用传统固定单价合同，施工方为牵头单位的总承包单位无法享受设计和施工组织优化所产生的效益，优化动力不足。

3）因工期紧张，采用 EPC 模式的项目往往会演变成边施工边编制预算的项目，导致概算控制预算、预算控制结算的传统造价管控链条效果大打折扣。

由此建议：①实施设计责任捆绑。

a. 可将设计责任风险随设计权利一并转移至 EPC 项目总承包商身上，由总承包单位承担设计考虑不周引起的变更风险。

b. 推广以设计单位牵头的联合体模式，由综合实力强的设计单位牵头总包管理职能。

②优化项目结算模式。探索部分固定总价和设计优化"让利"模式，通过设置设计限额或节约奖励条款在 EPC 总承包利益与政府造价投资控制之间取得平衡点，实现双赢。

③强化内部管理机制。

a. 完善政府投资项目 EPC 模式的相应管理办法或细则，在 EPC 项目的适用范围、定价模式、预算确认流程以及行业主管部门参与事项等方面进行明确，减少不确定因素。

b. 打造政府工程造价信息分享交流平台，打破市场垄断和信息"孤岛"，依法共享建设单位"博弈资源"。

（2）前期工作总结

深圳国际会展中心首展向外界展示其华丽形象，市、区各级领导对相关工作给予了充分肯定，对一体化工程前期工作进行总结：

1）建设内容。围绕首展需要，一体化工程及时完成两大"硬件"（8 条道路，长约 7.2km。

包含 7 座桥; 5 条综合管廊, 长约 5km)和两大"软件"建设(照明、地面结构、铺装等景观优化提升, 丰富了国际会展片区的景观层; 交通、标识系统以及供水、排污等提供了使用配套)。

2)保障措施。因涉及的道路多、体量大、交叉严重, 能够高质量完成这项建设任务需要各方支持与奋斗。一是领导组织有力。在市、区各级领导的重要指示和支持下, 迅速明确总体目标, 作出详细部署, 提供了上层支撑。二是建立高效有力的队伍。由署长、分管副署长、科室负责人、项目负责人形成不同小组开展每日巡场督办, 对班组优胜劣汰, 加强细节把控, 提供了中间力量。三是团结参建力量。各参建单位分解各重点任务, 投入大量人力物力, 夯实现场职责, 提供了底层基础。

3)积极意义。首先, 本次保障工作的顺利完成, 既为片区交通提供了支撑, 也为形象带来了提升。其次, 本次多项目、大体量、高难度和强度、快速抢工的建设经验, 极大地激发了各单位的斗志和信心, 为后续工作更好更快地推进提供了样板, 下一步将优化设计和施工安排。

目前一体化工程已取得深圳建筑协会颁发"空港新城启动区综合管廊及道路一体化工程 - 海云路(海滨大道—新沙路西延段)2020 年度上半年深圳市建设工程安全生产与文明施工优良工地奖"、重庆市勘察设计协会颁发"BIM 综合应用一等奖"、上海市建筑施工行业协会颁发"上海建筑施工行业第五届 BIM 技术应用大赛(A 组)二等奖"、中国勘察协会颁发"第十届'创新杯'建筑信息模型(BIM)应用大赛工程全生命周期——基础设施类 BIM 应用第三名"、广东省城市建筑学会英国皇家特许测量师学会(RICS)颁发"2019 '智建中国' 国际 BIM 大赛综合组二等奖"、中国国学学会颁发"第八届全国 BIM 大赛综合组三等奖"。下一步将继续推进优质工程建设争创国家级别的工程奖项。

5.5 深圳国际会展中心区域供水保障

5.5.1 工程概况

5.5.1.1 给水系统现状

(1)基本情况

深圳国际会展中心位于空港新城片区, 空港新城位于西部工业组团(包括松岗、沙井和福永街道), 片区内给水情况如下。

1)福永片区

福永片区立新水厂现状规模 17 万 m^3/d、凤凰水厂现状规模 15 万 m^3/d, 2014 ~ 2018 年福永片区最高日供水量为 25 万 m^3/d, 现状供水规模基本满足片区用水需求。

2)沙井片区

沙井片区上南水厂现状供水规模 10 万 m^3/d、长流陂水厂现状供水规模 35 万 m^3/d,

2014 ～ 2018 年沙井片区最高日供水量为 35 万 m³/d，现状供水规模满足片区用水需求。

3）松岗片区

松岗片区松岗水厂现状供水规模 11 万 m³/d、五指耙水厂现状供水规模 16 万 m³/d，2014 ～ 2018 年松岗片区最高日供水量为 26 万 m³/d，现状供水规模满足片区用水需求。

4）根据统计，西部工业组团各个街道 2015 ～ 2018 年日均供水量数据如表 5.5-1 所示。

西部工业组团各街道 2015 ～ 2018 年日均供水量表（万 m³）　　　　表 5.5-1

街道	2015 年		2016 年		2017 年		2018 年	
	年供水量	日供水量	年供水量	日供水量	年供水量	日供水量	年供水量	日供水量
福永	7290	19.97	7217	19.77	7397	20.27	7354	20.15
沙井	10038	27.50	10051	27.54	10223	28.01	10367	28.40
松岗	6978	19.12	6832	18.72	6775	18.56	5616	15.39

（2）原水现状情况

宝安西北部松岗、沙井、福永片区主要由东部供水石松支线承担原水输送，石松支线设计输水能力为 80 万 m³/d，实际供水能力可达 83 万 m³/d。

（3）自来水厂现状

西部工业组团共有 6 座净水厂，主力水厂为福永凤凰水厂（15 万 m³/d）、立新水厂（17 万 m³/d），沙井长流陂水厂（35 万 m³/d）、松岗五指耙水厂（16 万 m³/d），及其他一般水厂为沙井上南水厂（10 万 m³/d）、松岗松岗水厂（9 万 m³/d），现状规模合计 102 万 m³/d，具体如表 5.5-2 所示，现状水厂布局如图 5.5-1 所示。

现状供水厂一览表　　　　表 5.5-2

水司	水厂	分期规模（万 m³/d）	运行状况	现状总规模（万 m³/d）	备注
福永	立新水厂	一期：1	停用	17	
		二期：3	连续运行		
		三期：3	连续运行		
		四期：5	连续运行		
		五期：5	连续运行		
	凤凰水厂	15	连续运行	15	
沙井	长流陂水厂	一期：5	连续运行	35	
		二期：10	连续运行		
		三期：10	连续运行		
		四期：10	连续运行		
	上南水厂	分 4 期建设，每期 2.5	连续运行	10	

续表

水司	水厂	分期规模（万 m³/d）	运行状况	现状总规模（万 m³/d）	备注
松岗	松岗水厂	一期：1	停用	9	
		二期：1	停用		
		三期：3	连续运行		
		四期：3	连续运行		
		五期：3	连续运行		
	五指耙水厂	一期：8	连续运行	16	连续运行
		二期：8	连续运行		连续运行

图 5.5-1 现状水厂布局图

5.5.1.2 相关规划

（1）《大空港地区市政工程详细规划》

1）水量预测

大空港建成用水需求 2020 年 12.6 万 m³/d，2030 年用水需求预计为 23 万 m³/d。

2）水厂规划

本次规划建议保留立新水厂，并保持现状规模不变；近期通过保留的立新水厂、扩建的长流陂水厂和新建的大空港水厂向规划区供水；远期规划区用水由立新水厂、大空港水厂、长流陂水厂、朱坳水厂及朱坳水厂四期供给。

（2）《深圳市给水系统整合研究与规划（2016～2030）》

1）分片区用水规模预测

各分区近远期需水量预测结果如表 5.5-3 所示。

各分区近远期需水量预测结果一览表　　　　　　　　　　　表 5.5-3

序号	分区组团名称	2020 年规划用水量（万 m³/d）		2030 年规划用水量（万 m³/d）	
		平均日	最高日	平均日	最高日
1	西部滨海分区（福永、沙井、松岗）	88.6	104.5	120.0	141.6

规划水厂水源近期主要通过东部供水网络石松支线取自石岩水库及本地立新、屋山、七沥水库自产水；西江引水实施后，部分水源取自西江引水罗长干线。

2）整合原则及思路

依据"珠江三角洲水资源配置工程"项目建议书成果，即采用方案一水厂整合布局方案，在西江引水交水点——罗田水库南侧山体规划罗田水厂，取消松岗、凤凰、上南水厂，同时扩建五指耙、长流陂水厂，并保留立新水厂作为备用，具体如图 5.5-2 所示。

图 5.5-2　整合方案规划扩建水厂布局

3）水厂布局对比及水量分配方案

根据水厂整合规划，本次水厂布局方案基于西江引水方案交水点，针对福永、沙井、松岗区域形成供水布局方案，具体整合思路如下。

方案：西江引水采用省水利厅方案，交水点位于公明水库，境内水源线路途径罗田水库南侧；规划建议在罗田水库附近新建罗田水厂，规划规模为 70 万 m³/d，靠近交水点和调蓄水库，水厂水源有保障。

通过上述方案分析结论，规划确定主力水厂 3 座。至 2030 年，区域形成由长流陂水厂、罗田水厂、五指耙水厂 3 座水厂为主力水厂的联合供水格局，规划规模为 155 万 m³/d，其中，控制规模 175 万 m³/d，立新水厂考虑作为备用水厂，具体如表 5.5-4 所示。

西部滨海分区（福永、沙井、松岗区域）规划水厂一览表　　　　　表 5.5-4

序号	水厂名称	现状规模（万 m³/d）	2030 年规模（万 m³/d）	控制规模（万 m³/d）	水厂标高（m）	供水水源
1	罗田水厂	0	70	90	35	罗田水库、西江水
2	长流陂水厂	35	55	55	19	长流陂水库、东深东部混合水、西江水
3	五指耙水厂	16	30	30	17	五指耙水库、东深东部混合水、西江水
4	立新水厂（备用）	17	备用	50	8.5	立新水库、东深东部混合水、西江水
5	合计	51	155	175		

（3）《宝安区综合市政详细规划（2018～2035）》

1）用水量预测

本次水量预测分为图则水量、更新水量及重点片区水量 3 部分。预测本次规划平均日水量为 219.2 万 m³/d，日变化系数取 1.18，则最高日总水量为 258.7 万 m³/d，各街道水量预测值如表 5.5-5 所示。

各街道水量预测值（万 m³/d）　　　　　表 5.5-5

序号	街道名称	平均日用水量	最高日用水量
1	燕罗街道	12.72	15.00
2	松岗街道	22.59	26.66
3	沙井街道	29.13	34.37
4	新桥街道	17.59	20.76
5	福海街道	24.4	28.80
6	福永街道	14.89	17.57
7	航城街道	16.40	19.35
8	石岩街道	14.94	17.63
9	西乡街道	33.82	39.91
10	新安街道	32.75	38.65

2）用水量规划

本次规划考虑水量预测、现状水厂布局、用地限制等因素，提出了厂站布局优化方案。规划远期关停新安水厂、上南水厂、凤凰水厂和松岗水厂。规划新建罗田水厂，远期规划规模为 70 万 m^3/d，控制规模 90 万 m^3/d 的规模。规划扩建五指耙水厂，远期规划规模为 30 万 m^3/d，控制规模 30 万 m^3/d 的规模。规划扩建长流陂水厂，远期规划规模为 55 万 m^3/d，控制规模 55 万 m^3/d 的规模。保留立新水厂作为备用水厂，并按 55 万 m^3/d 控制规模来控制用地。

3）原水系统规划

宝安区现状有东部供水、北线引水，在现状原水系统上增加丙江引水线路（罗田水库至铁岗水库），保障区域水厂至少 2 路原水。本地水资源方面，供水水库包括铁岗水库、石岩水库、罗田水库，供需平衡如表 5.5-6 所示。

各街道水量预测值（万 m^3/d）　　　　表 5.5-6

用水量	水厂规模		原水量				
最高水量	厂站规模	控制规模	供水水库库容	东部供水	北线引水	罗田-铁岗	总计
259	260	300	24	180	74	321	599

新建罗田水库-铁岗水库原水管工程实现三大境外原水相互联通。其中罗田水厂（70 万 m^3/d）、五指耙水厂（30 万 m^3/d）、长流陂水厂（55 万 m^3/d）、立新水厂（50 万 m^3/d）从其中输水箱涵取水，剩余水量输送至铁岗水库。

5.5.2　近期给水管网建设情况

5.5.2.1　近期水量预测

会展中心近期规划用水量约为 1.5 万 m^3/d，远期最高日用水量为 3.1 万 m^3/d。规划近期由立新水厂和长流陂水厂联合供水，远期与新建罗田水厂共同供给，如图 5.5-3 所示。

5.5.2.2　近期给水管建设规划

（1）近期规划建设路由

纵向：海滨大道 DN1200、海云路 DN1200、海汇路 DN200。

横向：沙福路 DN600、凤塘大道 DN800～DN1000、景芳路（南侧 DN600、北侧 DN300）、和秀路（南侧 DN400、北侧 DN300）、桥和路 DN800。

（2）现状供水路由

目前供水管道仅供至福园二路东侧（东西供水方向），与上述横向交接处分别为 DN1000、DN800 和 DN300、DN300 和 DN600、DN400、DN300 和 DN800，如图 5.5-4 所示。

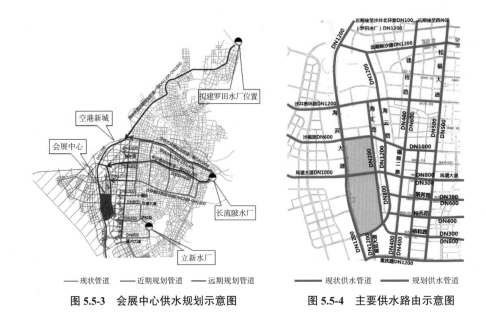

图 5.5-3　会展中心供水规划示意图　　　　图 5.5-4　主要供水路由示意图

5.5.2.3　第一阶段建设计划

供水管线随道路配套建设，由于深圳市国际会展中心建设工期短，要求展馆与配套市政道路同步建设，加之周边正在实施雨污分流和河道治理，相互之间存在施工冲突。因此，深圳市国际会展中心周边供水管线未能全部按规划建设，第一阶段建设路由为：桥和路综合管廊内 DN800 管、展景路（原海云路）综合管廊内 DN800 管、展城路（原海汇路）DN400 管、滨江大道 DN300 管、凤塘大道 DN300 管，以保障深圳市国际会展中心初步形成双路供水，如图 5.5-5 所示。

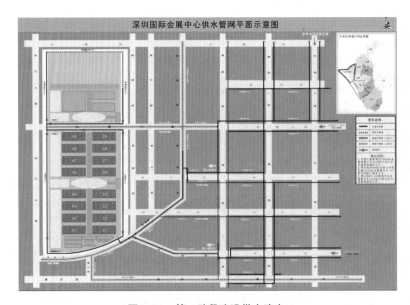

图 5.5-5　第一阶段建设供水路由

5.5.2.4 周边市政管网情况

第一阶段深圳市国际会展中心主要靠福永片区立新水厂和凤凰水厂供水，主要通过桥和路 DN800 管和景芳路 DN300 管供水。对福永片最高用水工况下管网自由水压进行水力模型分析，深圳市国际会展中心周边市政管网压力为 28 ～ 35m，水压满足要求，如图 5.5-6 所示。

将会展中心近期规划用水量约 1.5 万 m^3/d 放入水力模型计算，时变化系数取 1.2，周边市政管网压力有所下降，下降 3m 左右，如图 5.5-7 所示，主要是因为桥和路 DN800 管沿线用户多，用水量大，下一阶段尽快建设凤塘大道 DN800 管，确保水压水量充沛。

图 5.5-6 福永片区最高用水工况下管网自由水压分布

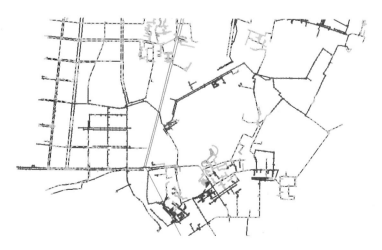

图 5.5-7 叠加会展中心用水量福永片区最高用水工况下管网自由水压分布

5.5.3 区域供水实施过程

深圳国际会展中心建设施工涉及的施工单位较多，时间紧、任务重。参与会展中心周边市政给水管道建设的施工单位就涉及三家，分别是中国二十冶集团有限公司、中交一航局以及广西华宇建工有限责任公司。给水管网的建设是一个系统工程，为了更好地推进深圳国际会展中心周边的给水管网建设，供水单位从运营者的角度在以下几个方面做了大量工作。

5.5.3.1 保证管网的系统性完成

深圳国际会展中心周边的配套供水管网建设起初是按照一个整体的系统进行规划设计的，由于施工现场的局限性，以及不同施工单位之间施工时缺乏沟通等，会导致供水管网不成系统。如海滨大道 DN300 管道施工因场地不能按计划交付于中国二十冶集团有限公司进行给水管道施工。经大空港新城开发建设分指挥部办公室牵头召开会议讨论决定将展城路（原海汇路）DN300 给水管设计变更为 DN400 给水管，以满足会展中心开馆期间的水量要求，展城路 DN300 管道虽然经由变更后完成了 DN400 管道的敷设安装。但该管道的市政水源接驳口（从桥和路 DN800 管道接出的预留管道）仍为 DN300 管道，该段 DN300 管道也就成了展城路 DN400 给水管道水量的供水瓶颈。随后加快了海滨大道 DN300 给水管道施工的施工进度，及时确保了深圳市国际会展中心的用水。

在能够满足现状供水需求的情况下，应尽可能按照前期的管网规划设计对管道进行施工敷设。而当为了满足近期迫切用水需求时，供水企业也应更多关注管道是否具备成环的条件，如何实现"双回路供水"以及如何防止建设过程中的"盲肠管"影响水质等问题。

5.5.3.2 管网信息化建设

（1）感知端建设

为了匹配会展中心高速的建设需求以及高标准严要求的国际化水准，给水管网在建设前期就应该考虑区域计量总表、水质在线监测点、压力在线监测点等管网感知端的建设。

①水质在线监测点

水质在线监测点的安装可以时刻了解会展中心供水水质的状况，当水质超过内控指标时应立刻报警，以便在第一时间及时赶到现场进行处理。

除了区域计量总表之外，管网压力在线监测点、水质在线监测点等的建设也是智慧管网建设中不可或缺的一部分。

②在线压力监测点

管网压力在线监测点不仅可以让公司更好地为用户提供合适的水压，对消防安全及管道爆管等突发事件也能做到第一时间及时反馈。

③区域计量总表

为了更好地掌握片区的水量需求，做好供水调度和保障，需建设区域计量总表。

（2）信息系统建设

① GIS 系统

管网运营说到底其实就是资产的管理，传统的管理手段很难应对庞大的管网信息数据，建立城市供水管网 GIS 系统，能够实现供水管网图形数据和属性数据的计算机录入、修改；对管网及各种设施进行属性查询、空间定位以及定性、定量的统计、分析；对各类图形（包括管网的横断面图和纵断面图）及统计分析报表显示和输出；除此之外，还为爆管、漏水事故的抢修、维修提供关闸方案及相关信息，从而基本实现供水管网的信息化管理。

② 管网维护管理系统

在 GIS 系统的基础上，建设居于管网业务工单的管网维护管理系统。在移动设备上面，实时展现管线的 GIS 信息，使用 GPS 导航、定位、数码相机拍照、数据录入等手段辅助管网运营工作，使管网运营的数据以标准化的录入，为管网设施的管理和决策工作提供高质量的数据。并在发生爆管紧急情况时，辅助进行爆管现场的即时业务处理，提高爆管处理的速度和质量。管网维护管理系统能进行任务的计划，工作的指派，任务数据的查询、统计、分析，工作人员巡查轨迹的查看和对比等工作。实现管网运营"人在线、物在线、工单在线"，提升管网运营效率以及管理质量。

③ 水力模型分析系统

将供水设施的属性数据输入计算机进行管网平差计算，仿真管网的实际运行状况。系统可以提高供水安全、提升供水效益、减少漏耗和电耗，在建立的给水管网分析平台的基础上，优化管网系统规划、优化调度及优化改扩建，为实际运行提供决策支持。

5.5.3.3　管廊内管道的相关问题

会展中心周边建设了两条综合管廊，分别为桥和路及展景路（原海云路）综合管廊。桥和路管廊内新建了 DN800 给水管道，展景路管廊内新建了 DN1000 给水管道，给水主管材均选用了球墨铸铁管。球墨铸铁管具有运行安全可靠，破碎率低、施工维修方便、快捷，防腐性能优异等特点。另外，球墨管的安装施工相对于钢管施工更快、操作难度更低。针对球墨铸铁管的管材特性，为了便于后期的管道运营应注意以下几个方面的问题。

（1）由于球墨铸铁管其本身的机械性能，管道安装好后再进行管道施工的难度较高，因此应在管廊出口提前预留好预留口，便于后期的枝状管网碰口连接。

（2）管廊内安装的管道由于没有覆土作为外力支撑，因此要做好管道的支（镇）墩。尤其是在水流转角处，应对管道做好加强级的管道支护工作。

在桥和路管廊内的 DN800 管道试压过程中就曾因为未做好管道支护工作，导致安装好的管道在升压过程中承插口脱开。因此，在管廊内采用球墨铸铁管施工时，应做好管道支护工作。另外，球墨铸铁管宜选择有防脱钩设计的。为避免后期管道启闭阀门过快或其他的原因发生水锤时管道承插口脱离，宜在高点或水流转角处多安装排气阀用于排气。如图 5.5-8 ～图 5.5-10 所示，为建设现场相关图片。

图 5.5-8　原设计支墩打压时受损　　　　图 5.5-9　加强级镇墩建设照片图

图 5.5-10　管道试压工作时的钢板桩支护照

5.5.4　区域供水保障方案

由于深圳国际会展中心处于建设期，周边配套市政管网还未建设，供水系统不完整，内部仅为枝状供水，供水安全保障性较低。加之近期用水量偏低，且多为间歇性用水，若长期滞留，易引发水质问题。为保障供水安全，针对薄弱环节和实际情况制定了供水保障工作方案，从管理优化、硬件升级、应急演练等多方面入手，有针对性地完善，全面提升水质风险应对能力。

5.5.4.1　水质监测

（1）在线水质监控

在桥和路过福园二路设置在线水质监测点，对余氯、浊度、pH 值进行 24 小时监控，检测频率每 10 分钟一次。一旦超过内控值，及时报警发给管理人员。

（2）人工水质巡检

每周一次，对关键点进行水质化验，主要检测浊度、余氯。

5.5.4.2　压力监控

（1）在线压力监控

在桥和路过福园二路设置在线压力监测点，检测频率每 15 分钟一次。一旦压力超过内控值，及时报警发给管理人员。

（2）人工压力巡检

每周一次对人工压力进行巡检，观察压力的变化情况。

5.5.4.3 流量监控

通过桥和路 DN800 流量计观察流量变化情况，发现流量异常及时到场处理。

5.5.4.4 日常运营维护

（1）日常巡查

每天对深圳国际会展中心管道进行巡查，确定重点巡查位置，保持现有管网设施的完备，并保证其处于良好的工作状态。每周对市政主干管巡查一次，避免周边施工挖爆供水主管，影响深圳市国际会展中心供水。

（2）定期排放

由于国际会展中心用水量偏低，且多为间歇性用水，若自来水长期滞留，易引发水质问题。因此，在展景路和海滨大道供水管道末端增设排泥阀，通过定期排放，避免出现水质问题。

（3）制定调水保障方案，一旦福永片区出现大的供水事故，可从松福大道将沙井长流陂水厂的水调配到深圳市国际会展中心。

（4）加强沿线阀门维护

在宝博会开始前，全面排查桥和路阀门状态，对有问题的阀门提前进行更换。

5.5.4.5 应急调度

空港新城片区目前主要由凤凰水厂、立新水厂进行供水，两座水厂的原水取自石松支线。石松原水干线（图 5.5-11）从石岩水库取水，输水干管向西北方向约 2.5km 处分为两根管，一根向西至长流陂水库坝下，分水给长流陂水厂后继续向西南至立新水厂，中途分水至上南水厂；一根向北至大甽水库坝下，分为西北向和东向两根管，其中西北向至五指耙水厂，东向管至甲子塘水厂。凤凰水厂原水管单独从现状石松支线总管分水。石松供水网络原设计取水规模为 82.7 万 m³/d，总长约 29.42km。但整个石松线供水网络整体使用年限久，爆管风险高，存在较大的安全隐患。

（1）当石松支线凤凰至立新水厂 DN1400 原水管发生爆管，或立新水厂发生供电故障或事故，致使立新水厂停产。

朱坳水厂可通过 107 国道 DN800 管和宝安大道 DN600 管向空港片区转供水 3 万 m³/d，沙井长流陂水厂可通过广深高速 DN1000 连通管和松福大道两条 DN500 连通管向空港片区转供水 5 万 m³/d，总调水量为 8 万 m³/d，可通过阀门切换，用以保障空港新城片区用水。

（2）凤凰水厂 DN1400 原水管发生爆管，或凤凰水厂发生供电故障或事故，致使凤凰水厂停产，应急措施参照（1）。

（3）当凤凰水厂 DN1600 出厂管广深高速段发生爆管，凤凰水厂的水不能往外输送，

图 5.5-11　石松线原水管示意图

图 5.5-12　大空港地区应急供水路由示意图

沙井通过广深高速 DN1000 连通管也被切断。沙井长流陂仅能通过松福大道两条 DN500 管向空港新城转供水 1.5 万 m^3/d，朱坳水厂通过 107 国道 DN800 管和宝安大道 DN600 管向空港片区转供水 3 万 m^3/d，总调水量为 4.5 万 m^3/d，调水量缺口将达到 6.5 万 m^3/d，通过阀门切换，来保障空港新城片区水量。如图 5.5-12 所示，为大空港地区应急供水路由示意图。

5.5.4.6　应急措施

管网水质突发事件发生时，迅速采取关阀隔离、查明原因、排除污染和冲洗消毒等措施，对短时间内不能恢复供水的，启动临时供水方案。当发生爆管、破损等突发事件时，迅速关阀止水，组织应急抢修；当影响正常供水时，及时启动临时供水方案。当出现水质突发事件时，供水单位应将出现水质问题的管道从运行管网中隔离开，隔断污染源，防止污染面扩大，并及时通知受影响区域内的用户和上报主管部门，尽量减少危害程度。同时尽快查明原因，迅速制定事件影响范围内的管网排水和冲洗方案，及时采取措施排除污染源和受污染管网水，并对污染管段冲洗消毒，经水质检验合格后，尽快恢复供水。当冲洗、消毒无效时，应果断采取停水及换管等措施。

当发生供水压力下降的突发事件时，接到报警后应迅速赶到现场，查找降压原因，了解降压范围及影响状况，及时处置，恢复供水。因进行管道维修、抢修实行计划停水后，若工程未能按时完工，应及时启动停水区域应急供水方案。

5.6　深圳港宝安综合港区一期工程

5.6.1　工程概况

5.6.1.1　工程简介

本项目总用地面积 86.4hm^2，场地分为码头作业区、港口物流及其他配套区，总投资约 116.5 亿元。

（1）码头作业区

用地面积 27.4 万 hm²，工程建设内容包括项目陆域形成、地基处理、码头结构、办公生活设施及其他附属配套设施。码头建设规模为 2 个 5000 吨级通用泊位和 1 个 5000 吨级、2 个 1000 吨级多用途泊位，结构均按 1 万吨级预留（港口配套设施升级完成后，生产岸线布置为 3 个 1 万吨级和 1 个 1000 吨级泊位），岸线长度 548.46m。

（2）港口物流及其他配套区

用地面积 59 万 hm²，建设物流仓储、冷链物流、物流供应链服务中心及其配套设施。

5.6.1.2 宝安综合港功能定位

本项目的发展定位为深圳宝安支点港·大湾区要素汇聚服务枢纽。

（1）近期目标：依托自身港口资源和物流产业发展，协助区域建设与发展，打造都市民生服务新动脉，深圳生活生产水运服务新支点。

（2）中期目标：以"物流 +"理念，把握核心区位优势，实现产业升级，打造特色商贸服务新枢纽，本地与国际供应链结合新支点。

（3）远期目标：依托区域产业升级趋势，抓住海洋产业发展机遇，打造新型产业与海洋国际服务新窗口，深圳未来城市与产业发展新支点。

5.6.1.3 宝安综合港建设意义

（1）有助于推进宝安港区的规范发展，完善深圳港港口运输系统。

（2）积极带动港口及相关行业的发展。

（3）促进腹地经济的发展。

（4）项目建设和运营过程中创造就业岗位。

5.6.2 宝安综合港一期工程总体规划

5.6.2.1 港口岸线规划

本项目位于宝安综合作业区规划岸线北部，建设码头岸线 548.46m，性质为港口岸线。按以下原则对岸线进行布局：

（1）从港区远景发展的全局出发，做到既满足近期港口生产的需要，又能与后续工程建设合理、有序的衔接。

（2）通用岸线与多用途岸线按两个独立的生产及管理区布置，做到管理有序，生产方便。

（3）注重保护海岸线资源，开发利用海岸线与保护生态环境相结合，保护港区的环境质量。

根据分析计算，1000 吨级单个泊位长度为 57.9m，5000 吨级单个泊位长度为 138m，1 万吨级单个泊位长度为 156m，可满足以下船型组合（表 5.6-1）的靠泊要求。

船型组合   表 5.6-1

船型组合	泊位长度（m）
2 艘 1000 吨级 +3 艘 5000 吨级	$(49.9 \times 2+8 \times 2) + (124 \times 3+14 \times 4) = 115.8+428=543.8$
3 艘 1000 吨级 +2 艘 5000 吨级	$(49.9 \times 3+8 \times 3) + (124 \times 2+14 \times 3) = 173.7+290=463.7$
1 艘 1000 吨级 +3 艘 10000 吨级	$(49.9+8) + (141 \times 3+15 \times 4) = 57.9+483=540.9$

为了适应船舶大型化的现状及未来发展需要，满足 3 艘 1 万吨级船舶和 1 艘 1000 吨级船舶同时靠泊，码头岸线水工结构按 1 万吨级泊位预留。

5.6.2.2 码头作业区详细规划概要

（1）码头设计能力

本项目码头设计年吞吐量为 250 万 t，其中集装箱 5 万 TEU（折合 50 万 t）、钢铁 35 万 t、矿建材料 100 万 t、粮食 25 万 t、其他散杂货 40 万 t。

（2）水域布置方案

1）泊位长度

①西侧泊位

建设 3 个 5000 吨级、2 个 1000 吨级泊位（水工结构均按靠泊 1 万吨级船舶设计），岸线总长度 548.46m。

②南侧弃土出运泊位

利用已建南围堰，建设 4 个 2000 吨级泊位，岸线总长度 415m。

2）停泊水域

码头前沿停泊水域宽度取 2 倍船宽，1000 吨级泊位为 26m，5000 吨级泊位为 37m。

3）回旋水域

船舶回旋水域位于停泊区的正前方，按椭圆形布置，长轴按 2.5 ～ 3 倍船长计，短轴按 1.5 ～ 2 倍船长计。5000 吨级泊位回旋圆长轴为 327m，短轴为 218m；1000 吨级回旋圆长轴为 150m，短轴为 100m。

4）航道

深圳港西部各港区位于珠江口内伶仃洋东岸，其水路交通网络四通八达，西部水域主要航道有矾石水道、公沙水道、大铲水道、大铲东水道、北航道（妈湾航道）、赤湾航道及铜鼓航道、西部公共航道。上述航道中，赤湾航道和部分北航道（妈湾航道）及铜鼓航道、西部公共航道是人工航道，其余均是自然航道。西部进港航道主要有 3 条，吃水 5m 以上船舶经香港东博寮水道、马湾水道、龙鼓水道，再通过各人工航道到达港区，也可以从珠江口经铜鼓航道直接进入西部港区。吃水 5m 以下船舶可直接由龙鼓西水道进入西部港区。

本项目进港航道经龙鼓航道，深圳西部公共航道、矾石水道、宝安航道后进入港区。

5）锚地

本工程吃水 5m 以下船舶可就近利用交椅沙南侧的货轮待泊锚地（水深 –6.6 ～ –4m）

及南沙港区东侧的中小货轮防台锚地（编号 No.32，水深 -8 ～ -4m）锚泊。本工程吃水 5m 以上船舶可就近利用矾石水道浅水货轮防台泊区的南侧深水区域锚泊（编号 No.30，水深 -15 ～ -5m）。

（3）陆域布置方案

码头作业区陆域面积 27.4 万 m²，陆域纵深 500m，港区陆域布置总体原则远近结合，做到尽量加大生产区域（堆场及仓库）面积，整体布置力求功能完备，形式简洁。

5.6.3　设计关键技术及创新

5.6.3.1　平面布置方案关键技术及创新

本项目充分考虑本地水文、地质、道路规划、未来发展等条件布置平面方案，具体措施如下。

（1）根据水文条件，将 1 万吨级主码头布置在水深条件最好的西侧，南侧弃土装船点泊位布置在规划宝安综合港区内港池。

（2）码头作业区出港通道与规划汇港一路对接，方便港口集疏运系统布置，增加运输效率。

（3）办公、生活、候工楼、机修车间等附属建筑集中布置码头作业区东北角，方便日常管理，对堆场作业影响最小。

（4）集装箱堆场布置在多用途泊位后方，同时堆场尺度考虑将来改造升级为自动化无人堆场。仓库西侧不设置固定建筑物，为今后仓库业务扩展提供条件。项目北侧预留直立式结构，未来改造码头使用不影响现有业务的运营。

（5）码头前沿配置船舶岸边供电系统，船舶在码头停靠时关闭柴油发电机，接通岸电桩开始给船供电，极大地降低了船舶尾气的排放污染。

5.6.3.2　水工结构关键技术及创新（主码头高桩梁板式码头的关键技术及创新）

（1）本工程地质比较复杂，岩面起伏较大，覆盖层厚度不均匀，特别是全风化岩层 3 ～ 12m 不等，会对沉桩产生较大影响，桩基的选型困难，PHC 桩穿透力不强、不耐打，钢管桩价格贵、不经济，综合以上因素，采用长桩靴方案，一方面利用 PHC 装的经济性，另一方面利用钢管桩的穿透性，将两种桩型各自的优势发挥出来。

（2）本工程采取多种措施保证结构的耐久性，提高了结构的寿命，具体措施如下：

1）现浇结构采用 C45 高性能混凝土，提高密实度。

2）混凝土表面与海水有接触处进行海工涂料，隔绝与海水接触，20 年标准。

3）码头面板上表层混凝土掺纤维防止混凝土开裂。

4）现浇混凝土掺 CPA，提高混凝土的密实度。

经过以上措施，对混凝土结构来说，可满足 50 年的结构寿命，大大减少营运过程中对结构的修复等影响，也更有利于环境保护。

5.6.3.3 新材料、新技术的应用

CPA 抗腐蚀增强剂是一种复合外加剂，由抗海水腐蚀组分、阻锈组分、减缩组分、抗裂组分、增强组分等复合而成。以 8% ～ 10% 掺入混凝土中，可使混凝土具有优异的抗海水侵蚀性能、抗海浪冲刷性能、阻锈性能，提高混凝土密实度并大幅度减免混凝土收缩裂缝，防止侵蚀介质进入混凝土内部，使海洋环境混凝土构筑物使用寿命延长 2 ～ 3 倍，维护、维修费用显著降低。

5.6.4 施工关键技术及创新

5.6.4.1 围堰快速成型关键技术及创新

针对本项目围堰地基表层存在 4m 左右厚度的淤泥、处于海域等特点，围堰采用砂袋堤快速成型技术，可解决软土地基施工问题，加快施工进度，减少海上施工作业风险。

砂袋堤长 320m，底宽 35m，顶宽 10m，顶面高程 +5.6m。砂袋堤底部基础结构形式为通长砂被加塑料排水板及两层土工格栅，+1.8 ～ +5.6m 高程采用袋装砂棱体及填充堤心砂结构。砂袋堤外坡和顶面采用 1 层 450g/m² 无纺土工布覆盖。无纺布上铺填 60cm 厚的碎石倒滤层，在碎石倒滤层上铺 50cm 二片石倒滤层，在二片石倒滤层上铺设不小于 750kg 的护面块石。外坡通长砂被台阶及坡面铺设软体排抛填 200 ～ 300kg 块石护底棱体。砂袋堤围堰施工如图 5.6-1 所示。

图 5.6-1 砂袋堤围堰施工

填充砂袋的编织袋采用长方形，袋的尺寸视断面不同，高度上的宽度再加上退档尺寸缝制，长度一般为 20 ～ 50m。每只袋根据容积不同设置充填管口，管口直径约 12cm，长 40cm。充填前，将地基有损织物的凸出物、杂物清除干净。袋体充填应分层错缝铺放，不得有通缝。同层相邻袋体接缝处土工织物袋铺设时应预留收缩量，确保充填后两袋相互挤紧。一次吹填不满可二次吹填，吹填过程中应注意及时调整输送管的方向，以免袋体受力不均而导致变形移位，吹填时注意控制进浆压力，防止袋体破裂，管路出口压力宜控制

在 0.2 ～ 0.3MPa。吹填时自下而上分层依次吹填，在下层袋体滤水固结 70% 之前，不宜在其上部吹填另一只袋体。每层袋充填后厚度 0.5m，饱满度控制在 80%。采用颗粒（$d >$ 0.075mm）含量大于 75% 的砂料，其黏粒（$d > 0.005$mm）含量小于 10%。

根据充填砂袋断面尺寸及底高程，计算出每层袋的堆放边线，铺展砂袋时使用 GPS 测量砂袋边线位置及袋两端中轴线位置，在铺底层及水下充填砂袋时沿袋体四周边线外侧约 1m，每隔 4 ～ 6m 将 ϕ63 ～ ϕ75mm 长钢管（钢管长度依水深而定）插入或打入泥中固定，以便铺设砂袋时固定砂袋。在铺袋施工时对围堰中轴线和内外边线、砂袋的起始点进行校核，若超过允许偏差范围及时调整。出水后的充填砂袋直接在下层充填袋上用红油漆标记出上层充填袋的中轴线和边线，确保每层充填砂袋的准确位置。

在塑料排水板施工中，因通长砂被沉降不均匀，高差较大，施工前测量通长砂被标高，根据地质报告确定每个区域塑料板水板的插打深度，并在插板机套管中做好标记，严格控制套管的插入深度，确保符合塑料排水板打穿淤泥层，并至少进入黏土层 0.5m 的设计要求。

砂袋堤经受 2019 年 9 月"山竹"台风的袭击，整体稳定，未出现位移情况。

5.6.4.2　重力式码头施工关键技术及创新

（1）基槽开挖

设计基槽要求开挖至黏土层，采用土质 + 标高双控标准进行验收。基槽最大开挖深度为 -13.35m，基槽采用砂及 10 ～ 100kg 块石回填。

施工采用 13m³ 抓斗型挖泥船配合泥驳进行挖泥施工，淤泥倾泻至卸泥点。开挖分段分层进行，每层厚度不超过 2m。边坡开挖采用断面平衡超欠开挖法施工，使开挖边坡最大限度与设计边坡相吻合。开挖完成后，用测深仪进行水深测量，同时观察开挖土质，并经过设计现场确认，开挖标高及土质达到设计规范要求。

基槽开挖验收为一次性验收通过。

（2）沉箱基础施工

本工程南围堰直立段局部软弱土层较深，局部需进行基础抛砂换填，并进行振冲密实处理。为了验证振冲效果和确定回填砂的预留沉降量，以及确定振冲密实电流、留振时间等参数，根据监理指定基槽回填砂段进行试验段振冲施工。经过多次试验段施工并组织专家论证，最后采用 75kW 振冲器振冲密实与重锤夯实结合的施工方法。

现场动力触探检测结果合格，符合设计与规范要求。

（3）沉箱安装

围堰（直立段）工程共需安装沉箱 56 件，单件沉箱重 267.88t，尺寸为 8.85m × 6.65m × 8m 双箱沉箱。全部在桂山岛预制场预制完成后，通过驳船运输至现场进行，500t 起重船水上吊装。

为确保工程质量及施工安全采取了如下措施：

1）由于沉箱规格较小，安装精度要求较高，单一使用 GPS 定位产生误差较大，采用

GPS 与全站仪并用的方式进行精确定位。

2）为避免吊装过程中沉箱相互碰撞破坏，统一采用 5cm 厚度木板进行垫挡，在保护成品的同时，保证了缝宽满足要求。

3）为保证沉箱安装后前沿线顺直美观，安装过程中严格控制沉箱前沿与码头前沿线之间的距离，误差均保持在 3cm 以内，且无累计。

4）箱格内回填砂施工前，用混凝土堵塞沉箱下部的进水孔，黄油封堵螺栓孔，上部外露钢筋防腐。沉箱进水孔采用潜水员水下堵孔施工工艺，保证砂的密实，确保堵孔质量。

5）沉箱安装完成后，定期进行复测及沉降位移观测，测量成果同时上报建设单位及监理单位。

复测数据显示：沉箱缝宽最大偏差 2.1cm，最小偏差 0.7cm，符合规范要求，临水面与施工准线偏差、临水面错台等各项数据符合规范要求。沉箱安装后，定期进行沉降位移监测，监测数据显示沉降位移稳定。

（4）现浇胸墙施工

围堰（直立段）工程共 56 段胸墙，胸墙底高程为 +2.55m，顶高程为 +5.6m，现浇胸墙 C40 混凝土总方量 4358.78m³，钢筋用量 196.69t。由于后方陆域回填未形成，陆上道路不通，胸墙浇筑采用平板船运输混凝土至施工现场，用泵车进行浇筑。浇筑时安排 2～3 个下料点，振捣分层厚度 40cm 以内，模板采用不锈钢模板，有效地控制混凝土表面气泡、砂斑砂线等混凝土质量通病。

（5）混凝土施工过程控制精细化

1）混凝土配合比控制：项目部会同搅拌站设计了本工程的《混凝土配合比设计报告》，同时委托有水运工程试验资质的深圳太科检测有限公司进行《混凝土配合比验证报告》。

2）设备试拌：本工程所有混凝土均采用有资质的商品混凝土供应公司。搅拌站，为了保证所用的混凝土各项指标能满足设计要求，施工前期在搅拌站内进行设备试拌，从坍落度、流动性、泌水量、混凝土强度、抗氯离子渗透五个方面进行了试验检测，从实验结果来看混凝土性能指标均能满足设计要求。

3）温度控制：混凝土到达现场后，每车由业主试验室和项目部试验室一起做温度、坍落度及流动性试验，严格控制混凝土入模温度在 30℃内。

4）混凝土养护：混凝土在完成振捣和抹面后立即进行日夜养护，防止天气、流水和干燥的有害作用，混凝土养护采用土工布覆盖，淡水养护 9d。

如图 5.6-2 所示，是重力式码头施工示意图。

5.6.4.3 高桩梁板码头施工关键技术及创新

（1）水上沉桩

本项目采用先张法预应力混凝土管桩，规格为 PHC800B130，生产厂家为江门裕大管桩有限公司，采用打桩船水上沉桩。

图 5.6-2   重力式码头施工

打桩船水上沉桩工艺主要是根据桩型桩长及排架间距选取合适的打桩船型，根据设计停锤标准及贯入度选取合适桩锤桩位图纸取桩、定位、施打及后续进行夹桩稳桩施工。

本项目沉桩 606 根。桩径为 $\phi 800mm$，桩有直桩和斜桩，斜桩斜率为 4.5：1。所有段沉桩由陆侧往海侧阶梯形展开推进，沉桩时承载力控制以高应变检测（CASE 法和 CAPWAPC 法）为主，以沉桩贯入度及标高控制为辅。

本工程主要施工，桩锤选用 D100 型柴油桩锤。

为确保工程质量采取了如下措施：

1）根据现场施工条件，沉桩测量定位采用 GPS。岸上用全站仪校核桩位并观测桩的贯入度。

2）承载力控制以高应变检测（CASE 法和 CAPWAPC 法）为主，以沉桩贯入度及标高控制为辅。所有桩按要求 100% 进行低应变检测桩的完整性情况，不小于 10% 进行了初打高应变检测，每个结构段不少于 1 根桩的复打高应变检测且不少于 13 根；沉桩后，立即进行割桩、夹桩工作。

根据已沉桩的检测数据统计，低应变检测 Ⅰ 类桩 602 根，Ⅰ 类桩率 99.3%；高应变检测 76 根，桩身完整性均为 100%。所有桩质量、平面位置及竖向斜度均符合设计及技术条件书要求。

（2）上部结构施工

上部结构分为现浇横梁、预制纵梁、安装纵梁、安装靠船构件、预制码头面板、预制面板安装、变形缝、混凝土面层等分项工程。结构形式为梁板式结构，共计 9 个结构段，上部结构均采用高性能混凝土，保护层厚度 70mm，混凝土强度等级为 C45。

本工程纵横梁格系统及附属构件均采用现浇工艺，底模、侧模按桩排架间段长度整片加工，现场整片吊装，底模支承系统为反吊支架，分两次浇筑。

如图 5.6-3 所示，是高桩码头施工示意图。

图 5.6-3　高桩码头施工

5.6.4.4　新工艺的应用

（1）混凝土表面采用硅烷浸渍

根据技术条件书要求，混凝土浇筑后 28d 对沿海侧暴露面施加一层浸渍保护涂层，涂层采用异丁基三乙氧基硅烷浸渍，经硅烷喷涂对其进行抽芯检测，硅烷渗透深度一般在 2～3mm，氯化物吸入量的衰减在 95%，提高了混凝土的防腐性能。

（2）高性能混凝土应用

本工程中应用高性能混凝土、硅烷喷涂等多种防腐措施，提高结构的耐久性。

工程对结构混凝土要求高，对混凝土质量要求全面，耐久性指标要求高，并对混凝土的入模温度、内部最高温度和温差等都有明确规定。通过优选材料Ⅰ级粉煤灰等活性矿物细粉料，经配合设计获得满足要求的高性能混凝土。

施工过程混凝土工作性能稳定，抗氯离子渗透性指标经施工过程中抽检均在 1000C 以内（《水运工程混凝土施工规范》JTS 202—2011 要求采用高性能混凝土的抗氯离子渗透性不应大于 1000C），各项指标均满足设计要求。

5.6.5　工程管理

5.6.5.1　管理目标

（1）安全目标

坚持"安全第一，预防为主"的方针，建立健全安全管理组织机构，完善安全生产保证体系，杜绝重大事故，杜绝人员死亡事故，防止一般事故的发生，确保人员生命财产不受损害，创建安全生产标准项目。

（2）质量目标

单位工程一次交工合格率 100%，杜绝工程质量重大事故，优良率达到 90% 以上，工程质量达到国家相关现行的工程质量验收标准。

（3）工期目标

码头主体结构 2017 年 6 月开工，2020 年 6 月完工，总工期 3 年。

5.6.5.2 管理机构

宝安综合港一期工程建设由深圳市联建综合港区发展有限公司负责建设,为实现工程管理目标,建立了项目管理机构。机构由建设单位负责,设计单位、监理单位和专家团队为决策核心,施工承包商具体落实。管理机构图如图 5.6-4 所示。

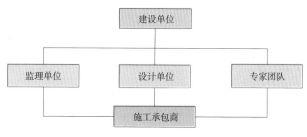

图 5.6-4 项目管理机构图

5.6.5.3 质量、进度、投资控制

（1）质量控制措施

1）建立健全工程质量责任体系,参与工程建设的各方依据国家颁布的《建设工程质量管理条例》、合同、协议承担相应的质量责任。

2）建立设计施工文件审查、工程质量监督、工程质量检测、工程质量保修等工程质量管理制度。

3）施工前组织设计交底与图纸会审,施工过程中严格按照《港口工程建设管理规定》和项目设计管理流程控制设计变更。

4）施工承包商编制施工组织设计、施工专项、设备采购方案须执行方案审查制度方可实施。

5）建设单位和专家团队监督作业技术交底、见证取样送检、工程变更、质量检验、现场监督检查、设备检验程序、施工质量验收等质量控制措施的落实情况。

（2）进度控制措施

1）设计阶段进度控制措施

①根据建设工程总进度目标、类似工程项目的设计进度、工程项目的技术复杂程度等制定设计阶段进度控制目标。

②着重设计准备工作阶段工作,确保提供的规划设计条件和设计基础资料的及时性和准确性,尽量避免因资料的偏差造成的返工。

③设计方案及时与相关部门沟通汇报,确保方案符合各项管理规定,减少报建评审周期。

2）施工阶段进度控制措施

①确定进度目标计划。根据建设工程总进度目标、类似工程项目的实际进度、工程难易程度、工程条件落实情况等制定施工进度控制目标,确定关键线路和关键工作,绘制工

程进度控制横道图，并根据实际施工情况和任务要求及时调整。

②审核施工进度目标计划。为保证建设工程的施工任务按期完成，监理工程师对施工承包商提交的施工总进度计划进行审核。审核施工进度计划中的项目是否有遗漏、生产要素配置和供应计划能否保证进度计划的事项、建设单位负责提供的施工条件在计划中的安排是否明确合理、施工进度是否符合总体建设目标。

③监理单位根据设计和施工进度计划编制更具有实施性和操作性的施工进度控制工作细则。

④采用装配式梁板等先进的施工工艺，以减少现场施工的工程量；采取大型打桩船、起重船等更先进的施工机械。

⑤经济措施。及时办理工程预付款和工程进度款支付手续，相关手续 28d 内完成；对因施工承包商原因导致的工程延误收取误期损失赔偿金，对应急赶工给予赶工费用，对关键节点工期提前给予奖励，本项目累计发放各项奖励约 200 万元。

⑥合同措施。加强合同管理，协调合同工期与进度计划之前的关系，保证进度目标的实现；严格控制合同变更，对各方提出的工程变更和设计变更应严格审查；加强风险管理，充分考虑风险因素对进度的影响，以及相应的处理方法，本工程共签订设计补充协议 1 份、施工补充协议 3 份，保证工程在原材料价格大幅度上涨、地质条件变化较大的情况下的整体进度。

3）项目投资决策阶段投资控制措施

①积极做好项目决策前的准备工作，认真搜集有关资料。

②切实做好项目可行性研究报告，合理确定工程的规模、建设标准水平、工艺设备等，优化设计方案。

③细致地做好投资估算，科学进行工程项目的效益分析，保证其他阶段的造价被控制在合理范围，投资控制目标能够实现。

4）工程设计阶段的投资控制

①制定建设工程投资目标规划，依据可研投资估算实行限额设计。

②进行技术经济分析，使设计投资合理化。

③优化设计，满足建设工程投资的收益要求。

④审核概预算，提出改进意见，概算及施工图预算要求全面准确，力求不漏项、不留缺口。

⑤建立设计优化激励机制，在不降低工程及使用功能的前提下，对于将方案优化的设计单位给予一定的奖励。

5）工程实施阶段的投资控制

①对施工承包商编制的施工组织设计、重大施工方案及其他费用有关的技术方案和措施进行审核，对施工图纸中的问题要求设计单位及时解决，力求做到不因图纸和技术问题

而延误施工，避免造成不必要的经济损失。

②严格控制施工质量，通过各种措施杜绝重大质量事故，减少一般质量事故。

③做好施工进度和计划管理，优化人员、机具、材料、设备的配置，提高施工生产效率，降低单位产出资源消耗，减少不必要的费用支出。

④按照现场进度和合同要求支付工程款，严格控制工程款的最终超付。

⑤严格执行现场签证和设计变更管理制度，控制相关费用的产生。

5.7 深圳国际会展中心配套商业项目

深圳国际会展中心配套商业 5-2 地块（会展湾南岸广场）、4-2 地块（会展湾水岸广场）、5-1 地块（会展湾云岸广场）及 3-3 地块（会展湾里岸广场），由深圳市招华会展实业有限公司打造。

深圳会展湾项目位处深圳市重点规划片区宝安国际会展城，占据粤港澳大湾区湾顶核心位置，如图 5.7-1 所示。紧邻前海、蛇口自贸区，辐射珠三角。

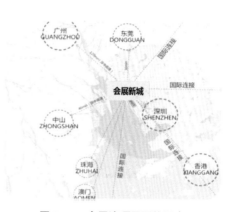

图 5.7-1 会展湾项目区位示意

华侨城 & 招商蛇口在宝安国际会展城合力打造总建筑面积约 300 万 m² 的会展主题综合体，其中包括建筑面积约 160 万 m² 的国际会展中心、建筑面积约 69.7 万 m² 的公寓、建筑面积约 32 万 m² 的商业、建筑面积约 26 万 m² 的办公、建筑面积约 25 万 m² 的酒店、约 6.4km² 的会展河、约 1.6km² 的会展中央公园。主要分为会展服务、旅游文娱、创新办公和亲水社区四大组团，通过会展的核心驱动，形成包含城市商业中心、国际酒店群、产业展馆、游乐设施、生态公园、交通枢纽等多功能于一体的复合功能体。而深圳国际会展中心未来将举行国际影响力的展览、会议、商业活动、体育赛事，集聚世界各地的企业、消费者和政府，将作为深圳城市新窗口，打造全球信息交流和消费体验的超级平台。

5.7.1 项目概况

会展配套建筑面积约 154 万 m² 多业态超级物业组合，荟萃无限精彩。通过会展核心驱动，形成包含城市地标、产业总部、商业中心、国际酒店群、产业展馆、精品公寓、生态公园、交通枢纽等复合功能物业群，构建集全球信息交流和消费体验于一体的会展商务平台。

5.7.1.1 会展湾南岸广场

会展湾南岸（图 5.7-2）紧邻全球最大的会展中心南大门，T2 栋与地铁 20 号线无缝接驳,总体量约 14 万 m²,涵盖写字楼、公寓、酒店、商业四大业态。约 7 万 m² 写字楼,均为 35m 以下的独栋低密生态建筑。共三种办公产品,分别为低密度生态组团、高线公园组团以及门户地标组团。3 万 m² 的五星级大酒店,附带空中悬挑无边泳池,3 万 m² 的高端滨水人才公寓,1.2 万 m² 的体验式街区商业。全国首创商务主题高线公园打造,并规划滨水休闲带、景观水轴、生态漂浮花园、水杉绿荫道四大主题景观。打造高端舒适、生态有氧的办公生活新体验。

图 5.7-2　会展南岸广场效果图

5.7.1.2　会展湾水岸广场

会展湾水岸(图 5.7-3)为 300 万 m² 会展主题综合体的居住配套项目,总体量约 15.6 万 m²,包含建筑面积约 15 万 m² 的高档滨水公寓,建筑面积约 3000m² 商业街区、水岸艺术展厅、高端幼儿园、六大主题泛会所、T6 星空泳池等多元垂直社区配套。是国家战略高地之上的会展资产。坐享地铁 12 号、20 号双轨覆盖的便捷交通、开放互联式街区布局,多层次立体园林景观、270° 一线河景、3.7 的超低容积率,打造成为极致宜居的生态活力社区空间和集"滨水、国际、艺术"的侨城人文谧境。

图 5.7-3　会展水岸广场效果图

5.7.2 创新设计理念

深圳正在发展成为一个以国际创意和创新中心为主的枢纽。深圳国际会展中心配套区城市设计优化项目希望通过设计下一代城市生活环境，体现它特有的城市特征。该项目将在协助和满足未来世界最大会展中心的需求时也成为一个独立，能以产业、旅游、休闲和生活为主的目的地区域。

5.7.2.1 新城构架理解——南岸广场总体设计

会展湾南岸广场用地面积为 83205m²，地上总建筑面积为 140580m²，边界条件如图 5.7-4 所示。地块规划为一个含酒店、公寓、办公为一体的综合性功能区。

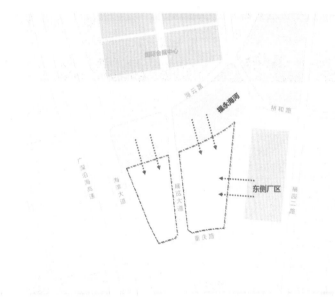

图 5.7-4 南岸广场边界条件

南岸广场的四个边界情况不同。北侧为延绵的江景公园，经济核心区与会展中心一览无余，通向景观绿地的通道也不受交通阻碍。南部边界沿街，设置醒目的立面，特别是沿中轴线面向会展中心南入口的部分。西部边界沿海滨大道，较为嘈杂，在充分利用便利交通的同时，需要对地块内的建筑加以保护。东侧为现有工业厂房，今后会进行改造。由于东侧的地铁隧道和西侧的高铁线从地下穿过，这些区域将不会完全被建筑填满。针对不同的城市界面，需要不同的设计策略。

北侧部分布置公寓与酒店功能，如图 5.7-5 所示，在满足公寓及酒店景观最大化的同时，打造项目连续、整体的大尺度形象，并且为沿河的城市景观提供了现代化的建筑界面。

南侧部门布置集中办公，如图 5.7-6 所示，利用巧妙的体量组合及精致的表皮机理来打造展览大道门户的形象。项目的中部区域布置低密度办公和街区商业，在打造舒适的办公商业环境的同时，形成特殊的城市机理，并利用起始于展览大道的 2 条斜轴，将 2 个地块紧密地联系在一起。

图 5.7-5　北侧酒店

图 5.7-6　南侧集中办公

东侧则打造偏心筒式的集中办公，以回应所处的城市环境。最后通过 2 层的文化运动连廊将各个区域联系，并通达远处的文化运动圈以辐射更大的城市区域。交通以人车分流为导则，地块出入口满足交通要求的同时，对各个功能块进行了合理的划分，使得功能区之间相对独立而又相互联系。

中部的低密度办公区域为人行区域，为生活在其中的人们提供街区式的生活体验。北侧及东侧的酒店、公寓、集中办公为地面车行能够到达的区域，各个功能块有自己的落客区，方便就近停车，提高产品的品质，实现项目整体的通达性。车库出入口在出入口附近设置，方便车辆能够快捷地进入地下车库，减轻地面交通压力，同时右侧绿化带有近 200 辆地面停车作为停车补充，降低地下开发成本。

最终设计整合了对于新城市构架的理解以及当代人的生活经验，伴随着人们对未来的不同生活方式的选择，该设计提供了一个综合性的解决方案，旨在创建一个具有高度表现力的城市环境，也标志着深圳蓬勃的未来。

5.7.2.2 城市脉络演变——水岸广场总体设计

水岸广场毗邻会展海河，连接国际会展中心、滨江体育休闲带等丰富公共设施，具有国际化水岸特质。同时位于大空港区域的关键位置，对于提升城市功能和形象有着重要意义，因此要与城市友好。设计关键词如下。

（1）延展河岸线：河流像蓝色的生命线一样，将支离破碎的城市区块缝合在一起，引导城市多中心、多维的发展，并孕育城市的远大前程。河岸生活的延伸，将地块环境与河岸景观融为一体，形成沿河城市节点，形成丰富蜿蜒的沿河景观面。

（2）水岸生活：将海河景观和国际时尚结合，连接国际会展中心、商业娱乐综合体，以及滨江体育休闲带、游船码头等丰富公共设施，打造一个富有活力、人气以及具有国际化的水岸。

（3）开放社区：一条景观轴线、多条视线通廊、三个口袋花园。居民、访客可以在此休憩，欣赏美景，或购物；赢得了面向海河和都市景观丰富精彩的空间体验。将成为一个城市建筑、自然景观和社区生活完美结合的都市舞台。开放空间设计如图 5.7-7 所示。

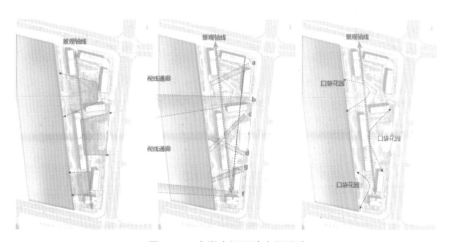

图 5.7-7 水岸广场开放空间设计

在规划设计目标方面，着眼于整个城市脉络演变和发展的角度，重点分析深圳市和宝安区的本身地域属性、特质的演变形成过程和建筑文化遗产，使本项目成为本区域的精品建筑，并将其打造成为一张深圳的城市形象名片，水岸广场全景如图 5.7-8 所示。项目定位为高端公寓社区。以"国际化的水岸生活、城市友好性"为设计主题，体现高品位、高素质的现代公寓，营造高档、高雅、高品质的公寓社区。

建筑单体由幼儿园、公共社区中心、8 栋商务公寓组成。公寓一、二、三层结合场地设计架空层，为使用者创造舒适的休闲环境。公共社区中心位于沿河北侧视线通廊区域，为外部人流创造开放式休憩空间。6号楼屋顶为空中会所，进一步丰富多维活动空间，提升园区品质。

图 5.7-8　水岸广场全景

5.7.2.3　海绵城市设计思路

根据《海绵城市建设技术指南——低影响开发雨水系统构建（试行）》，深圳属于年径流总量控制率的 V 区，年径流总量控制率应为（65% ≤ α ≤ 85%）。

会展湾项目位于深圳市福永大空港地区，根据《深圳市海绵城市规划要点和审查细则》，项目片区年径流总量控制率及其对应的降雨量如表 5.7-1 所示。

会展湾项目年径流总量控制率目标表　　　　　　　　　　　　　　　　　表 5.7-1

流域名称	排水片区	年径流总控质量	对应降雨量
珠江口流域	大空港地区	70%	31.30

即要求控制目标为：年均雨水径流控制率不低于 70%，对应的设计降雨量 31.30mm。

布置思路：

根据项目用地性质、用地规模、项目定位及规划要求等实际情况合理布置海绵城市设施，对排水系统、绿地系统、道路系统等区域的雨水进行有效吸纳、蓄渗和缓释，有效控制雨水径流，实现海绵建设总体控制目标。具体规划方案如下：

（1）在建筑屋顶设置屋顶绿化改善场地的热环境。

（2）公共空间和集中绿地内，在场地高度较低处设置雨水花园、下凹式绿地。

（3）项目区域中的道路结合景观设计，在绿地中布置下凹式绿地和雨水花园；区块内的雨水先流入海绵城市设施，进行滞蓄，下渗作用，在超过能容纳的容积后流入市政管网。

（4）遵循暴雨处理为主、景观设计为辅的方针。

5.7.3 创新关键技术

在会展湾项目群的实施中，在不超过目标成本的基础上，尽可能应用新技术和新管理模式，例如室内装修采取了 EPC 模式，部分楼栋采取了装配式建筑，并在节能环保的技术上进一步探索。

5.7.3.1 室内装修 EPC 管理

室内装修采取 EPC 模式，委托一家单位进行室内装修设计—施工—采购总承包，简化沟通界面，减少信息壁垒，力求标准化，一切为进度及质量服务。

（1）项目统筹

EPC 项目本身就是一项统筹规划的项目，对于各个环节进行规划，并且内部环节有规律可循。对于 EPC 项目的管理需要提高管理水平，对项目有全面的认识和总结，从整体的角度对项目进行分析。因为所涉及的专业众多，并且各专业之间都具有一定的联系，不是孤立存在的，管理人员需要对各负责人之间进行沟通和协调，提高工作的积极性，并且给予方向性的指导。可以将设计人员以及施工人员之间的意见进行统一，防止意见相左产生问题和矛盾，影响工程的整体开展，也可以投入更多的时间到方案以及图纸的设计之中。统筹协调是贯穿于工程始终的重要因素，因此要高度重视。

（2）专业协同

在设计与施工的开展过程中，会发现各专业之间的联系非常密切，设计、结构、材料、设备等专业必须进行很好的配合才能使项目顺利进行。设计方案得到认可之后，建筑室内装饰进场施工。施工过程中，根据建筑的结构特点以及装饰所需注意的问题与其他专业进行交流反馈。建筑室内装饰能够做到审美与功能相结合，通过人体工程学、材料的选择、颜色的搭配、强弱电等物理空间的设计，将装饰工程中的各环节结合起来。因此，室内设计是一项复杂的、综合的学科，不仅要具备大量的理论知识，同时要具备实践经验和技能，整合出一套符合项目发展规律的设计系统。

5.7.3.2 装配式建筑技术应用

深圳国际会展中心配套 5-1 地块（会展湾云岸广场，图 5.7-9）及 3-3 地块（会展湾里岸广场），部分楼栋采取装配式施工工艺。会展湾云岸广场项目实施装配式的建筑部分分别为 1 栋 37.33m、2 栋 37.33m、3 栋 26.93m，1、2 栋标准层层高 3.2m，3 栋标准层层高 3.6 m，均按《深圳市装配式建筑技术评分规则》要求设计，满足各最低项最低得分，总分不低于 50 分。

图 5.7-9　会展湾云岸广场

（1）施工总平面布置及施工计划

1）在施工现场展览大道和海滨大道各设置一个工地大门。场内环塔楼规划一条大约6m 宽的环路作为结构施工期间的主要交通运输道路。

2）现场各楼栋各布置 1 个预制堆场，共 3 个。每个堆场现场存放 1 个标准层构件。各栋独自布置一台塔吊，其中 1 栋、3 栋型号为 R70/15 的塔吊，吊臂长依次为 55m、50m；2 栋型号为 TC7030 的塔吊，吊臂长为 70m。

3）现场 1 栋、2 栋设置 2 台双笼施工电梯，3 栋设置 1 台双笼施工电梯用于该阶段施工，每两层附着一次；"九牌一图"沿现场内道路设置。

4）基坑四周设置排水沟，南北侧各设置一个三级沉淀池；现场主入口至基坑四周设置施工道路，全部硬化，道路厚度 250cm，混凝土强度等级 C30；施工道路全部采用混凝土硬化，钢筋加工场均浇筑 15cm 细石混凝土；场地四周设置 PVC 给水管，管径 65mm；主体施工时每栋在施工电梯位置设置消防管，管径 100mm；消防水箱利用地下室水泵房及沉淀池蓄水。

5）在施工现场展览大道和海滨大道开设两个工地大门，地下室周边基坑回填后形成一条临时施工道路，施工道路必须平整坚实，并有足够的路面宽度和拐弯半径。根据《建筑施工手册》第五版工地临时道路技术要求，本工程施工道路为单向车道，采用 200mm厚石粉渣压实，200mm 厚 C30 混凝土硬化处理，道路宽 6 ~ 8m，拐弯半径 12m，最高车速 15km/h；部分消防车道兼做临时施工通道，回顶后荷载满足通行要求。施工场地布置如图 5.7-10 所示。

6）预制构件运输车辆进入场地后通过临时施工道路到达各栋塔楼指定预制构件起吊点，随吊随走。为预防无法及时起吊施工等情况发生，每栋塔楼增设预制构件堆场，塔吊直接将预制构件由运输车吊至预制构件堆场，并按现场归属地划分进行预制构件堆放。

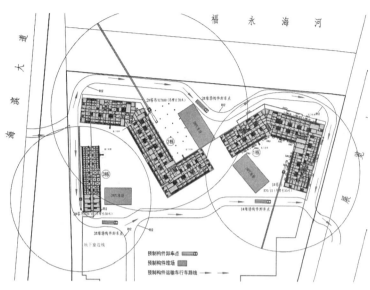

图 5.7-10 施工场地布置

7）一般情况构件直接从运输车直接吊装，保证特殊情况，另拟设置一个预制构件专用堆场。每个堆场的存储量均为对应塔楼一层标准层的预制构件需求量。堆放场地应平整坚实，堆垛之间宜设置通道，并设有排水措施。

8）预制构件的放置根据构件的刚度、受力情况及尺寸采取平放或立放，如图 5.7-11 所示。本工程预制叠合板采取平放堆叠，预制墙板采取专用堆放架立放。预制外挂墙板每个堆放钢架立放 2 块。

图 5.7-11 预制构件堆放

预制构件深化、模具设计工作在标准层施工前 6 个月开始进行，预制构件的生产工作在标准层施工前 2 ～ 3 个月开始进行，预制构件的生产工作从收到正式的构件图纸起 45d 内完成首批 PC 构件供货，后续构件生产 1 ～ 2d，养护 4 ～ 5d。装配式楼层施工之前，预制构件厂完成至少 4 层的预制构件生产工作。云岸广场项目标准层施工计划如图 5.7-12 所示。

日期	第一天			第二天			第三天			第四天			第五天			第六天			第七天		
时刻	7 10 12	14 15	16 18	7 10 12	14 16	18	7 10 12	14 16 18		7 10 12	14 16 18		7 10 12	14 16 18		7 10 12	14 16 18		7 10 12	14 16 18	
工序	混凝土凿毛、测量放线、焊定位筋			A区域墙柱铝模拆除转运			A区域墙柱铝模安装、加固						A区域梁、板铝模安装、加固			A区域梁、板钢筋绑扎、水电预埋、吊模安装			A区域N-2层梁板铝模拆除、转运		
	爬架爬升			B区域墙柱铝模拆除转运			B区域墙柱铝模安装、加固						B区域梁、板铝模安装、加固			B区域梁、板钢筋绑扎、水电预埋、吊模安装			A区域N-2层梁板铝模拆除、转运		
		A区域预制楼梯、凸窗吊装	B区域预制凸窗吊装	C区域预制凸窗吊装	C区域墙柱铝模拆除转运		C区域墙柱铝模安装、加固						C区域梁、板铝模安装、加固			C区域梁、板钢筋绑扎、水电预埋、吊模安装			A区域N-2层梁板铝模拆除、转运		
			A区域钢筋绑扎水电预埋	B区域钢筋绑扎水电预埋	C区域钢筋绑扎水电预埋														验收	混凝土浇筑
	爬架爬升、测量放线、混凝土凿毛、焊定位钢筋、吊装预制楼梯、预置凸窗、穿插墙柱钢筋绑扎			吊装预制构件、穿插进行墙柱钢筋绑扎、水电预埋、墙柱铝模拆除、转运			墙柱模板拼装、加固			墙柱模板拼装、加固、穿插进行梁板铝模安装			梁、板铝模安装、加固、穿插进行梁钢筋绑扎			梁、板钢筋绑扎、水电预埋、吊模安装、N-2层梁板铝模拆除			N-2层梁板铝模拆除、转运、隐蔽验收、混凝土浇筑		
	吊运墙柱钢筋约5吊			预制构件吊装约10吊			预制构件吊装约5吊						吊装梁板钢筋约7吊								

图5.7-12　标准层施工进度计划

（2）预制构件的生产和运输

生产模具配置按本项目1、2、3栋同时建设、每层4d的进度进行配置，每天每套模具可以完成预制构件生产、拆模工作形成周转，满足进度和质量控制要求。

预制构件（图5.7-13）深化、模具设计工作在标准层施工前6个月开始进行，预制构件的生产工作在标准层施工前2～3个月开始进行，标准层施工之前，预制构件厂完成至少一半的预制构件生产工作。

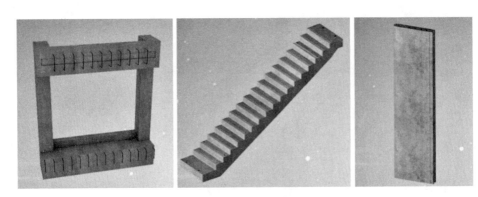

图5.7-13　预制构件图

施工过程中，总承包单位至少提前3d发送构件进场计划表，标明构件名称、类型、数量、使用部位和到场时间，考虑到运输条件的限制，应保证现场有一个标准层预制构件的库存量。同时，应定期将构件的实际供应情况与总体需求计划进行比较，以便及时调整构件生产安排，避免造成延误。工厂的生产、验收均制定了相应的操作手册和工作制度，在生产过程中，和业主协调后应派一名监理负责全程监管并随时反馈生产情况。

（3）预制外墙安装工艺

预制外墙构件的吊装时间是 N–1 层混凝土浇筑完成后第 2 天上午开始吊装 N 层预制楼梯、外墙，吊装完成后进行墙柱钢筋绑扎和铝模封模。预制外墙构件采用现场塔式起重机装卸。主要工具为扳手、钢丝、绳吊具、卡环、预制构件吊装梁、预制楼梯吊具等。

测量仪器：水准仪、经纬仪、靠尺、钢尺等。构件吊装应采用横梁方式起吊，使构件上吊点垂直受力。严禁在横梁和构件间采用三角方式吊装，未做特殊说明时预制构件吊装须使用型钢扁担。

工艺流程：放出预制外墙定位线→使用垫片调节预制外墙标高→安装临时调节件→预制外墙吊装→安装斜支撑校正→解除吊具，精确调整→预制外墙吊装的同时、穿插现浇部分钢筋绑扎→按顺序安装其他外墙→主体结构验收之后腻子刮完塞外侧 PE 棒，打胶处理。

（4）预制楼梯板安装工艺

工艺流程：预制楼梯板安装的准备→放出定位线→布置楼梯标高控制垫片，调节标高→楼梯板起吊→楼梯板就位→解除吊具，精确调整→孔洞注浆封堵→楼梯和梯梁之间进行细部处理→楼梯成品保护。

（5）预制内墙条板安装工艺

①隔墙板应从主体墙、柱的一端向另一端顺序安装；有门洞的，宜从门洞口向两侧安装，当墙板宽度不足一块整板需补板时，按尺寸切割好拼入墙体中，补板宽度不小于 200mm。详见图 5.7-14、图 5.7-15。

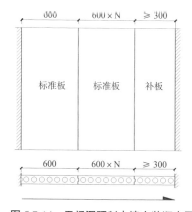
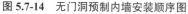

图 5.7-14　无门洞预制内墙安装顺序图

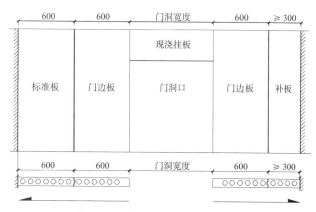

图 5.7-15　有门洞预制内墙安装顺序图

②拌制粘结胶浆：按配方均匀拌合，干湿适中；视安装时湿度情况调节用胶粘剂量。

③与轻质隔墙板相接触的墙、混凝土柱等均用水清灰处理，便于胶结。

④按墙体净高选用不同长度的墙板（板顶预留 2 ～ 3cm 的挤浆缝，避免现场结构误差导致的安装不上的问题），侧立、凹槽向上，用 6 寸毛刷水湿润，抹上备制好的粘结砂浆（顶面、凹槽、侧面）。有预留管线处应在墙板上先切割管槽。为防止顶面胶浆掉入孔中，预先用泡沫棒堵墙板上端孔，增大砂浆接触面从而增强顶面与梁板的粘结力。

⑤安装一板到顶的墙板采用下楔法：由两人将墙板扶正就位，一人拿撬棒。就位后，由一人在一侧推挤，准确对线。一人用撬棒将墙板撬起，边撬边挤，并通过撬棒的移动，使墙板移在线内，使粘结胶浆均匀填充接缝（以挤出浆为宜），一人准备木楔，拿好铁锤，待对准线的时候，撬棒撬起墙板不动，用木楔固定，铁锤敲紧。

⑥木楔两个为一组，每块墙板底脚打两组，固定墙板时用铁锤（4 磅，约 1.8kg）在板底两边徐徐打入木楔，木楔位置应选择在墙板实心肋位处，以免造成墙板破损，为便于调校应尽量打在墙板两侧。木楔紧固后替下撬棒便可松手。

⑦由于墙板对线就位为粗调校，加上木楔紧固时稍有微小错位，一般需重新调校即微调（一般在 5mm 以内的平整度调整），板下端可通过锤打木楔使之调整在允许偏差范围以内。调校时一人手拿靠尺紧靠墙板面测垂直度、平整度，另一手拿铁锤击打木楔。调整墙板顶部不平处：一人拿靠尺，另一人拿木方靠在墙板上，用铁锤在木方上轻轻敲打校正（严禁用铁锤直接击打墙板）。重复检查平整度、垂直度，直至达到要求为止（检查垂直度时铝合金靠尺上吊挂线锤），校正后用刮刀将挤出的胶浆刮平补齐，然后安装下一块墙板，直至整幅墙板安装完毕。一般安装下一块墙板时，对上一块或前几块墙板都有一定错位，整幅墙板安装完毕后，必须重新检查，消除偏差后方可填充细石混凝土或进行下道工序。

⑧墙板安装完毕后 4h 内，必须用拌制好的细石混凝土填充板下，板下填充混凝土前，清除板下杂物并湿水，两人在墙体两边对挤混凝土，使底脚混凝土在墙板内孔中隆起，防止混凝土水化过程中收缩致使墙体松动。混凝土面应凹进墙面内 3 ～ 5mm，便于墙板底脚收光，防渗、防水。总体工艺如图 5.7-16 所示。

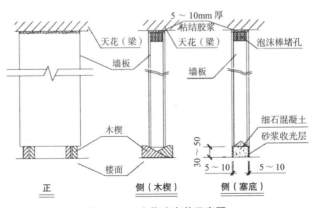

图 5.7-16 上楔法安装示意图

⑨板下填充混凝土24h后(混凝土强度达到50%以上)，取出木楔，并在该处回填混凝土，然后整墙板脚收光，做到无八字脚，且填充混凝土密实平直。

⑩对于有 200mm 高止水反坎及接板安装的墙体，采用上楔法（图 5.7-17）施工，即下部坐浆，上部用木楔固定，安装方法与下楔法（图 5.7-18）基本相同。

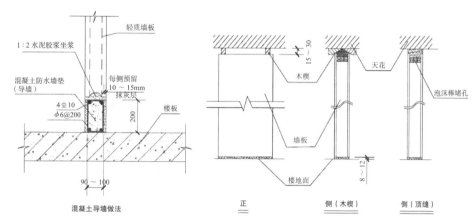

图 5.7-17 下楔法安装示意图

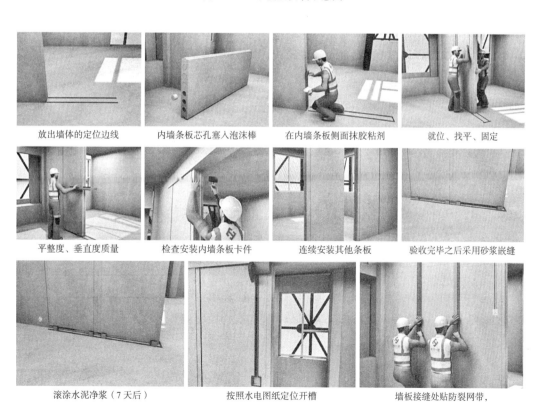

图 5.7-18 预制内墙条板安装工艺流程

（6）预制叠合板安装工艺

①叠合板起吊前，需复核叠合板上辅助安装标记，叠合板辅助安装标记由构件厂根据设计图纸在厂内做好标准，以防现场吊装方向错误。

②叠合板起吊时，应采用专用吊装梁吊装，要求吊装时四个吊点均匀受力，起吊缓慢保证叠合板平稳吊装。

③叠合板吊装过程中，在作业层上空缓慢下落，根据叠合板位置调整叠合板方向进行定位。吊装过程中注意避免叠合板上的预留钢筋与现

图 5.7-19 叠合板起吊

浇柱、梁的钢筋碰撞，叠合板停稳慢放，以免吊装放置时冲击力过大导致板面损坏。叠合板起吊如图 5.7-19 所示。

④叠合板就位校正时，不得直接使用撬棍调整，以免出现边板损坏，楼板底部不应出现高低不平的情况，也不应出现空隙，局部无法调整的支座处出现的空隙应做封堵处理，支撑住通过顶托做适当调整，使板的底面保持平整，无缝隙。

（7）铝合金模板施工方案

根据住宅楼的设计特点和拆分方案，现浇墙体、楼板和后浇节点全部采用铝模板施工。铝合金模板由面板系统、支撑系统、紧固系统和附件系统组成。面板系统采用挤压成型的铝合金型材加工而成，如图 5.7-20 所示。

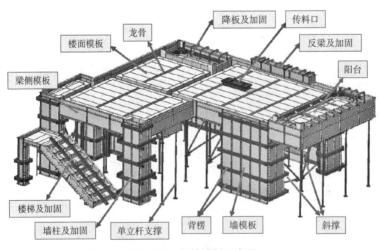

图 5.7-20 铝模模板示意图

墙模系统结构主要包括主墙板、横身板（墙头板）、内墙板角铝（R 摆板）、对拉螺杆、钢背楞及导墙板（K 板）。模板之间用销钉连接，使用 $\phi16$ 穿墙螺栓对拉，螺杆横向间距

小于等于 800mm。背楞用两条 60mm×40mm×2.5mm 矩形钢管焊接而成，中间焊有加强块，背楞有直背楞和直角背楞两种，首道背楞距楼面 250～350mm，第二道背楞距楼面 1050mm，第三道背楞距楼面 1850mm。

梁模系统主要包括梁底阴角（C）、梁底模板（P、D）、阳角（J）、梁底早拆头（Z）及独立铝支撑。在梁底模板设置梁底早拆模板，在梁底早拆模板下安装独立铝支撑，支撑间距最大不超过 1.15m。楼面系统主要包括楼面板（P）、楼面龙骨（S、L）、早拆头（Z）及独立铝支撑。配用早拆支撑系统可提高模板的周转效率，使用独立铝支撑，支撑间距为 1200mm×1200mm。

1）总体施工流程

确保工程的施工进度，本工程的模板工程遵循先安装剪力墙柱后安装梁板面的原则，采取整体一次浇筑。具体的流程工艺如图 5.7-21 所示。

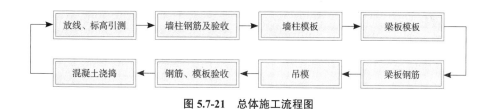

图 5.7-21　总体施工流程图

2）墙柱模板安拆流程

①墙柱模板安装流程

墙柱模板安装流程如图 5.7-22 所示。

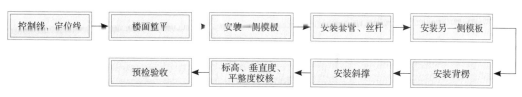

图 5.7-22　墙柱模板安装流程图

②墙柱模板拆除流程

墙柱模板拆除流程如图 5.7-23 所示。

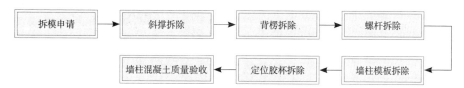

图 5.7-23　墙柱模板拆除流程图

3）梁板模板安拆流程

①梁板模板安装流程

梁板模板安装流程如图 5.7-24 所示。

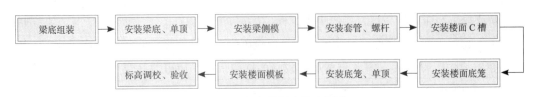

图 5.7-24　梁板模板安装流程图

②梁板模板拆除流程与外墙 PC 与铝模样板

梁板模板拆除流程如图 5.7-25 所示，外墙 PC 与铝模样板如图 5.7-26 所示。

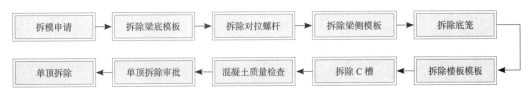

图 5.7-25　梁板模板拆除流程图

图 5.7-26　外墙 PC 与铝模样板展示

5.7.3.3　节能环保技术应用

主要以绿色给水排水技术为例进行说明：

会展湾水岸广场在地下室设置生活泵和不锈钢生活水池。在总进水管上分别设有水表，建筑内各卫生间给水、绿化和景观用水、车库冲洗用水均设水表计量。排水采用雨、污分流。绿化的雨水回用取水口应设带锁装置；工程验收时应逐段进行检查，防止误接。卫生器具及给水配件均采用节水型，包括采用 4L 节水型大便器，感应式小便器、感应式洗手盆、节水淋浴器、陶瓷阀芯节水龙头等，采用住房城乡建设部推荐的给水硬件设施等，节水器具如表 5.7-2 所示。

节水器具列表   表 5.7-2

节水器具名称	节水器具主要特点	节水率
4L 节水型大便器	1.4L，4L 大小水	40%
陶瓷阀芯节水龙头	寿命长、不堵塞、不用滤网、不用清洁	20%
淋浴器	淋浴器上有水温调节器，淋浴喷嘴为节水型	40%
洗脸盆光控水龙头	红外光控自动水龙头	30%

在保证安全供水的同时，尽可能利用市政管网余压供水；需要提升供水时，设备选用节能型的变频调速泵，既节能，又可防止水的二次污染。

（1）管材：室内生活给水管，工作压力小于等于 1.6MPa 时水表前采用涂塑钢管，水表后采用 PPR 塑料管，工作压力大于 1.6MPa 时采用不锈钢管；消防管均采用内、外壁热浸镀锌钢管；室内污水立管、干管采用螺旋降噪排水管，支管采用 UPVC 塑料排水管；雨水立管采用承压 UPVC 排水管；室外给水管采用 PE 管；室外排水管采用 UPVC 双壁波纹管。

（2）计量：在总进水管上分别设有水表，建筑内各用水点均设水表计量。

所有设备、器材均选用建设部推荐产品，凡有对环境产生废气、噪声的设备，均设置相应的除废气、消声等处理设施。卫生器具及给水配件均采用节水型，包括采用节水型两档冲洗水箱大便器；公建卫生间洗手盆的水龙头采用感应式龙头，大便器脚踏式冲洗阀，采用住房城乡建设部推荐给水硬件设施等。

采用分区变频供水系统，超压部分采用减压限流措施，严格控制用水点的水压，设计时解决好管网压力过高、流速过大的问题，从源头上杜绝水资源的浪费。尽量利用市政水压加以节能，建筑底部给水由市政直接供给。选用节能型设备，如采用变频调速给水泵。

附录

开发建设大事记

★ 国际会展中心大事记 ★

2013 年 7 月 9 日	陈彪副市长主持召开会议，研究协调第二会展中心筹建工作，议定正式启动第二会展中心筹建工作。
2014 年 1 月 10 日	市领导召开主持研究新会展中心筹建工作会议，议定新会展中心选址、投资模式等议题。
2014 年 5 月 30 日	市领导主持召开深圳国际会展中心项目等问题会议，提出加快推进深圳国际会展中心规划建设，原则同意机场北选址方案，正式启动项目筹建工作。
2015 年 9 月 14 日	市政府办公会决定成立深圳国际会展中心建设指挥部，原则同意采用"BOT"模式建设深圳国际会展中心。
2015 年 9 月 30 日	市领导支持召开会议，听取深圳国际会展中心建设指挥部工作汇报，研究深圳国际会展中心筹建工作方案，提出请示发展改革委将深圳国际会展中心项目列入市"十三五"规划及 2016 年重大项目。
2015 年 11 月 2 日	提出国际会展中心采用综合开发的方式，利用社会资本进行建设。为确保建设质量和运营管理效果，会议认为宜采用投资、建设、运营的一体化的方式，公开竞争实施主体，或考虑由政府代表机构与社会资本组成项目公司，并通过签订经营监管协议等方式保证政府的会展业战略方向和国际会展中心的公共服务定位。
2016 年 5 月 27 日	市领导主持召开市政府党组（扩大）会议，议定深圳国际会展中心必须秉承"一流的设计、一流的建设、一流的运营"目标，打造深圳质量、深圳标准的新标杆，统一采用"建设、运营＋综合开发模式"。

2016 年 8 月 27 日	市政府办公会确定由招商蛇口工业区控股股份有限公司、深圳华侨城股份有限公司联合体为深圳国际会展中心（一期）建设运营权出让招标中标企业。
2016 年 9 月 28 日	深圳国际会展中心正式开工建设。
2017 年 6 月 2 日	市政府办公会确定深圳国际会展中心屋面采用单层结构、彩色图案的"海上丝路"方案。
2017 年 6 月	深圳国际会展中心首次正式对外亮相：参加"国际会展业 CEO 上海峰会"并在峰会上推广。
2018 年 8 月	深圳国际会展中心土建工程完毕，主要设备已进场。
2018 年 10 月	深圳国际会展中心代表团赴俄罗斯圣彼得堡参加第 85 届国际展览业协会（UFI）全球大会，并与国际展览业协会（UFI）签署了 3 年的全球推广合作协议。
2019 年 1 月 28 日	深圳国际会展中心项目钢结构全面封顶。
2019 年 2 月 28 日	深圳国际会展中心建筑、屋面、幕墙、装饰工程基本完成。
2019 年 6 月 30 日	深圳国际会展中心（一期）主体工程进入验收阶段。
2019 年 9 月 28 日	深圳国际会展中心正式落成，创下八项世界之最。
2020 年 5 月 28 日	深圳国际会展中心消防验收合格。
2020 年 6 月 12 日	深圳国际会展中心规划验收合格。
2020 年 6 月 18 日	深圳国际会展中心完成竣工验收备案。

★ 截流河工程大事记 ★

2015 年 2 月	深圳市发展改革委下达项目前期经费，批复开展项目前期工作。
2016 年 4 月	深圳市发展改革委正式批复项目可行性研究报告。
2017 年 6 月	深圳市发展改革委正式批复项目主体部分概算。
2018 年 1 月	项目主体工程开工建设。
2018 年 5 月	会展片区第一大导流渠—沙福河 2 号导流渠建成通水。
2019 年 3 月	项目第一座水闸—沙福河截污闸建成通水。
2019 年 5 月	项目南出海口水闸—南节制闸建成。
2019 年 9 月	项目第二座出海口水闸—南连通渠节制闸建成。
2019 年 11 月	项目基本完成深圳国际会展中心段河道工程建设任务。

★ 综合管廊及道路一体化工程 ★

2016 年 9 月	EPC 模式发包，进场。
2016 年 9 月 28 日	奠基仪式。
2016 年 12 月	整体规划稳定。
2017 年 5 月	明确桥梁方案并明确 3、7、9 号桥国际方案采取邀请国际知名桥梁设计机构竞赛方式进行。
2017 年 8 月	海云路开工。
2017 年 11 月	明确海滨大道（一期）实施方案。
2018 年 1 月	明确 3、7、9 号桥中标方案。
2018 年 4 月	海滨大道开工，围绕会展周边道路全面开工。
2018 年 12 月	海云路会展段地下综合管廊贯通。
2019 年 1 月	完成展览大道景观示范段。
2019 年 4 月	会展周边管廊全部建成，会展周边排水保障完成。
2019 年 4 月	确认景观提升方案。
2019 年 8 月	桥和路桥全面贯通。
2019 年 8 月	会展中心周边给水保障完成。
2019 年 9 月	会展周边路网形成。
2019 年 10 月 31 日	一期工程正式通车及投用，保障了 2019 年 11 月 4 日全球第一大会展中心的深圳国际会展中心首展举办及正式启用。

★ 区域供水保障工程 ★

2019 年 4 月 1 日	桥和路管廊内 DN800 给水管开始进场施工。
2019 年 6 月 4 日	深宝空港事务中心会纪 [2019]9 号"研究展景路给水管道、路口工程变更及景观提升设计有关问题会议纪要"，为保证深圳国际会展中心运营的供水需求，将展城路给水节点 K0+080-K0+695、K1+335-K1+444 处的给水主管径 DN300 改为 DN400（2019 年 6 月 23 日）。
2019 年 7 月 18 日	对桥和路管廊内 DN800 管、展景路管廊内 DN800 管、展城路 DN400 管及 DN300 管、海滨大道 DN300 管道全部完成管道试压。
2019 年 8 月 12 日	对桥和路管廊内 DN800 管、展景路管廊内 DN800 管、展城路 DN400 管及 DN300 管、海滨大道 DN300 管道全部完成冲洗消毒，并进行水质

化验合格。实现深圳国际会展中心第一路给水连通。

2019 年 10 月 30 日　完成展景路管廊内 DN800 管、景芳路 DN300 管与福园二路 DN400 管道的试压以及冲洗消毒工作。实现会展中心两路市政供水，且深圳国际会展中心的 16 块水表全部达到装表通水的要求。

★ 深圳宝安综合港区一期工程 ★

2007 年 2 月 1 日　项目列入深圳市重大项目，获得重大建设项目《认定证书》。

2007 年 2 月 9 日　深圳市发展和改革局下发《关于深圳港宝安综合港区一期工程项目核准的批复》，项目立项核准通过。

2007 年 2 月 13 日　按照规定向海洋局申请项目用海，深圳市海洋局刊登《关于深圳港宝安综合港区项目海域使用事项公示通告》。

2007 年 7 月 20 日　深圳市人民政府下发《关于盐田蛇口前海湾大铲湾和宝安港区总体规划的批复》，宝安综合港区总体规划通过批复。

2008 年 2 月 14 日　国务院关于《广东省海洋功能区划》的批复，宝安综合港区调整海洋功能区划完成。

2009 年 9 月 7 日　《深圳港总体规划》通过交通部组织的专家评审。

2012 年 7 月 31 日　国家海洋局批复深圳港宝安综合港区一期工程项目建设用海。

2013 年 1 月 30 日　深圳市交通运输委《关于宝安港区宝安综合作业区一期工程可行性研究补充报告意见的函》，同意可研补充报告建设内容。

2013 年 5 月 27 日　深圳市发展改革委《深圳市社会投资项目核准通知书》，重新核准项目建设内容。

2013 年 7 月 12 日　深圳市交委《关于深圳港宝安综合港区一期工程初步设计审查行政许可决定书》，批准项目码头作业区初步设计方案。

2013 年 10 月 16 日　深圳市交通运输委《关于深圳港宝安综合港区一期工程施工图设计审查行政许可决定书》，批准项目码头作业区施工图设计方案。

2014 年 5 月 9 日　深圳市交通运输委《水运工程开工备案表》，开工备案申请获得通过。

2017 年 12 月 2 日　直立式围堰沉箱开始安装，项目工程建设进入大面积施工阶段。

2018 年 3 月 5 日　主体码头预制桩基开始沉桩，工程建设快速推进。

2019 年 5 月 17 日　南围堰弃土外运临时装船点完成交工验收。

2019 年 10 月 25 日　深圳市交通运输局下发《关于宝安综合港区弃土外运临时装船作业备案的复函》，弃土外运装船点开始运营。

参考文献

[1] 王雷.借力而行——会展综合体带动城市经济发展的若干思考[J].中国会展（中国会议），2018（22）：44-47.

[2] 姜雪峰.会展中心的创新开发模式——深圳市欧博工程设计顾问有限公司董事总经理林建军[J].中国会展，2019（17）：43.

[3] 林建军，卢东晴，冯越强等.会展中心的建设开发模式与设计总承包探索[J].建筑技艺，2019（08）：120-126.

[4] 刘勇.工程项目集成化管理机制研究[D].中国矿业大学，2009.

[5] 王子明.润扬长江公路大桥工程项目决策机制及决策特点[J].现代管理科学，2006（09）：72-73+115.

[6] 石爱虎，丁文辉.厦门市新一轮跨越式发展中的"指挥部模式"研究[J].特区经济，2012（05）：22-25.

[7] 曹宝琴.现阶段我国大型公共工程项目管理模式探讨[J].项目管理技术，2009（04）：65-68.

[8] 金树香.重大市政项目建设工程指挥部管理模式改进研究[D].云南大学，2016.

[9] 陈伟.重大工程项目决策机制研究[D].武汉理工大学，2005.

[10] 冯恒文.政府投资工程项目建设管理模式研究[D].西南交通大学，2009.

[11] 谢琳琳.公共投资建设项目决策机制研究[D].重庆大学，2005.

[12] 聂娜.大型工程组织的系统复杂性及其协同管理研究[D].南京大学，2013.

[13] 李志文.工程项目协调管理机制研究[J].科技经济市场，2009（04）：100-101.

[14] 李长亚.基于博弈论的工程项目多阶段多主体协同管理研究[D].安徽建筑大学，2017.

[15] 何静.社会组织协同政府管理的难点及其发展路径[J].中南民族大学学报（人文社会科学版），2015，35（06）：139-142.

[16] 苍永宏.重大工程项目协调推进机制建设研究[J].项目管理技术，2017，15（01）：64-68.

[17] 井辉，席酉民. 组织协调理论研究回顾与展望 [J]. 管理评论，2006（02）: 50-56+64.

[18] 尹贻林，刘艳辉. 基于项目群治理框架的大型建设项目集成管理模式研究 [J]. 软科学，2009，23（08）: 20-25.

[19] 乐云，蒋卫平. 大型复杂群体项目系统性控制五大关键技术——项目管理方法的拓展与创新 [J]. 项目管理技术，2010，8（01）: 19-24.

[20] 戚安邦，张伟. 基于战略目标的大型建设项目群的集成管理系统模型研究 [J]. 项目管理技术，2010，8（07）: 23-28.